光伏组件设计与生产工艺

胡昌吉　段春艳　主　编

林　涛　董　娴　副主编

北京理工大学出版社

BEIJING INSTITUTE OF TECHNOLOGY PRESS

版权专有 侵权必究

图书在版编目（CIP）数据

光伏组件设计与生产工艺/胡昌吉，段春艳主编．—北京：北京理工大学出版社，2015.1（2020.1 重印）

ISBN 978-7-5640-9920-6

Ⅰ．①光… Ⅱ．①胡… ②段… Ⅲ．①太阳能电池-设计-高等职业教育-教材 ②太阳能电池-生产工艺-高等职业教育-教材 Ⅳ．①TM914.4

中国版本图书馆 CIP 数据核字（2014）第 253047 号

出版发行 / 北京理工大学出版社有限责任公司
社 址 / 北京市海淀区中关村南大街 5 号
邮 编 / 100081
电 话 / （010）68914775（总编室）
82562903（教材售后服务热线）
68948351（其他图书服务热线）
网 址 / http：//www.bitpress.com.cn
经 销 / 全国各地新华书店
印 刷 / 三河市华骏印务包装有限公司
开 本 / 787 毫米×1092 毫米 1/16
印 张 / 12.5
字 数 / 280 千字
版 次 / 2015 年 1 月第 1 版 2020 年 1 月第 4 次印刷
定 价 / 37.00 元

责任编辑 / 钟 博
文案编辑 / 钟 博
责任校对 / 周瑞红
责任印制 / 李志强

图书出现印装质量问题，请拨打售后服务热线，本社负责调换

前言

Foreword

随着煤炭、石油等不可再生能源可开采量的减少，关系国计民生的能源短缺问题日益突出，而且传统能源所带来的环境污染问题也急需解决，发展清洁可再生能源是中国走可持续发展之路的必然选择。太阳能作为人类取之不尽的清洁能源，势必将在未来中国经济发展中起到举足轻重的作用。

世界光伏产业在过去十年间以每年30% ~40%的速度飞速发展，2012年底，世界各地光伏累计装机量为98.5GW，刷新了史上的最高纪录，当年新增装机容量为31GW，相比上一年的27.9GW，涨幅达11%。光伏产业是我国重点发展的战略性新兴产业，在国家金太阳示范工程的引导下，2011年国内光伏装机量为2.5GW，2012年为7GW，2013年为10GW，据专家预计，到2050年，我国太阳能发电将在整个能源结构中占到20% ~50%的比例。由于光伏产业的快速发展，训练有素的光伏产业技术工人和从事光伏发电系统技术设计、施工的专业技术人才大量短缺。职业教育与行业发展紧密相关，对大规模培养造就高级技术技能型人才、贯彻人才强国战略、提升自主创新能力和产业竞争力、促进产业转型升级以及促进就业，都具有重要意义。然而，各职业院校的光伏专业开办时间不长，光伏专业配套的教材仍较少。

本教材是与光伏应用技术专业、光伏产品检测技术专业和光伏技术相关专业相结合的新能源类教材，在市场上相类似的教材种类较少。同时，本教材对高职高专光伏相关专业学生的学习有较大的帮助，更适应这个层次学生对知识和技能的学习，不会出现过于简单偏操作和难于理解偏理论的现象，具有较强的教学实施性。

本教材采用模块划分、任务分解的结构体系来组织编写，按照知识内容和生产流程分为光伏组件设计，晶硅太阳能电池分选测试与激光划片，电池片的焊接，光伏组件的叠层铺设与中测工艺，光伏组件层压工艺，修边、装边框、安装接线盒和清洗工艺，光伏组件的检测7个模块。每个模块被划分为若干任务，同时每个任务包含任务目标、任务描述、任务实施、相关知识、可练习项目，让学生能够按照任务驱动法系统而全面地学习知识和技能，同时使学生在学习岗位技能的同时，可以根据实际情况选学知识，提高理论知识水平（结合了高职学生的特点）和技术改革能力，为培养具有一定创新和工艺技术改进能力的高端技术技能型人才奠定基础。

本教材由胡昌吉、段春艳、林涛、董娴编写。本书的编写得到了广东爱康太阳能科技有限公司、东莞南玻太阳能科技有限公司、佛山市中天星新型材料有限公司等单位的大力支持与帮助，在此表示衷心的感谢！

由于编者水平有限，书中的错误和不足之处在所难免，恳请读者批评指正，提出宝贵意见，以便我们在重印和修订中及时改正。

编　者

2014 年 5 月

Contents

目录

Contents

模块1 光伏组件设计 …… 1

任务1.1 认识光伏组件 …… 1

1.1.1 任务目标 …… 1

1.1.2 任务描述 …… 1

1.1.3 任务实施 …… 1

1.1.4 相关知识 …… 4

1.1.5 可练习项目 …… 7

任务1.2 光伏组件的设计 …… 7

1.2.1 任务目标 …… 7

1.2.2 任务描述 …… 7

1.2.3 任务实施 …… 7

1.2.4 相关知识 …… 20

1.2.5 可练习项目 …… 26

模块2 晶硅太阳能电池分选测试与激光划片 …… 28

任务2.1 认识太阳能电池 …… 28

2.1.1 任务目标 …… 28

2.1.2 任务描述 …… 28

2.1.3 任务实施 …… 28

2.1.4 相关知识 …… 39

2.1.5 可练习项目 …… 41

任务2.2 太阳能电池的外观检查 …… 41

2.2.1 任务目标 …… 41

2.2.2 任务描述 …… 41

2.2.3 任务实施 …… 41

2.2.4 相关知识 …… 47

2.2.5 可练习项目 …… 51

任务2.3 太阳能电池的电性能检测工艺 …… 52

2.3.1 任务目标 …… 52

2.3.2 任务描述 …… 52

2.3.3 任务实施 …… 52

2.3.4 相关知识：标准条件下太阳能电池的电性能测试 …… 58

2.3.5　可练习项目 …… 64
任务2.4　太阳能电池的激光划片工艺 …… 65
2.4.1　任务目标 …… 65
2.4.2　任务描述 …… 65
2.4.3　任务实施 …… 65
2.4.4　相关知识 …… 75
2.4.5　可练习项目 …… 75
模块3　电池片的焊接 …… 76
任务3.1　认识涂锡焊带和助焊剂 …… 76
3.1.1　任务目标 …… 76
3.1.2　任务描述 …… 76
3.1.3　任务实施 …… 76
3.1.4　相关知识 …… 81
3.1.5　可练习项目 …… 81
任务3.2　焊接设备 …… 82
3.2.1　任务目标 …… 82
3.2.2　任务描述 …… 82
3.2.3　任务实施 …… 82
3.2.4　相关知识 …… 83
3.2.5　可练习项目 …… 85
任务3.3　焊接工艺 …… 85
3.3.1　任务目标 …… 85
3.3.2　任务描述 …… 85
3.3.3　任务实施 …… 85
3.3.4　相关知识 …… 88
3.3.5　可练习项目 …… 91
模块4　光伏组件的叠层铺设与中测工艺 …… 92
任务4.1　认识光伏组件的封装材料 …… 92
4.1.1　任务目标 …… 92
4.1.2　任务描述 …… 92
4.1.3　任务实施 …… 92
4.1.4　相关知识 …… 109
4.1.5　可练习项目 …… 113
任务4.2　叠层铺设工艺及中测工艺 …… 113
4.2.1　任务目标 …… 113
4.2.2　任务描述 …… 113
4.2.3　任务实施 …… 114
4.2.4　可练习项目 …… 118

模块5　光伏组件层压工艺 …… 119
任务5.1　层压设备 …… 119
5.1.1　任务目标 …… 119
5.1.2　任务描述 …… 119
5.1.3　任务实施 …… 119
5.1.4　相关知识 …… 124
5.1.5　可练习项目 …… 125
任务5.2　层压工艺 …… 125
5.2.1　任务目标 …… 125
5.2.2　任务描述 …… 125
5.2.3　任务实施 …… 125
5.2.4　相关知识 …… 128
5.2.5　可练习项目 …… 140
模块6　修边、装边框、安装接线盒和清洗工艺 …… 141
任务6.1　认识铝合金边框和装边框设备 …… 141
6.1.1　任务目标 …… 141
6.1.2　任务描述 …… 141
6.1.3　任务实施 …… 141
6.1.4　相关知识——铝合金边框的表面氧化处理 …… 145
6.1.5　可练习项目 …… 146
任务6.2　修边和装边框工艺 …… 146
6.2.1　任务目标 …… 146
6.2.2　任务描述 …… 147
6.2.3　任务实施 …… 147
6.2.4　可练习项目 …… 148
任务6.3　认识接线盒和安装接线盒 …… 148
6.3.1　任务目标 …… 148
6.3.2　任务描述 …… 148
6.3.3　任务实施 …… 148
6.3.4　相关知识 …… 154
6.3.5　可练习项目 …… 163
任务6.4　清洗工艺 …… 163
6.4.1　任务目标 …… 163
6.4.2　任务描述 …… 163
6.4.3　任务实施 …… 164
6.4.4　相关知识 …… 164
6.4.5　可练习项目 …… 166
模块7　光伏组件的检测 …… 167
任务7.1　光伏组件检测设备 …… 167

7.1.1 任务目标 …… 167
7.1.2 任务描述 …… 167
7.1.3 任务实施 …… 167
7.1.4 可练习项目 …… 181
任务7.2 光伏组件检测技术 …… 182
7.2.1 任务目标 …… 182
7.2.2 任务描述 …… 182
7.2.3 任务实施 …… 182
7.2.4 相关知识 …… 186
7.2.5 可练习项目 …… 188
综合实训项目 …… 189
参考文献 …… 191

模块1

光伏组件设计

任务1.1　认识光伏组件

1.1.1　任务目标

了解光伏组件的定义；了解光伏组件的基本要求与分类；掌握光伏组件的基本构成；了解光伏组件的工作原理以及应用领域。

1.1.2　任务描述

光伏组件是具有封装及内部连接的、能够提供直流输出的、最小的、不可分割的太阳能电池的组合装置。本任务主要是让学生了解光伏组件的基本要求与分类、基本构成，了解光伏组件的工作原理以及应用领域，为以后学习光伏组件设计与生产工艺任务打下基础。

1.1.3　任务实施

1.1.3.1　不同类型光伏组件的观察

为了获得对光伏组件的直接印象，以便更好地理解光伏组件的定义，首先来观察两种不同类型的光伏组件(图1-1-1、图1-1-2)，对比一下它们的产品技术参数，看看有哪些不同。它们的外形结构的差异在哪里？是否还有其他区别？

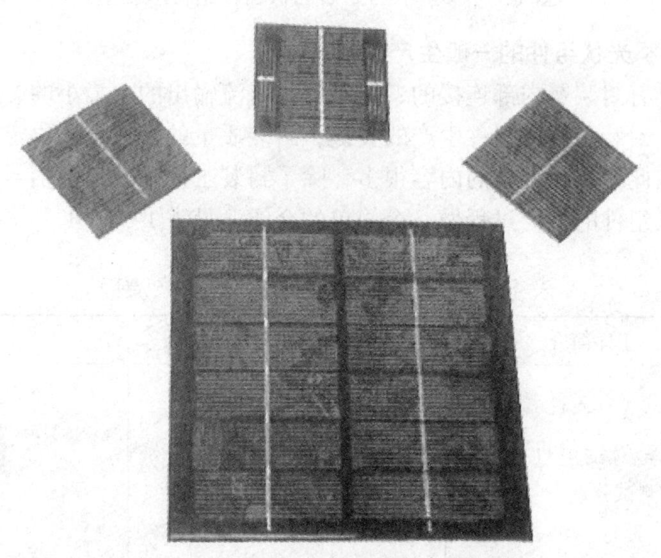

图1-1-1　环氧树脂胶封光伏组件

图1-1-2　层压封装光伏组件

1.1.3.2　光伏组件模型的观察

仅从光伏组件实物看，很难看清光伏组件的结构。这里通过一个常见的层压封装光伏组件结构示意图来展示其类似于三明治的结构，如图1-1-3所示。太阳能电池片夹在面板玻璃和TPT背板的中间，并通过EVA胶密封和粘接到面板玻璃、TPT背板上。TPT背板上还粘接了接线盒。面板玻璃和TPT背板的边沿安装了边框，并用硅胶密封。

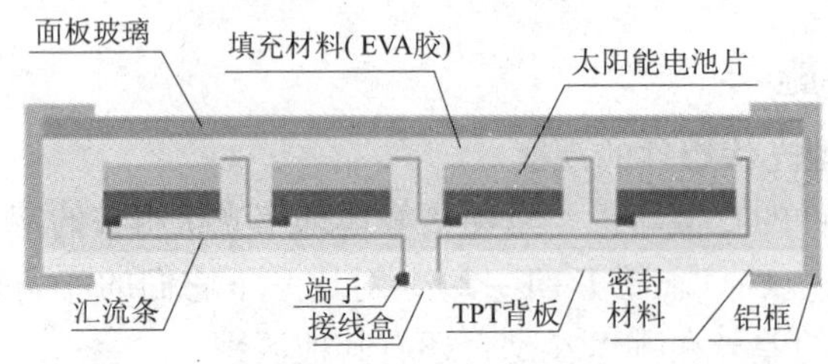

图1-1-3　层压封装光伏组件结构示意图

1.1.3.3　了解光伏组件的一般生产流程

光伏组件是具有封装及内部连接的、能够提供直流输出的、最小的、不可分割的太阳能电池的组合装置。封装是光伏组件生产的关键，封装质量的好坏直接决定了光伏组件的使用寿命和发电量，因此，封装涉及的内容很多，除了封装工艺外，还包括封装材料、封装质量检验等。先对光伏组件的生产过程做一个简单的介绍，见表1-1-1。

表1-1-1　光伏组件的一般生产流程

生产工序	工序简介	原材料	生产设备
分选测试	对电池片的电性能和外观进行测试分选		

续表

生产工序	工序简介	原材料	生产设备
激光划片	将电池片切割成所需尺寸规格		
单焊	在电池片正面主栅线上焊接两条焊带		
串焊	将单片焊接好的电池片串联焊接起来		
叠层铺设	将串焊好的电池串，与面板玻璃和切割好的 EVA、背板按照一定的层次铺设好，焊好汇流带和引出电极		
层压	将叠层铺设好的组件放入层压机进行封装		
装框、装接线盒	将层压好的组件安装铝合金边框和接线盒		
最终测试	对光伏组件的电性能进行测试	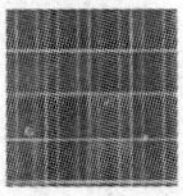	

1.1.3.4　认识光伏组件在光伏发电系统中的作用以及不同的应用领域

光伏组件是光伏发电系统中的核心部件，无论是独立光伏发电系统还是并网光伏发电系统，都必须由光伏组件来提供电能，如图1－1－4、图1－1－5所示。

不同类型的光伏组件有着不同的应用。环氧树脂胶封的多晶硅太阳能电池组件，由于其

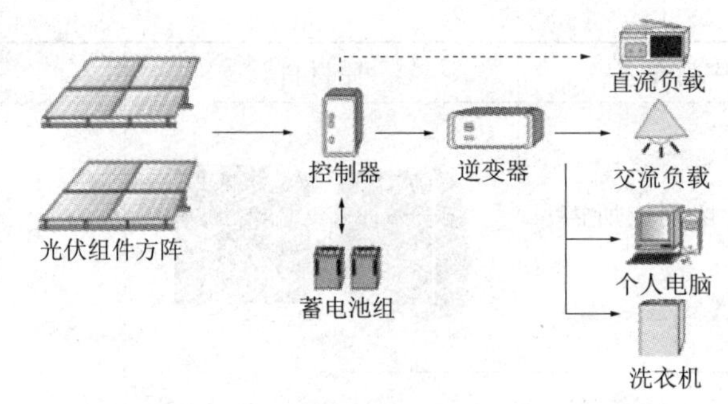

图1-1-4　独立光伏发电系统

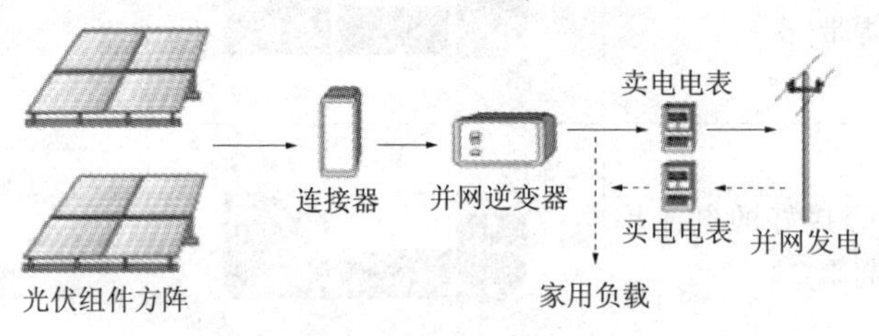

图1-1-5　并网光伏发电系统

功率较低，通常只有几瓦，此外，环氧树脂的环境耐候性较差，因此它主要用于太阳能草坪灯、礼品玩具等。层压封装的光伏组件，功率多在240W左右，且EVA的环境耐候性较好，因此层压组件多用于大型的地面光伏电站。真空玻璃封装光伏组件或非晶硅薄膜太阳能电池组件有一定的透光性，多用于光伏建筑的幕墙、门窗等(光伏建筑一体化，BIPV)。

1.1.4　相关知识

光伏组件是太阳能电池的组合装置，故有必要对太阳能电池的生产工艺和工作原理有个清晰的认识，而关于具体的生产工艺请大家参考段春艳、卢东亮等老师编写的教材《太阳能电池原理与生产工艺》。此外，也可以在假期到周边的太阳能电池生产企业(如广东爱康太阳能科技有限公司等)当实习生，以便直观地了解太阳能电池的生产工艺。

1.1.4.1　晶硅太阳能电池的生产工艺

通过浏览光伏展示厅或参观光伏企业，可以简单地了解太阳能电池的整个生产流程，这里以晶硅太阳能电池为例，如图1-1-6所示。

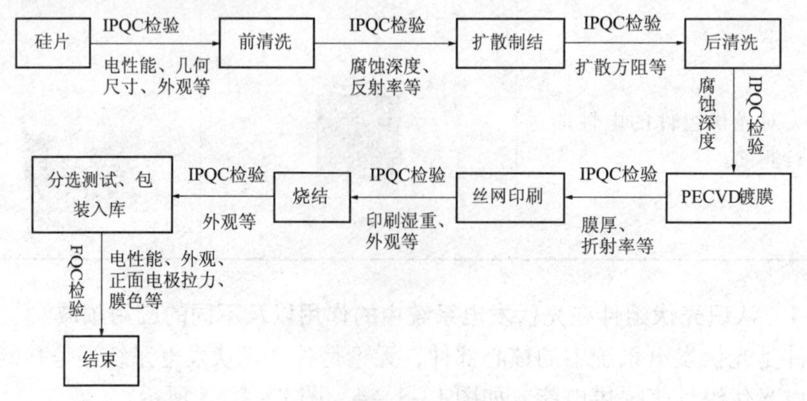

图1-1-6　晶硅太阳能电池的制造与检验流程

1.1.4.2　薄膜太阳能电池的生产工艺

对于薄膜太阳能电池，其生产工艺与晶体硅太阳能电池有很大的不同，人们通常采用各种薄膜沉积技术来制备太阳能电池，如PECVD(等离子体增强化学气相沉积)、RTCVD(快速热化学气相沉积)、磁控溅射、热蒸发等。图1-1-7所示为GIGS薄膜太阳能电池的生产流程图，薄膜沉积采用共蒸发技术，衬底为玻璃，通过电极材料的溅射沉积和激光刻槽来实现接触、互联和集成。

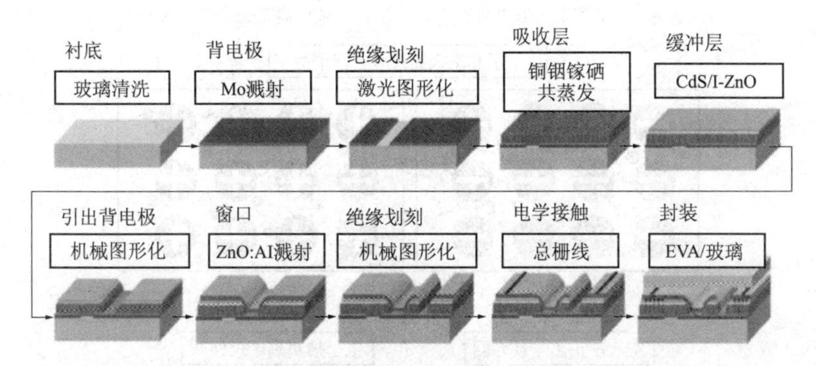

图1-1-7　GIGS薄膜太阳能电池的生产流程

1.1.4.3　太阳能电池的工作原理

前面提到光伏组件是太阳能电池的组合装置，那什么是太阳能电池？太阳能电池是一种把光能转换成电能的半导体器件，其工作原理的基础是半导体PN结的光生伏特效应。

半导体中的导电载流子是电子或空穴，相关概念可以在任何一本半导体物理的课本中找到。在纯净的硅半导体晶体中，自由电子和空穴的数目相等。如果在硅晶体中掺入能够俘获电子的硼、铝、镓或铟等杂质元素，就构成了P型半导体；如果在硅晶体中掺入能够释放电子的磷、砷或锑等杂质元素，就构成了N型半导体。若把这两种半导体结合在一起，电子或空穴将发生扩散运动，从高浓度区向低浓度区移动，从而在交界面处形成PN结，并在结的两边形成势垒电场，使得电子或空穴的扩散运动达到平衡状态。当太阳光照射PN结时，半导体内的原子由于获得了光能而释放电子，产生电子-空穴对，在势垒电场的作用下，电子被驱向N型区，空穴被驱向P型区，从而在PN结的附近形成与势垒电场方向相反的光生电场。光生电场的一部分抵消势垒电场，其余使得N型区与P型区之间的薄层产生了电动势，即光生伏特电动势，当接通外电路时便有电能输出。这就是PN结接触型单晶硅太阳能电池发电的基本原理。若把几十个、数百个太阳能电池单体串联、并联起来，组成太阳能电池组件，在太阳光的照射下，便可获得输出功率相当可观的电能。

相关示意图如图1-1-8~图1-1-11所示。

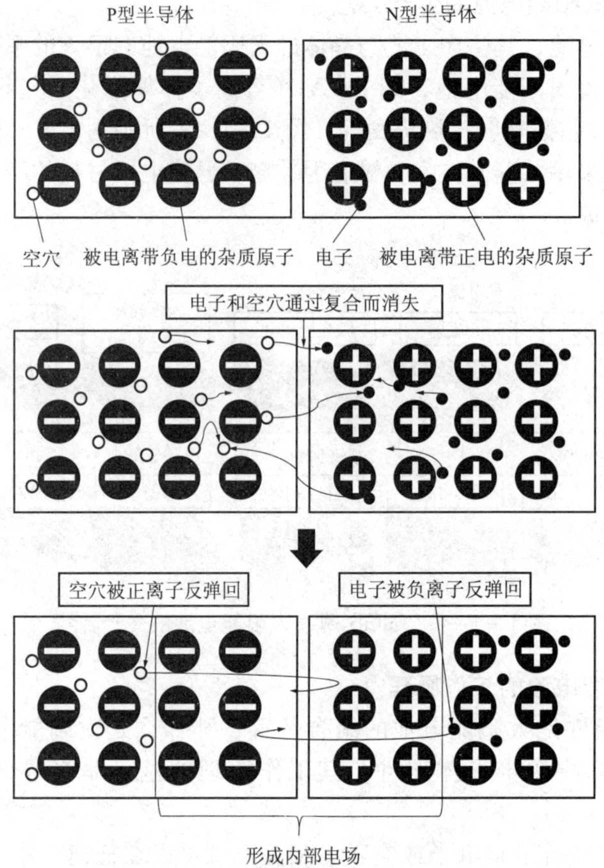

图1－1－8　PN结形成的物理图像

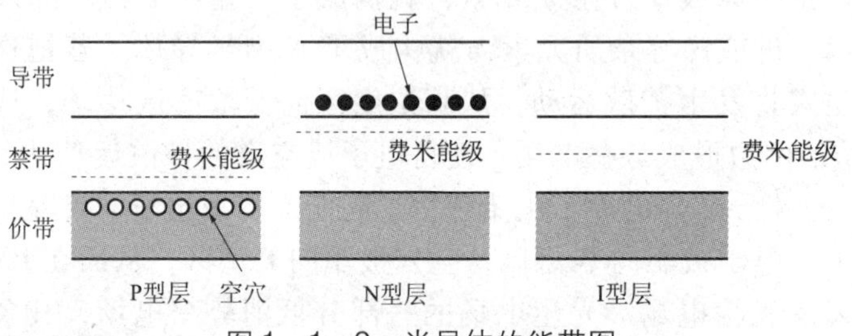

图1－1－9　半导体的能带图

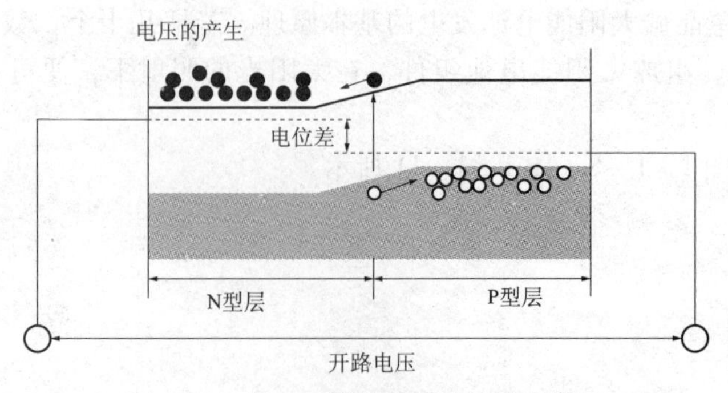

图1－1－10　开路情况PN结的能带图

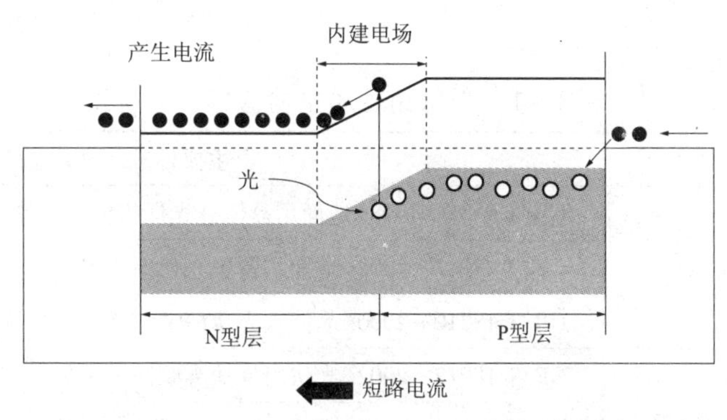

图1-1-11　短路情况下PN结的能带图

1.1.5　可练习项目

(1)通过调研，查找资料，对比不同类型光伏组件的技术参数，并通过对光伏组件模型的观察，画出不同类型光伏组件的结构图。

(2)查找相关资料，了解光伏组件封装工艺的发展。

(3)发挥想象，发掘光伏发电系统可能的应用领域或场合，提出创意。

(4)常见的晶硅太阳能电池采用的是P型的硅衬底，请根据太阳能电池和光伏组件的工作原理，判断光伏组件的正负极输出端子，并用万用表验证相关想法。

任务1.2　光伏组件的设计

1.2.1　任务目标

了解光伏组件的设计要点；掌握光伏组件的设计方法。

1.2.2　任务描述

为满足实际使用要求，须将若干单片太阳能电池按电性能分类进行串并联连接，然后经过封装，组合成可以独立提供直流电输出的电源使用的光伏组件。光伏组件的设计就是要根据其应用时的电性能要求、使用环境的要求以及市场对性价比的要求，对采用何种类型太阳能电池、封装材料、封装工艺等进行选择。本任务主要是让学生了解并掌握光伏组件的设计要点和设计方法。

1.2.3　任务实施

1.2.3.1　了解光伏组件检验标准

为什么要了解光伏组件检验标准？它和光伏组件设计的关系是什么？先来阅读一个光伏组件检验标准。GB/T 9535—1998《地面用晶体硅光伏组件设定鉴定和定型》要求地面应用的太阳能电池组件有良好的电绝缘性，有足够的机械强度，成本较低，组合引起的效率损失小，组件的寿命长，而且所用材料、零部件及其结构的使用寿命一致。如何才能判断光伏组件能达到这些要求呢？这是光伏组件检验标准要解决的问题。

目前，光伏组件相关标准涉及光伏组件性能、质量可靠性和环境耐候性、安全性能等。这些标准都是在设计和生产光伏组件过程中的重要参考依据。光伏组件质量检验的主要标准见表1－2－1。

表1－2－1　光伏组件质量检验的主要标准

产品类别	产品要求	主要标准
光伏组件	性能要求	GB/T 9535—1998《地面用晶体硅光伏组件设定鉴定和定型》
		GB/T 18911—2002《地面用薄膜光伏组件设计鉴定和定型》
		GB/T 18210—2000《晶体硅光伏（PV）方阵 $I-U$ 特性的现场测量》
	质量可靠性和环境耐候性要求	GB/T 18912—2002《光伏组件盐雾腐蚀试验》
		GB/T 19394—2003《光伏（PV）组件紫外试验》
	安全要求	GB/T 20047.1—2006《光伏（PV）组件安全鉴定第1部分：结构要求》

由于我国的光伏产品市场长期在国外，尤其是欧美市场，因此，必须关注欧美市场关于光伏组件的标准，最典型的标准包括欧盟的IEC 61215质量检测标准和美国的UL 1703质量检测标准。这两套标准的最大差异是评估目的不同。

以UL 1703为代表的安全认证主要侧重于评估光伏产品在正常的安装、使用和维护过程中是否存在对相关人员及周边环境的危险，如电击、火灾等。而IEC 61215和IEC 61646则主要侧重于评估光伏组件在长期户外使用过程中的性能稳定性和可靠性，与UL 1703标准的评估重点不同。为此，IEC 61730－1和IEC 61730－2（光伏组件的安全认证）吸收了UL 1703、IEC 61215和IEC 61646的大部分内容，从而兼顾了光伏组件安全和性能的要求。

1.2.3.2　光伏组件的设计要点

光伏组件标准是其设计和生产的重要参考依据，这里重点介绍光伏组件的电性能设计。

1. 物理电学性能

光伏组件的物理电学性能要求包括组件的功率大小、尺寸、承载、安装等，且需要满足IEC 61215和IEC 61730或UL 1703等标准。不合理或考虑不周的设计都会使生产出来的光伏组件因失配效应、热斑效应等因素，产生不必要的功率损失，从而达不到设计要求。

光伏组件是由太阳能电池片根据工作电压和输出功率的要求串并联起来的，如图1－2－1所示，然后通过专门的材料将太阳能电池封装起来的产品。因此，太阳能电池的串并联方式对组件的电性能将产生重大影响。下面简单分析一下太阳能电池串并联的情况对电性能的影响。

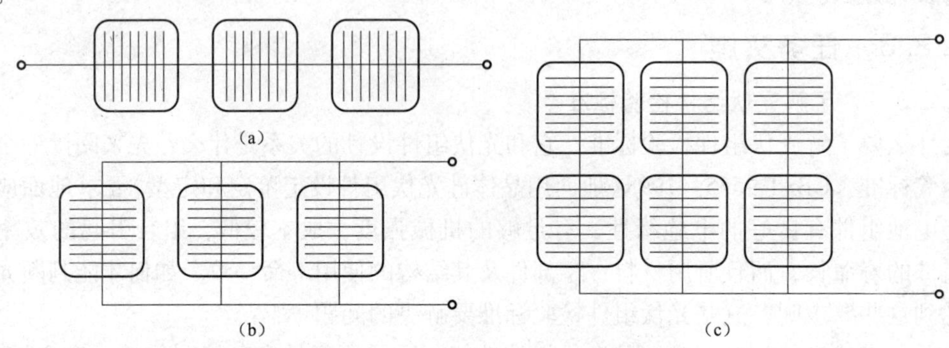

图1－2－1　太阳能电池的串并联形式

(1)太阳能电池串联的电路分析。两个电池串联后的总电压等于两个电池的电压和。两个电池的电流是相等的，这意味着两个电池电流失配使得总电流等于最小的电池的电流，如图1－2－2所示。

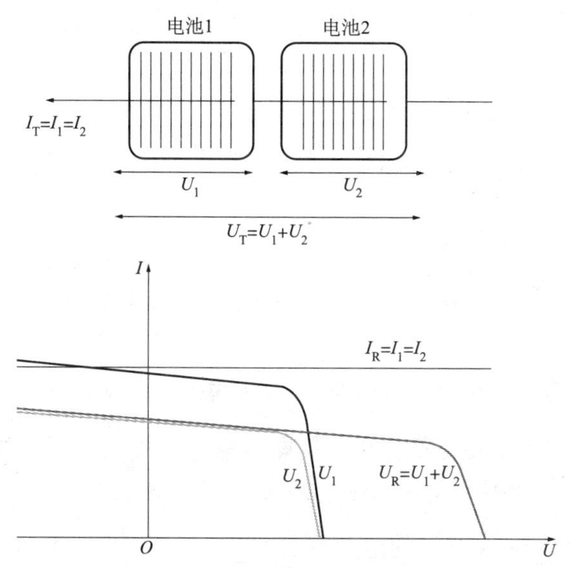

图1－2－2　电流相等、电压不等的太阳能电池串联

短路电流相等的两个电池串联后没有电流失配，总电流等于两个单体电池的电流，总电压等于两个单体电池电压的和，如图1－2－3所示。

在两个单体电池形成的电流源中，由于电流是光照产生的，并且电池组是短路的，所以流经单个电池的正向电流是0，并且电池组的电压也是0。

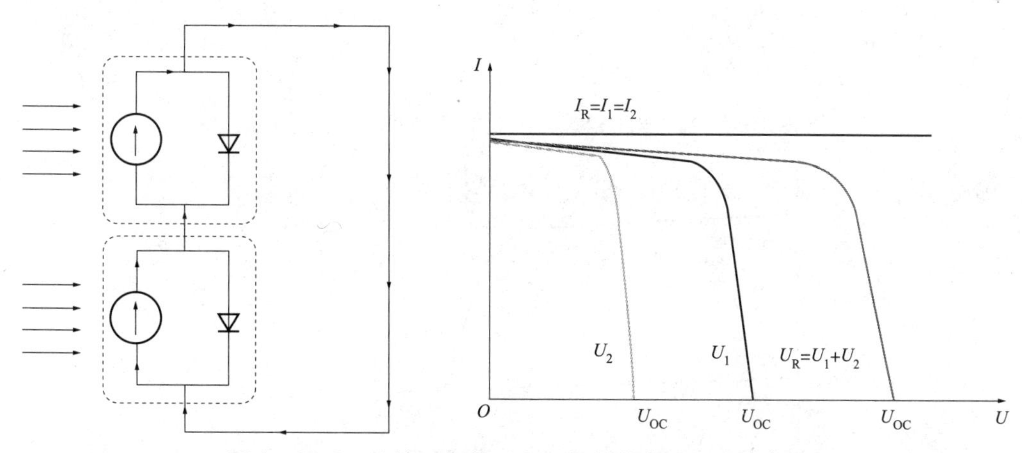

图1－2－3　电流不相等、电压相等的太阳能电池串联

短路电流不相等的两个电池串联后有电流失配，总电流等于两个单体电池中电流最小的电池的电流，总电压等于两个单体电池电压的和。

当串联的两个电池产生的电流不相等的时候(例如将其中电池2的照射光遮掉一部分)，那么电池2的短路电流就是流经外电路的最大电流，电池1多出来的那部分电流，在数学上等于$I_{SC1}-I_{SC2}$，将流经电池1，并且产生一个加在电池1上的正向偏压，这个电压又对电池2产生一个反向偏压，由于总电路是短路的，因此总电压为零，如图1－2－4所示。

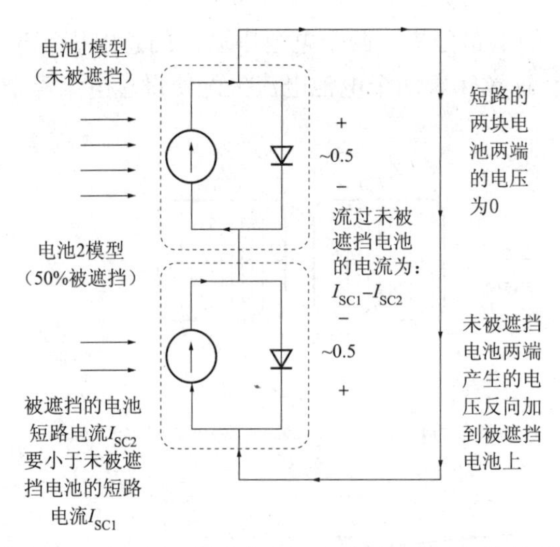

图1－2－4　不同辐照度下两片电池串联（短路情况）

（2）太阳能电池并联的电路分析。两个单体电池并联的情况下，总的电流等于两个单体电池的电流和，总电压等于两个单体电压，如图1－2－5、图1－2－6所示。

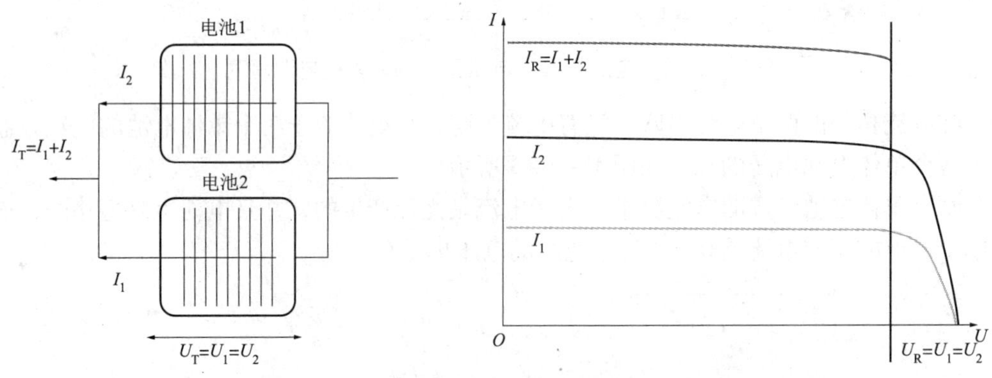

图1－2－5　电压相等、电流不等的太阳能电池并联

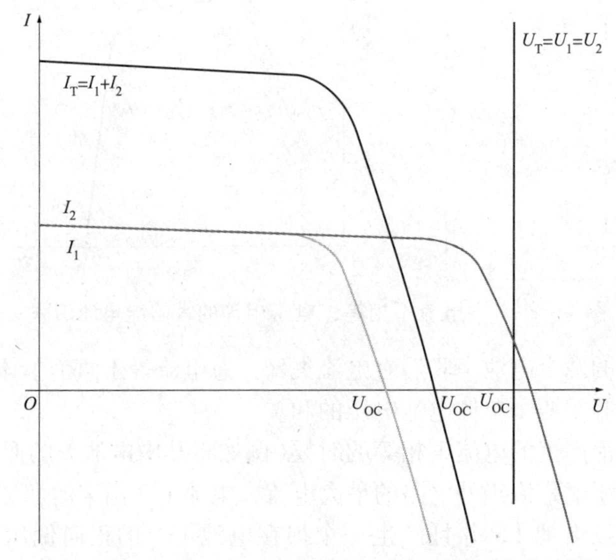

图1－2－6　电压不等、电流相等的太阳能电池并联

(3)总结：电池片串并联对组件电性能的影响如下：

1)相同参数电池片串并联对组件电性能的影响：

(a)串联时，$U_0 = U_1 + U_2 + \cdots = nU_1(U_2、U_3、\cdots)$；

(b)并联时，$I_0 = I_1 + I_2 + \cdots = nI_1(I_2、I_3、\cdots)$。

2)不相同参数电池片串并联对组件电性能的影响：

(a)串联时，$U_{开路电压}$等于各子电池开路电压之和：

$I_{短路电流}$在最大和最小短路电流之间；

$U_{最佳}$等于除去短路电流最小的电池之外，其余$(n-1)$个电池的电压之和；

$I_{最佳}$必定小于最小的短路电流。

(b)并联时，$U_{开路电压}$介于各子电池最大、最小开路电压之间；

$I_{最佳}$ = 子电池的工作电流 - 性能最差的电池的工作电流。

(c)串并联时，电压电流都会小于理论值，故计算好的组件在实际生产完成后功率都会下降，要解决这个问题，唯一的办法就是筛选电池片，尽量将性能相同的电池片使用在同一个组件上，这样可以明显减少组件功率衰减。要根据标称的工作电压确定单体太阳能电池的串联数，根据标称的输出功率来确定太阳能电池的并联数。为节约封装材料，要合理地排列太阳能电池，使其总面积尽量小。常见太阳能电池组件的输出峰值功率有5W、10W、20W、40W、160W、240W、300W等。组件外形尺寸关系到组件电池片整片的数量；峰值电压关系到组件总单位片数；功率则配合组件尺寸来决定单片电池片的功率。晶澳太阳能的光伏组件如图1-2-7所示。

图1-2-7　晶澳太阳能的光伏组件[电池数量：60(6×10)、72(6×12)]

(4)光伏组件的电路方程。如果组件中的电池具有相同的电性能，并且在相同的光照和温度下，那么组件的电路方程为

$$I_T = MI_L - MI_0\left\{\exp\left[\frac{q(U_T/N)}{nkT}\right] - 1\right\}$$

式中：M 为电池串联的个数；n 为电池并联的个数；I_T 为电池的总电流；I_L 为单个电池的电流；U_T 为总电压；N 为单个电池的理想因子；k、T 为物理常数。

光伏组件的 $I-U$ 曲线如图1-2-8所示。

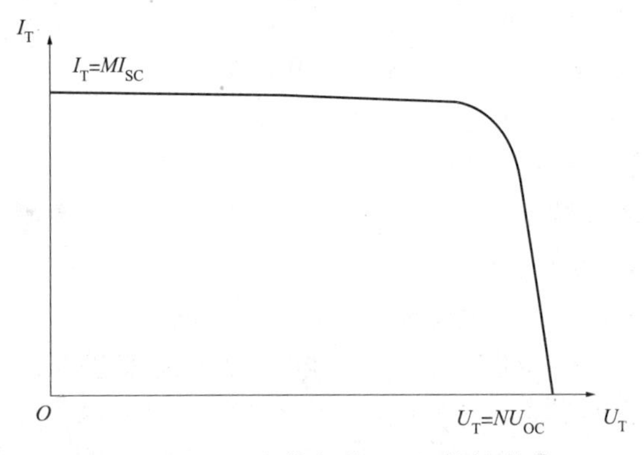

图1-2-8　光伏组件 $I-U$ 特性曲线

太阳能电池组件内电池互联电路的状况，对组件的实际性能和工作寿命有重大的影响。当太阳能电池通过串并联互联在一起时，单个电池的工作特性，如电流的失配（或称失谐），使组件的输出功率小于各个电池的最大输出功率之总和。这种由失配造成的功率损失在电池片串联时最为明显。组件的失配效应是由组件中的电池片不具有相同的电性能或者在不相同的条件下工作造成的，它包括电流失配和电压失配两种。由于组件的输出功率是由组件中最小输出功率的电池所决定，所以组件的失配是个严重的问题，例如组件中一个电池的照射光被遮挡而其他的电池仍然正常工作的时候，由工作的电池所产生的功率就被消耗在不工作的电池之上而不是外加负载上，这会造成功率的局部消耗和由于局部的过热导致对组件产生不可挽回的破坏。由遮光造成的组件失配也叫热斑效应，热斑是失配效应的具体表现。

有文献指出，对于单晶硅太阳能电池，在制造过程中产生单体差异而引起的失配损失大约为0.2%～1.5%。对于非晶硅，失配问题研究得还不够，但是非晶硅存在显著的衰减现象，一组组件串并联后，在实际使用过程中，个体差异会变得很大，可以肯定产生的失配现象更为严重，甚至可以影响到正常使用的程度。光伏组件的功率损失如图1-2-9所示，一个失配输出电池对串联电池组的影响如图1-2-10所示。

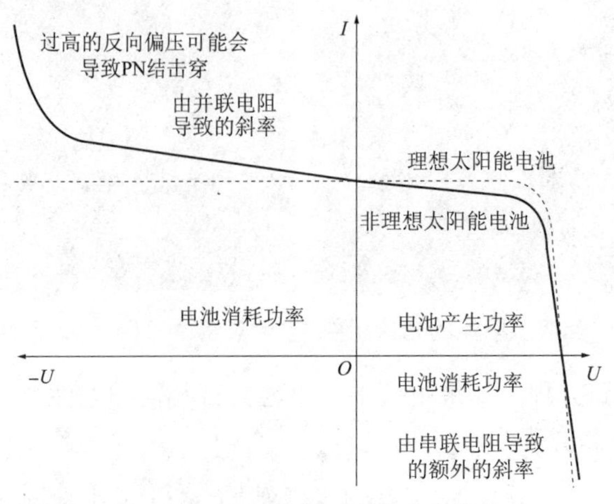

图1-2-9　光伏组件的功率损失

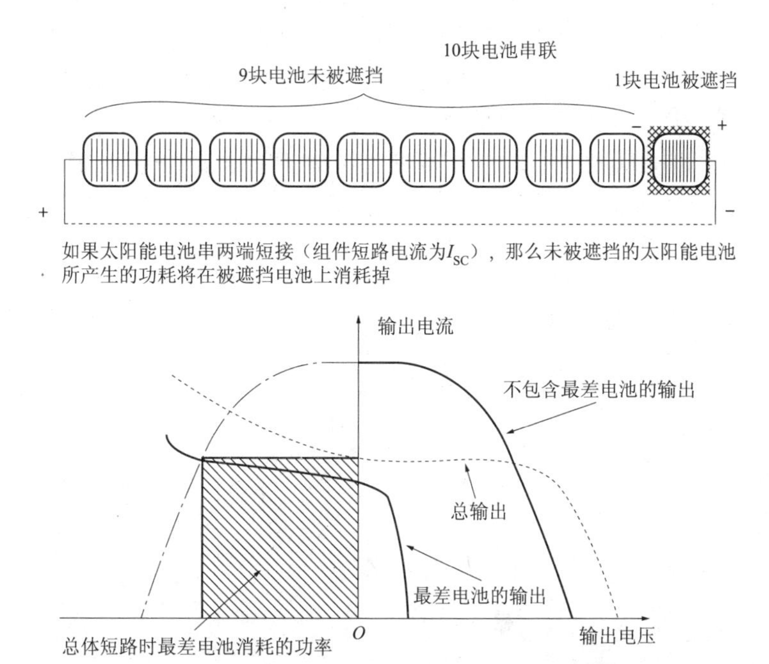

图1－2－10　一个失配输出电池对串联电池组的影响

在短路情况下，输出特性较差的被反向偏置，并消耗大量功率。串联电池组的电流输出取决于最差的电池。当一组串联的电池中有一个电池的电流明显低于其他电池的电流时，就会发生热斑效应，例如当一串电池中的一个电池照射光被遮挡后，产生在这个电池上的电流明显小于其他电池，这时总的电流被限制到最小，产生大电流的电池上因此而产生的正偏压就会加在被遮挡的电池上，被遮挡的电池就会变成消耗负载而消耗其他电池产生的功率，这种电消耗以热的形式释放出来会导致组件的破坏。

(5)降低热斑效应的方法。用并联法降低热斑效应示意如图1－2－11所示。

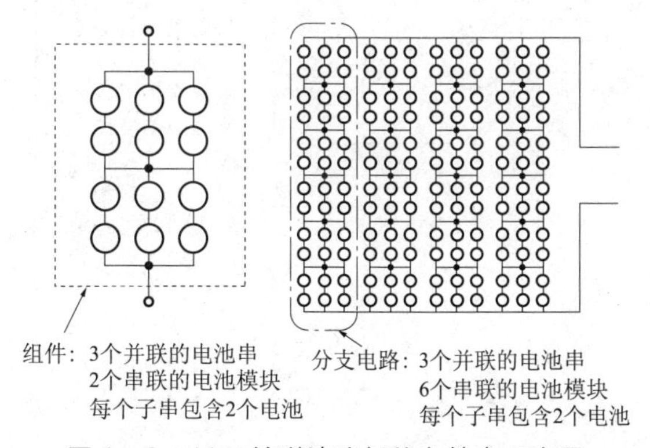

图1－2－11　并联法降低热斑效应示意图

通过增加每个组件或分路的串联模块及并联电池串的数目，可提高组件对电池失配、电池破裂以及部分阴影的容忍度，这个就是串并联法。

通过并联一个旁路二极管的方式也可以避免热斑效应，并联的二极管和太阳能电池具有相反的电极方向，在正常运行的情况下，每个太阳能电池将处于正偏电压下，旁路二极管处于反偏电压下，因此旁路二极管处于开路的状态而不起作用。然而，当一串电池中一个电池由于电流失配导致反偏时，旁路二极管将处于正偏而导通，因此将使好电池产生的电流流经外电路而不是在好电池上产生正偏压，因此加在坏电池上的最大反偏压将会降低二极管的压降，因此限制电流并且阻止热斑效应的产生。

在短路的情况下有相互匹配的电流，因此加在太阳能电池和旁路二极管上的电压为零，如图 1－2－12 所示。

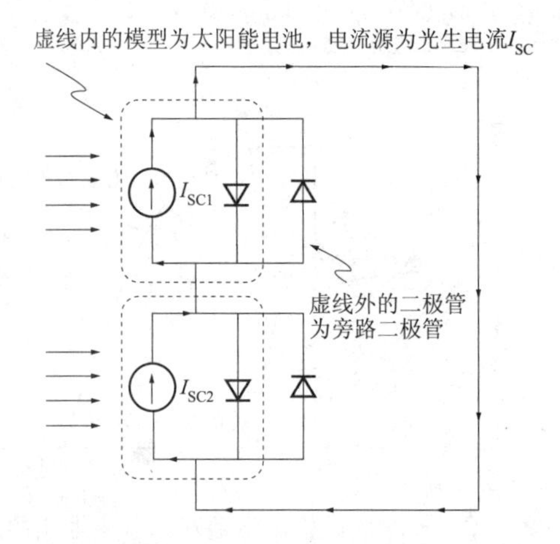

图 1－2－12　短路且电流匹配情况下的电流示意图

在电流失配的情况下，好的电池上流过的电流相当于加了正向偏压，同时加了反向偏压给坏的电池，但这个时候因为有一个正偏的旁路二极管，从而使电流从旁路二极管流过，从而避免坏电池上的功耗，如图 1－2－13 所示。

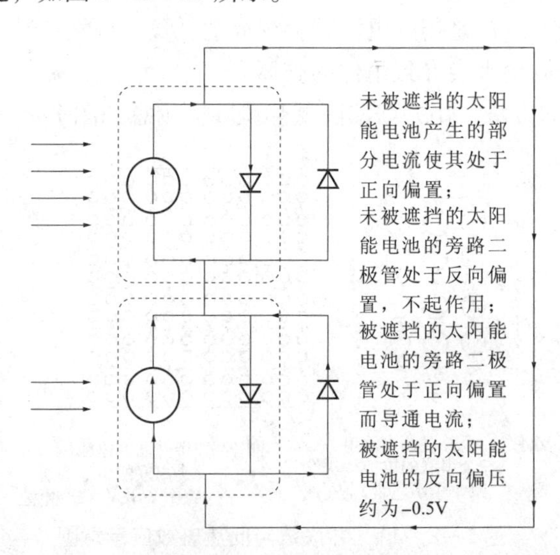

图 1－2－13　短路且电流失配情况下的电流示意图

在开路并且电池之间的电流相互匹配的情况下，短路电流正偏于每一个太阳能电池，反偏于每个旁路二极管，这时候旁路二极管不起作用，如图 1－2－14 所示。

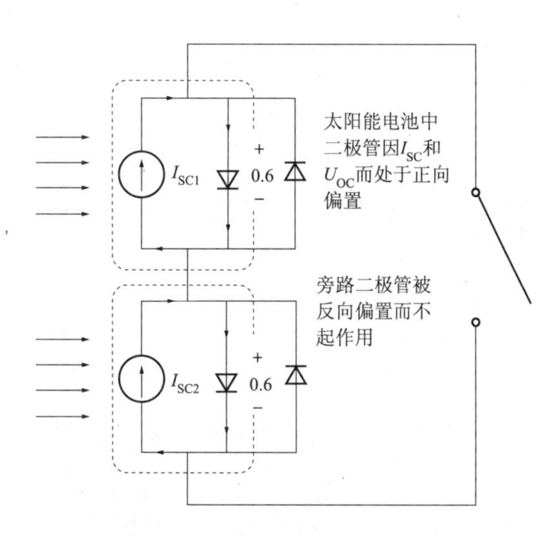

图1-2-14　开路情况下电流匹配时的电流示意图

在开路并且电流失配的情况下，照射光部分被遮挡的太阳能电池的电压虽然有所减小，但是旁路二极管仍然是反偏的，所以也不起作用。如果照射光被全部遮挡，这时被遮挡的电池相当于没有了光生电流，所以旁路二极管仍然不起作用，如图1-2-15所示。

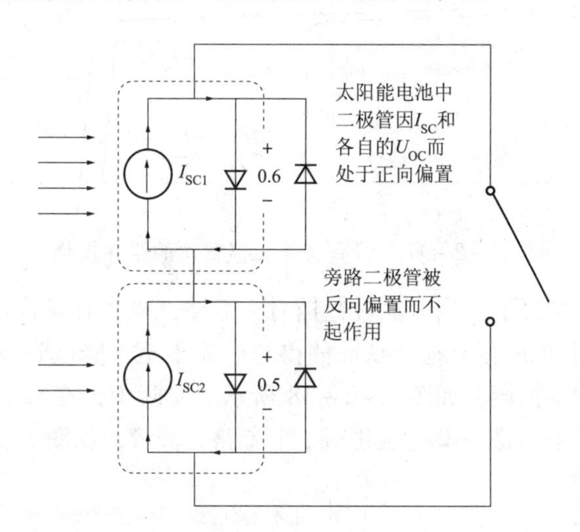

图1-2-15　开路情况下电流失配时的电流示意图

如果没有旁路二极管，当有电池被遮光而造成电流失配的时候，坏电池将会承受较大的电压降（取决于串联电池的个数）；如果有旁路二极管，则当反向偏压大于二极管的阈值电压时，旁路二极管导通，从而使加在坏电池上的电压降仅仅为二极管阈值电压大小，如图1-2-16所示。

在没有旁路二极管的情况下，当有一个电池被遮挡时，总电流等于坏电池的电流，总电压等于所有串联的电池的电压和，这时候坏电池消耗了大量的由好电池产生的功率，如图1-2-17所示。

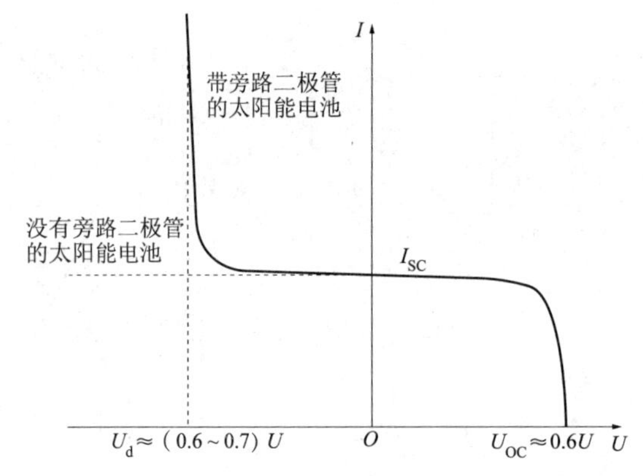

图1-2-16　有(无)旁路二极管的 I-U 曲线

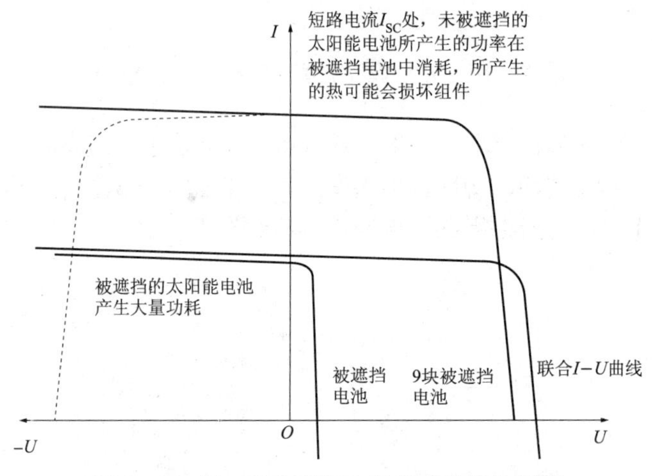

图1-2-17　没有旁路二极管时的组件损耗

在有旁路二极管的情况下，当电池被遮挡时，旁路二极管在反向电压等于阈值电压(这个电压和开路电压相当)的时候导通，从而使得总电流不至于降低到坏电池的电流大小，从而减少了坏电池上的功率损耗，如图1-2-18所示。实际中，在每个电池上加上旁路二极管成本较高，因此实际中总是一串电池共用一个旁路二极管，如图1-2-19所示。

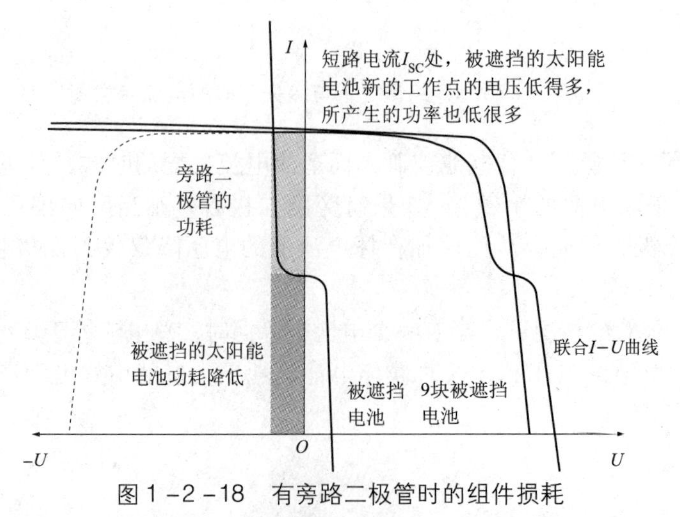

图1-2-18　有旁路二极管时的组件损耗

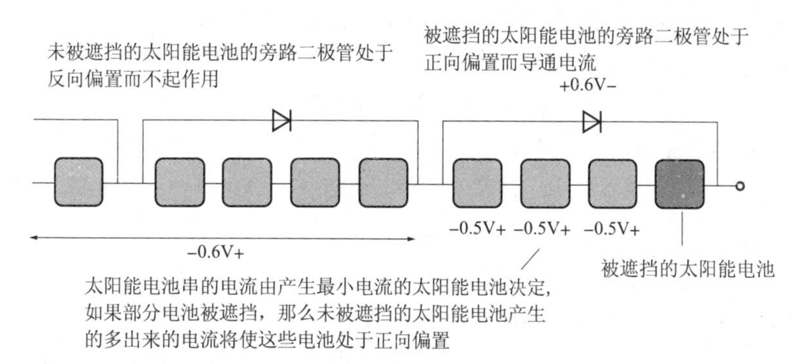

图1-2-19 一串电池共用一个旁路二极管

光伏组件中的旁路二极管通常采用普通整流二极管或肖特基二极管。普通整流二极管价格便宜，但在光伏组件发生热斑效应时，其正向导通压降较大(约1V)，因而会产生大量的热，如果散热措施没有做好，有可能会烧毁接线盒和光伏组件，甚至引发火灾。与普通整流二极管相比，肖特基二极管的正向导通压降较小(约0.3V)，但其耐压低、反向漏电流也较大。为了解决旁路二极管可能造成的问题，MOS管旁路光伏组件被提出来。MOS管的导通电阻通常仅为几个毫欧姆，因此MOS管的导通压降较小，而且自带散热片，是理想的光伏组件旁路元件。

2. 使用的环境

针对光伏组件使用的环境不同，其需要特殊化设计，例如：如果组件用于沿海或海岛地区，那么组件需要具有耐盐雾、防腐蚀的性能。此时，组件需要满足IEC61701的标准要求；针对农业地区，组件需要具有抗氨气腐蚀的能力，组件需要满足IEC62716的标准；针对西藏、甘肃等紫外线强度较大的地区，光伏组件的耐紫外辐射性能需满足GB/T 19394—2003的标准；针对太阳能智能门窗、太阳能凉亭、光伏农业大棚、光电玻璃建筑顶棚及光电玻璃幕墙等应用，光伏组件的透光性、机械强度还需要满足建筑材料的相关标准。

不同的使用环境对光伏组件提出了不同的设计要求，这里以海洋使用环境为例来说明光伏组件的设计要点。

目前，光伏组件广泛运用于海岛和航海船舶发电。海岛远离大陆架，只能靠风力和太阳能发电；船舶长期在海洋中航行，然而海洋的环境比较恶劣，对太阳能光伏组件的要求比较高。首先，海水的盐度大，其主要成分是氯化物和硫酸盐，海水所含盐量通常在35%以上。其次，海面上空气湿度较大，所以对光伏组件的耐盐腐蚀能力要求特别高，此外，海上潮湿的环境容易使水分进入组件内部而造成损坏。这要求光伏组件在生产过程中，要选择抗盐腐蚀光伏组件铝型材外框、外壳接线盒等材料，甚至在设计过程中减少含金属成分的铝合金边框的使用。然后是做好光伏组件的密封，如考虑使用硅橡胶密封框密封等。最后是严格进行盐雾试验，检验光伏组件的耐盐雾腐蚀性能是否符合设计要求。在通常情况下，在试验室对光伏组件进行盐雾试验时，盐溶液的pH为6.5~7.2(35±2℃)，对其关键组件进行试验时，在96小时的盐雾试验的过程中，正常情况下使用寿命为10年，但通常情况下，光伏组件的使用寿命为25年，所以必须突破太阳能光伏组件在特殊环境中的抗盐腐蚀性，其已成为必须要攻克的技术难题。

2013年，中国质量认证中心(CQC)针对我国三种具有代表性的气候条件，设计出了差异化的检测方法，并整理了相关测试要求，形成了三个技术规范，分别是CQC 3303—2013

《地面用晶体硅光伏组件环境适应性测试要求第1部分：干热气候条件》、CQC 3304—2013《地面用晶体硅光伏组件环境适应性测试要求第2部分：湿热气候条件》、CQC 3305—2013《地面用晶体硅光伏组件环境适应性测试要求第3部分：高寒气候条件》。采用这三个技术规范对光伏组件的性能进行评估，可避免实验室环境条件与实际光伏电站安装地点的气候条件不符引起的组件电性能降低、机械应力失效、组件电气安全故障等问题。

3. 性价比最佳化

光伏组件的设计需要兼顾组件的性能和成本，使得组件的性价比达到最佳化。

常规组件的性价比单位为：成本/功率(元/W)。

(1)电池片数量一定，组件尺寸一定时，随着电池片功率的增加，组件的性价比增加。

(2)电池片型号一定，电池片数量不定时，随着组件尺寸的增加，性价比增加。

(3)对于单晶组件和多晶组件，尺寸、功率相同时，多晶组件的性价比高于单晶组件的性价比(元/W)。

1.2.3.3 光伏组件设计方法和实例

首先，光伏组件的生产过程包括客户下订单，企业根据客户对光伏组件的技术要求来设计图纸，生产部门根据图纸进行制造。图1-2-20给出了某公司的设计图纸，观察一下图纸里面包含哪些内容。

图1-2-20(a)的设计图纸中给出了玻璃的尺寸、铝合金边框的尺寸、电池片(整片和划片后)的尺寸、开路电压的技术要求、光伏组件的版图(包括电池片的行间距、列间距，电池片与铝合金边框的距离等)。

图1-2-20(b)的设计图纸中增加了EVA胶膜、汇流条、涂锡焊带、背板的尺寸，并给出了详细的技术要求，以及激光划片的要求等。

图1-2-20(c)的设计图纸中除了光伏组件的版图外，还增加了接线盒的安装技术要求。

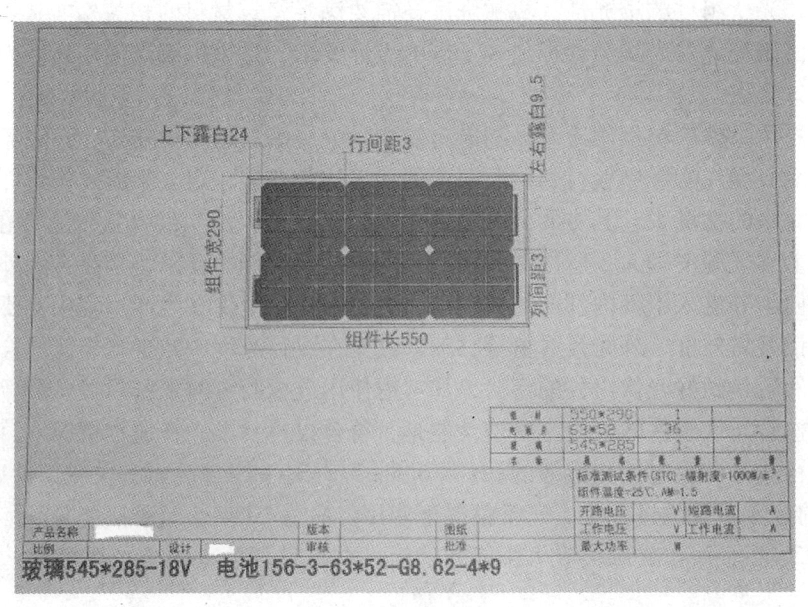

(a)

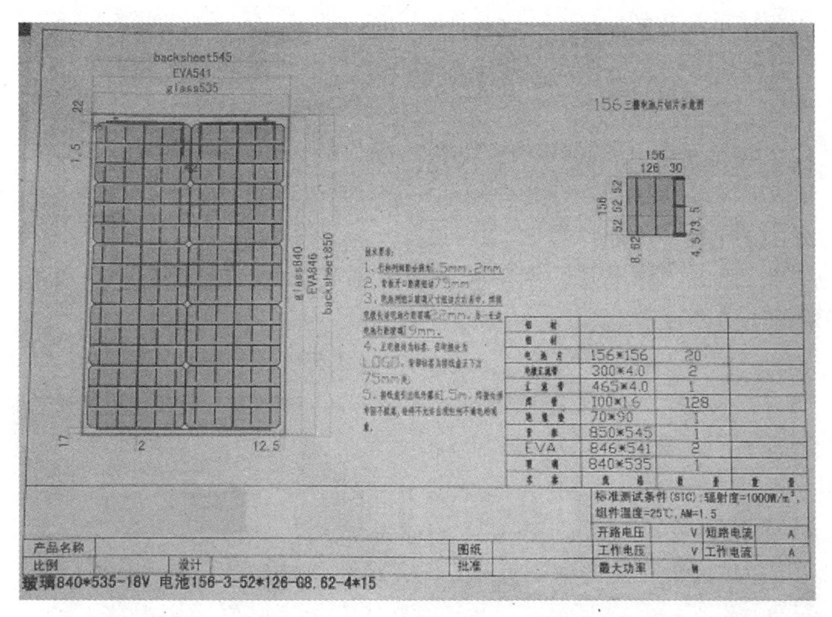

(b)

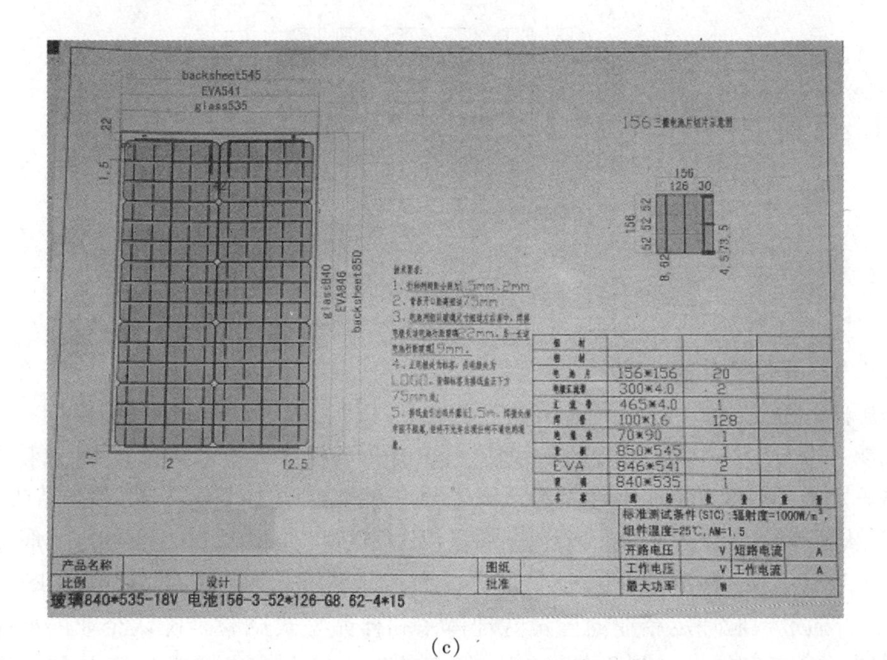

(c)

图 1-2-20　某公司的光伏组件设计图纸

下面设计 10W 的光伏组件(功率偏差要求：+0.5W；开路电压要求：9V)。假设手头有 125mm×125mm 两主栅的单晶硅电池片(标准测试条件下测得 P_{max}：~2.4W；U_{OC}：~0.5V)，给出设计思路，并按照设计确定光伏组件板形和组件尺寸(要求电池片与电池片的间距大于 1mm；电池串与电池串的间距大于 5mm；电池片离玻璃边缘的距离大于 30mm；汇流条引线间距 50mm，并距离玻璃边缘 50mm)。

设计流程具体如下：

1. 确定太阳能电池片的数量

因为光伏组件功率的大小和太阳能电池面积即数量成正比，因此 10W 的光伏组件需要的电池片数量为

$$N = P_{\text{Set}}/P_{\max} = 10\text{W}/2.4\text{W} \sim 10.5\text{W}/2.4\text{W} = 4.2 \sim 4.4$$

考虑到光伏组件封装过程中的功率损失，这里取 $N = 4.5$。

2. 确定太阳能电池片的划片数量

光伏组件的开路电压和串联的太阳能电池数量成正比，因此要满足 9V 的开路电压要求，需要串联的电池片数量为

$$M = U_{\text{OC,set}}/U_{\text{OC}} = 9\text{V}/0.5\text{V} = 18$$

因为 $M = 4N$，因此需要将单片 125mm × 125mm 两主栅的单晶硅电池片进行四等分划片，并将 18 片电池片进行串联焊接。

3. 板型设计

$$M = 18 = 6 \times 3 = 9 \times 2$$

考虑到光伏组件的美观，这里取 $M = 6 \times 3$，其板型图如图 1-2-21 所示。

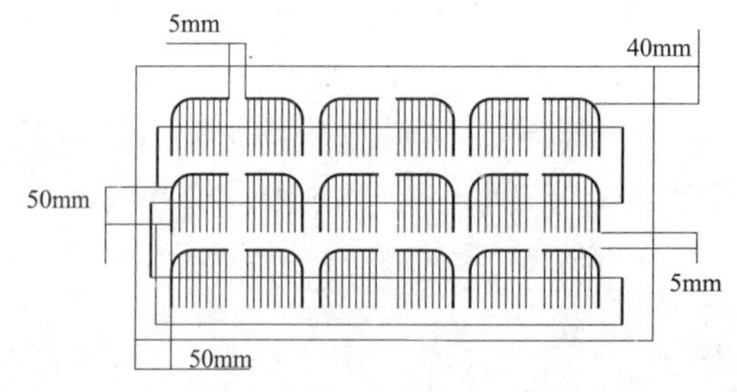

图 1-2-21 光伏组件设计板型图

1.2.4 相关知识

1.2.4.1 光伏组件的认证

按照国际标准化组织(ISO)和国际电工委员会(IEC)的定义，认证是指由国家认可的认证机构证明一个组织的产品、服务、管理体系符合相关标准、技术规范(TS)或其强制性要求的合格评定活动。因此，企业涉及的认证主要为管理认证(如 ISO 认证)和产品认证(如 3C 认证、UL 认证等)两大类。管理认证包括质量(ISO 9000)、环境(ISO 14000)、职业健康安全(OHSAS 18000 或 GB/T 28000)三个部分。而产品认证，国际标准化组织(ISO)的定义是"由第三方通过检验评定企业的质量管理体系和样品型式试验来确认企业的产品、过程或服务是否符合特定要求，是否具备持续稳定的生产符合标准要求的产品的能力，并给予书面证明的程序"。世界上大多数国家和地区设立了自己的产品认证机构，使用不同的认证标志，来标明认证产品对相关标准的符合程度，如 UL 美国保险商实验室安全试验和鉴定认证、CE 欧盟安全认证、VDE 德国电气工程师协会认证、中国 CCC 强制性产品认证等，如图 1-2-22 所示。

如果一个企业的产品通过了国家著名认证机构的产品认证，就可获得国家级认证机构颁发的"认证证书"，并允许在认证的产品上加贴认证标志。这种被国际上公认的、有效的认证方式，可使企业或组织经过产品认证树立起良好的信誉和品牌形象，同时让顾客和消费者也通过认证标志来识别商品的质量好坏和安全与否。目前，世界各国政府都通过立法的形式

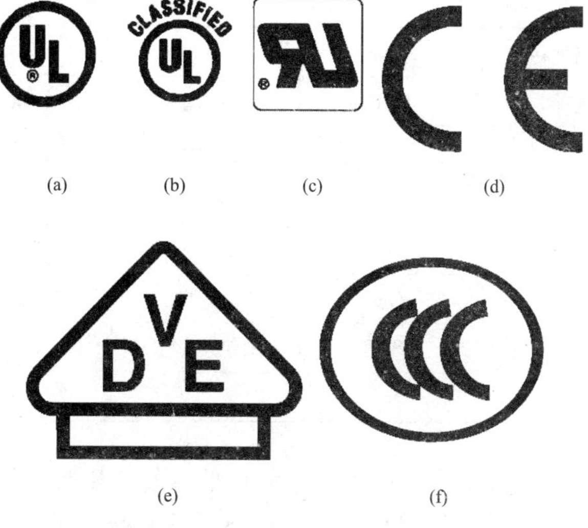

(a)　(b)　(c)　(d)

(e)　(f)

图 1 -2 -22　认证标志

(a)列名；(b)分级 UL 标志；(c)认可；(d)CE 认证；(e)DVE 认证；(f)CCC 认证

建立起这种产品认证制度，以保证产品的质量和安全、维护消费者的切身利益，这已经成为一种新的国际贸易壁垒。

光伏产品的认证就是国家认可的认证机构，如 TüV(技术检验协会)、IEC(国际电工委员会)、中国质量认证中心(CQC)对光伏企业的产品是否符合其相关标准的认证。光伏产品的认证可以分为两大类别：安全认证和性能认证。UL 1703 是第一个针对平板型光伏组件的安全标准，并被采用为美国国家标准，成为目前美国光伏组件安全认证的基础。

值得注意的是，标准颁发者并不亲自对产品进行测试测评，而是通过认证机构和授权实验室的方式来进行认证。例如，某个实验室取得了 IEC 的 IEC 61730 -2—2004 光伏组件安全鉴定 -测试要求的认证资格，那么它就有权利根据这个标准对某个企业送检的组件产品进行安全鉴定。一旦产品通过鉴定，那么实验室就可以给该款产品颁发认证证书。因此需要分辨出每个认证品牌与它的认证机构之间的关系。

另一个值得注意的问题是，某个认证机构的一款认证标准，也可能得到其他认证机构的认同，只要进行测试的实验室得到了授权，那么在这个实验室测试通过这个标准的企业即可以获颁多个认证标识。例如，TüV 南德意志集团和中国国家检测机构 CQC 以及日本的 JET 建立了互认关系，光伏产品通过 TüV 南德意志集团的认证，可以方便地取得 CQC 和 JET 的认证许可，从而更便捷地进入全球更多市场。

在光伏产品标签上，人们最常见和熟知的标识就是 TüV 和 IEC。IEC 的认证几乎可以在全球范围内得到认同，而 TüV 则是进军德国和欧洲市场的关键。不同的市场对认证的要求也不同，如表 1 -2 -2 所示，比如说进入美国市场需要取得 UL 认证，进入加拿大市场需要得到 CSA 认证，要想参与中国的金太阳工程则必须取得 CQC 认证。尽管如此，企业需要根据自己的销售策略和项目要求来选择申请哪一个认证。

表 1-2-2　光伏产品认证的适用地区

认证	适用地区	认证	适用地区	认证	适用地区
IEC	全球	CQC	中国	CEC	美国加州
TüV	德国和欧洲	金太阳	中国	MCS	英国
CB	全球	AS	澳大利亚	GS	德国
UL	美国	MET	美国	MRE	韩国
CSA	加拿大	CE	欧盟	JET	日本
CNAS	中国	FSEC	美国佛罗里达州	ILAC	全球
					solarF 制表

中国质量认证中心（CQC）是中国国家认证认可监督管理委员会授权开展太阳能光伏产品认证的国家级认证机构，下面简单介绍一下中国质量认证中心（CQC）的光伏产品认证。CQC 光伏产品认证范围较广，涉及组件、逆变器、独立光伏系统、蓄电池、接线盒、汇流箱等，如表 1-2-3 所示。

表 1-2-3　CQC 光伏产品认证范围

认证范围	依据标准	送样要求	试验周期
地面用晶体硅光伏组件	GB/T 9535—1998（或 IEC 61215—2005）《地面用晶体硅光伏组件设计鉴定和定型》	8 个完整 PV 组件	约 3 个月
地面用薄膜光伏组件	GB/T 18911—2002（或 IEC 61646—2008）《地面用薄膜光伏组件设计鉴定和定型》	8 个完整 PV 组件	约 3 个月
光伏组件安全要求（适用于晶体硅和薄膜组件）	IEC 61730-1—2004《光伏组件安全鉴定-结构要求》 IEC 61730-2—2004《光伏组件安全鉴定-测试要求》	7 个完整组件 +11 个背膜 +6 个接线盒 +1 个接线导管	约 3 个月
光伏组件用接线盒	IEC 61730-1—2004《光伏组件安全鉴定-结构要求》 IEC 61730-2—2004《光伏组件安全鉴定-测试要求》	11 个完整样品	约 3 个月
独立光伏系统（如太阳能路灯、太阳能草坪灯、太阳能庭院灯、太阳能景观灯、太阳能信号灯、太阳能水泵、太阳能充电器、太阳能手电筒、太阳能收音机、太阳能播放机等）	IEC 62124—2004《独立光伏系统-设计验证》	1 套完整样品	约 2 个月

续表

认证范围	依据标准	送样要求	试验周期
离网型控制器、逆变器及逆变控制一体机	GB/T 19064—2003《家用太阳能光伏电源系统技术条件和实验方法》 GB/T 20321.1—2006《离网型风能、太阳能发电系统用逆变器第 1 部分：技术条件》 GB/T 20321.2—2006《离网型风能、太阳能发电系统用逆变器第 2 部分：试验方法》 JB/T 6939.1《离网型风力发电机组用控制器第 1 部分：技术条件》 JB/T 6939.2《离网型风力发电机组用控制器第 1 部分：试验方法》	1 套完整样品	约 1 个月
光伏并网系统用逆变器	CNCA/CTS 0006—2010(IEC 62109-1—2010)《光伏发电系统用电力转换设备的安全第一部分：通用要求》	1 套完整样品	约 1 个月
	CNCA/CTS 0004—2009A《并网光伏发电专用逆变器技术条件(仅适用于金太阳示范工程产品认证)》		
光伏系统用储能蓄电池(铅酸蓄电池和镍氢蓄电池)	GB/T 22473—2008《储能用铅酸蓄电池》	4~7 个样品	约 2 个月
	IEC 61427—2005《太阳能光伏能量系统用蓄电池和蓄电池组一般要求和测试方法》		
聚光型光伏模块和模组	CNCA/CTS 0005—2010(等同 IEC 62108：2007)《聚光型光伏组件和装配件-设计鉴定和定型》	7~9 个样品	约 12 个月
光伏汇流箱	CNCA/CTS 0001—2011《光伏汇流箱技术规范》	1 个样品	2~3 周
离网型风光互补发电系统	GB/T 19115.1—2003《离网型风光互补发电系统第 1 部分：技术条件》 GB/T 19115.2—2003《离网型风光互补发电系统第 2 部分：试验方法》	1 套	约 3 个半月(在气象条件满足的情况下)
离网型风力发电机组	GB/T 19068.1—2003《离网型风力发电机组技术条件》 GB/T 19068.2—2003《离网型风力发电机组试验方法》	2 台	约 2 个半月(在气象条件满足的情况下)

续表

认证范围	依据标准	送样要求	试验周期
太阳能热水器	GB/T 19141—2011《家用太阳能热水系统技术条件》	1套系统	30个工作日
	GB26969—2011《家用太阳能热水系统能效限定值及能效等级》	1套系统	30个工作日

CQC认证工作流程大致分为5个步骤，如图1－2－23所示。

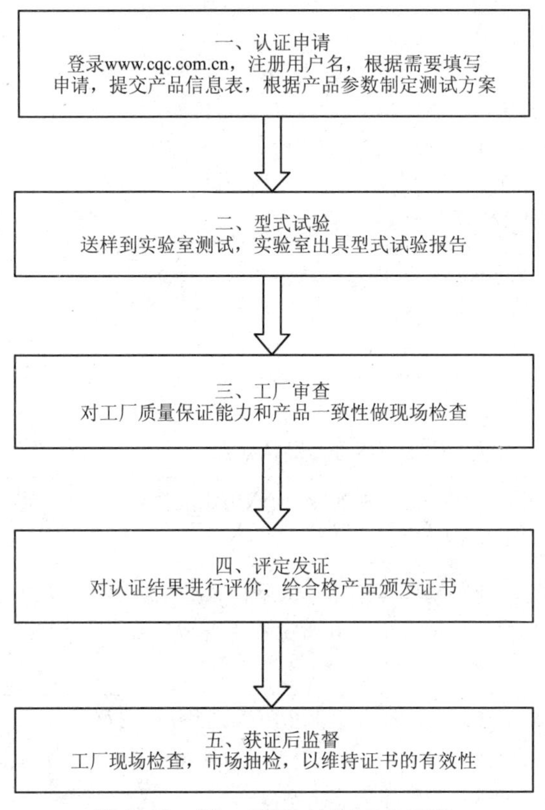

图1－2－23　CQC认证工作流程

1989年，Intertek成为第一家进入中国的国际第三方测试和认证公司。Intertek上海光伏实验室是中国地区首家能够进行IEC和UL标准测试的光伏组件实验室，拥有IEC和UL标准的全套测试设备，所有的测试都能在中国进行。Intertek是美国国家职业安全和健康委员会（OSHA）的国家认可实验室（NRTL），经过Intertek测试的光伏组件可以在欧洲及北美市场畅通无阻，其所依照的测试标准如表1－2－4所示，光伏产品认证测试流程如图1－2－24所示。

表1－2－4　Intertek光伏组件测试所依照的标准

法　令	标准名称
IEC/EN 61730－1	光伏（PV）组件安全鉴定第一部分：结构要求
IEC/EN 61730－2	光伏（PV）组件安全鉴定第二部分：试验要求

续表

法　令	标准名称
IEC/EN 61215	地面用晶体硅光伏组件设计鉴定和定型
IEC/EN 61646	地面用薄膜光伏组件设计鉴定和定型
IEC/EN 62124	独立光伏系统——设计验证
ANSI/UL 1703	平板光伏组件
ANSI/UL 1741	用于分布式电源的逆变器、变频器和互相连接系统的设备
CEC - 400 - 2006 - 002	美国加利福尼亚能源委员会(CSI & NHSP)
IEC/EN 62108	太阳能聚光器(CPV)模块和组件
IEC/EN 61853	光伏组件性能测试和能量等级

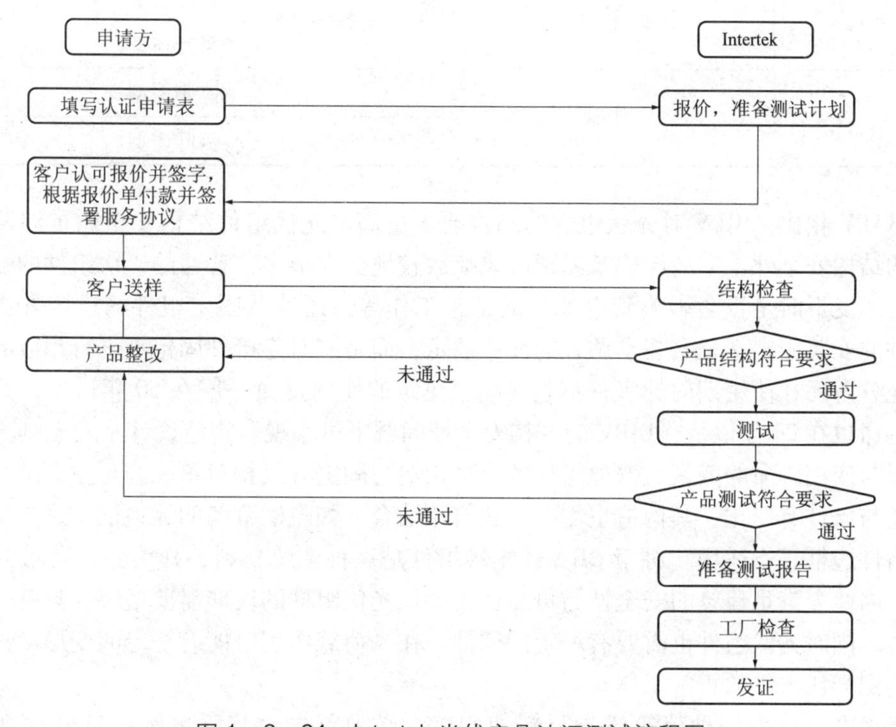

图 1-2-24　Intertek 光伏产品认证测试流程图

1.2.4.2　光伏组件的结构设计

光伏组件在光伏发电系统中只是一个提供电力能源的部件，因此在结构设计方面仅考虑了面板玻璃和铝合金边框的机械强度，即其自身的结构强度。对于光伏组件与建筑的结合，在结构设计方面，除了光伏组件自身的结构外，还应包括光伏组件与建筑之间的结构。

根据光伏组件与建筑结合形式的不同，光伏建筑可分为两大类：一类是 BAPV(Building Attached Photovoltaic)，即将光伏方阵依附于建筑物上，建筑物作为光伏方阵的载体，起支承作用；另一类是 BIPV(Building Integrated Photovoltaic)，即光伏组件以一种建筑材料的形式出现，光伏组件成为建筑不可分割的一部分，如光电屋顶、光电幕墙和光电采光顶等。光伏方阵与建筑的结合是一种常用的 BIPV 形式，特别是与建筑屋面的结合。光伏方阵与建筑的集成是BIPV的一种高级形式，它对光伏组件的要求较高。光伏组件不仅要满足光伏发电的功能要求，同时还要兼顾建筑的基本功能要求。常见的与建筑结合的安装方式如表1-2-5所示。

表1-2-5　常见的与建筑结合的安装方式

序号	建筑部位	安装方式
1	屋顶	屋顶平铺设置型
		屋顶倾斜角度设置型
		屋顶建材型
2	墙壁	墙壁设置型
		墙壁建材型
3	窗	窗建材型
		采光窗型
4	其他	遮阳罩型
		百叶窗型

与BAPV相比，BIPV对光伏组件的结构要求更高。光伏组件结构安全除了涉及光伏组件自身的结构安全外，如高层建筑屋顶的风荷载较地面大很多，普通的光伏组件的强度能否承受，受风变形时是否会影响到电池片的正常工作等，还涉及固定组件的连接方式的安全性。组件的安装固定不是安装空调式的简单固定，而是需对连接件固定点进行相应的结构计算，并充分考虑在使用期内的多种不利情况。建筑的使用寿命一般在50年以上，光伏组件的使用寿命也在20年以上，BIPV的结构安全性问题不可小视。构造设计是关系到光伏组件工作状况与使用寿命的因素，普通组件的边框构造与固定方式相对单一。与建筑结合时，其工作环境与条件有变化，其构造也需要与建筑相结合，如隐框幕墙的无边框、采光顶的排水等普通组件边框已不适用。对于BIPV，光伏组件是一种建筑材料，作为建筑幕墙或采光屋顶使用，因此需满足建筑的安全性与可靠性需要。光伏组件的玻璃需要增厚，具有一定的抗风压能力。同时光伏组件也需要有一定的韧性，在风荷载作用时能有一定的变形，这种变形不会影响到光伏组件的正常工作。

当光伏电池作为一种建筑维护材料使用时，必须首先对其强度和刚度做详细的分析检查。

整个系统的结构安全校核应包括但不限于以下几个方面：

(1)电池组件(面板材料)的强度及刚度校核。

(2)支撑构件(龙骨)的强度及刚度校核。

(3)电池组件与支撑构件的连接计算。

(4)支撑构件与主体结构的连接计算。

1.2.5　可练习项目

(1)对比一下国内和国外关于光伏组件检验标准的内容，看看是否有差异。

(2)设计一个实验验证失配效应对光伏组件的电学性能的影响(串并联情况、短路或开路情况)。

(3)设计一个实验确定阴影或组件表面辐照度不均匀对组件与系统性能的影响，设计太阳组件中单片电池大比例阴影遮挡、小比例阴影遮挡以及多片电池片同时遮挡实验。实验分为有旁路二极管和无二极管两种情况。

(4)设计一个实验研究旁路二极管的工作状态，并验证旁路二极管的作用。

(5)假定 MOS 管的导通电阻为 10mΩ，当 10A 的电流流过 MOS 管时，试着估算一下 MOS 管的电压降以及功率损耗；将 MOS 管换成普通的旁路二极管(假定其正向导通压降为 0.7V)，同样 10A 的电流流过，旁路二极管的功率损耗是多少？

(6)思考一下光伏组件可能会碰到的特殊使用环境，以及其需要满足的性能。

(7)设计 30W 的光伏组件(功率偏差要求：+0.5W；开路电压要求：9V)。假设手头有 125mm×125mm 两主栅的单晶硅电池片(标准测试条件下测得 P_{max}：~2.4W；U_{OC}：~0.5V)，给出设计思路，并按照设计确定光伏组件板型和组件尺寸(要求电池片与电池片的间距大于 1mm；电池串与电池串的间距大于 5mm；电池片离玻璃边缘的距离大于 30mm；汇流条引线的间距为 50mm，并距离玻璃边缘 50mm，用专业制图软件画出光伏组件的版图)。

(8) CQC 光伏产品认证的环节有哪些？

(9)设计一个 BIPV 模型。

模块2

晶硅太阳能电池分选测试与激光划片

任务2.1　认识太阳能电池

2.1.1　任务目标

了解太阳能电池的分类、组成结构和工作原理；了解太阳能电池的 $I-U$ 特性、光谱响应、少子寿命的测试技术；了解太阳能电池成像测量技术。

2.1.2　任务描述

太阳能电池是光伏组件的核心部件，其性能的好坏直接影响到光伏组件的性能。提升太阳能电池的转换效率，降低太阳能电池的生产成本，最终才能降低光伏组件的成本和光伏发电系统的成本。本任务主要是让学生了解太阳能电池的分类、组成结构和工作原理；了解太阳能电池的 $I-U$ 特性、光谱响应、少子寿命的测试技术；了解太阳能电池成像测量技术。

2.1.3　任务实施

2.1.3.1　不同类型太阳能电池的观察

太阳能电池技术发展很快，除了材料方面的改进，太阳能电池结构的创新也层出不穷，如图2-1-1~图2-1-3所示。

图2-1-1　太阳能电池电极结构1(两主栅—六段不连续背电极)

图2-1-2　太阳能电池电极结构2(三主栅—连续背电极)

图2-1-3　太阳能电池电极结构3(两主栅镂空—不连续背电极)

2.1.3.2　太阳能电池模型的观察

太阳能电池是一种利用光生伏打效应把光能转换成电能的器件，又叫光伏器件，主要有单晶硅电池和单晶砷化镓电池等。图2-1-4～图2-1-7所示是几种高效太阳能电池的截面示意图，它们和传统的晶硅太阳能电池的结构上有什么不同呢?

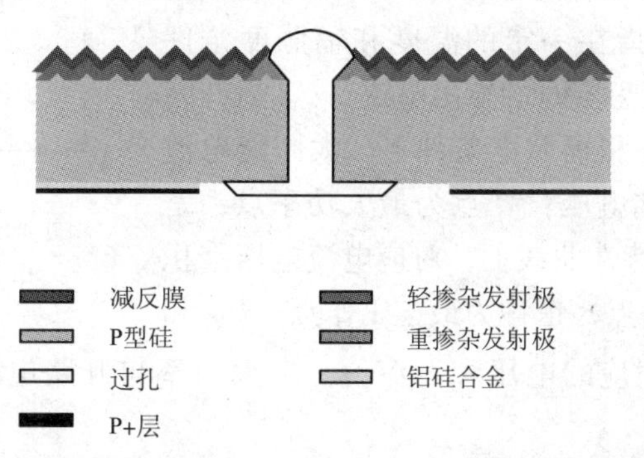

图2-1-4　MWT(金属穿孔卷绕技术)高效太阳能电池截面示意图

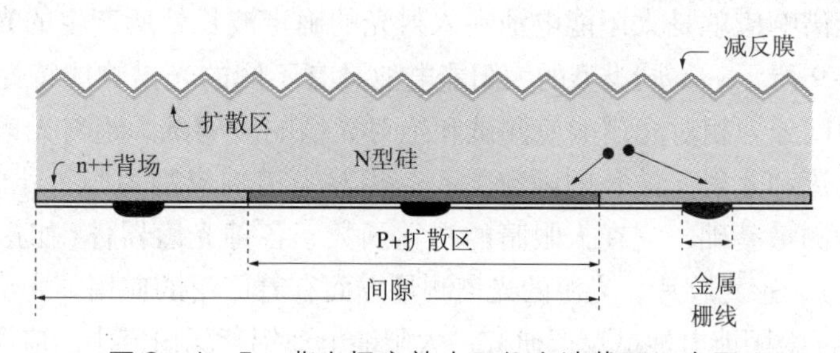

图2-1-5　背电极高效太阳能电池截面示意图

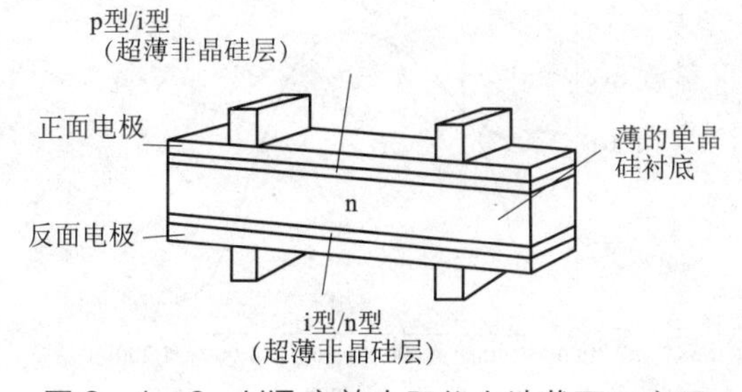

图2-1-6　HIT高效太阳能电池截面示意图

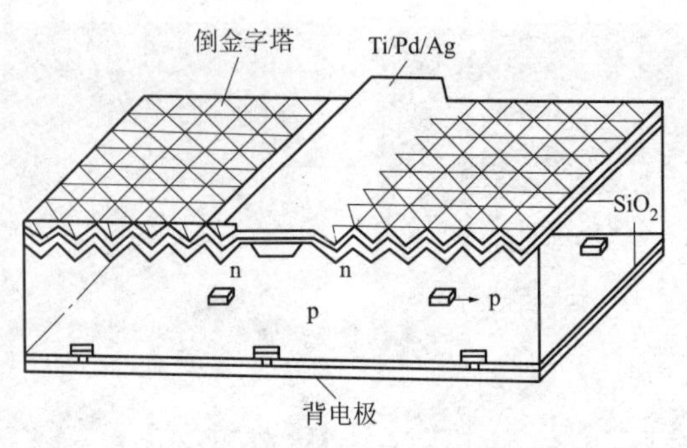

图 2－1－7　刻槽埋栅高效太阳能电池示意图

2. 1. 3. 3　认识太阳能电池 *I*－*U* 特性曲线中的参数

太阳能电池的伏安(*I*－*U*)特性曲线是指受光照的太阳能电池，在一定的辐照度和温度以及不同的外电路负载下，流入负载的电流 *I* 和电池端电压 *U* 的关系曲线。图 2－1－8 所示为典型的太阳能电池 *I*－*U* 特性曲线图。图中 I_{SC}为短路电流，是指在一定的温度和辐照度条件下，太阳能电池在端电压为零时的输出电流；U_{OC}为开路电压，是指在一定的温度和辐照度条件下，太阳能电池在空载(开路)情况下的端电压；*M* 点为最大功率点，是指在太阳能电池的 *I*－*U* 特性曲线上，对应电流电压乘积的最大值，即最大功率的点，也称为最佳工作点；U_{MP}和 I_{MP}则是指最大功率点所对应的电压和电流值。最大功率与开路电压和短路电流乘积之比，称为填充因子。

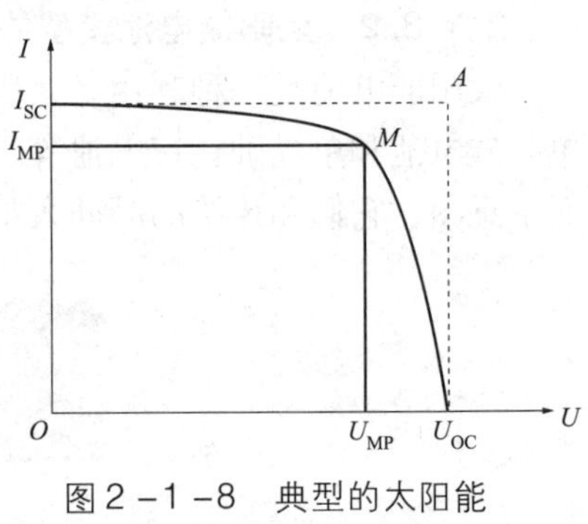

图 2－1－8　典型的太阳能电池 *I*－*U* 特性曲线图

2. 1. 3. 4　太阳能电池光谱响应

太阳能电池光谱响应就是太阳能电池在入射光的确定波长处所产生的光电流大小的定量度量，如图 2－1－9 所示。不同类型的太阳能电池具有不同的光谱响应特性，如图 2－1－10 所示。光谱响应测试分为相对光谱响应测试和绝对光谱响应测试。绝对光谱响应为单位辐照度所产生的短路电流和入射光波长的函数关系；相对光谱响应则为归一化的绝对光谱响应。光谱响应是对光的测量基础，它在人眼睛的视觉函数、各种光敏器件(如摄像元件的光谱响应 CCD、CMOS 等)、感光胶片、光源的光谱测量方面有着广泛的应用。光谱响应测试在太阳能电池光衰减研究、太阳能电池减反层研究、太阳能电池铝背场研究中的应用如图 2－1－11 ~ 图 2－1－13 所示。

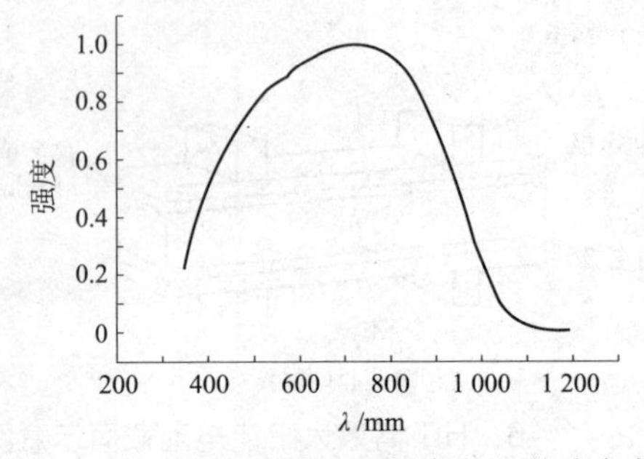

图 2－1－9　典型的太阳能电池的光谱响应曲线

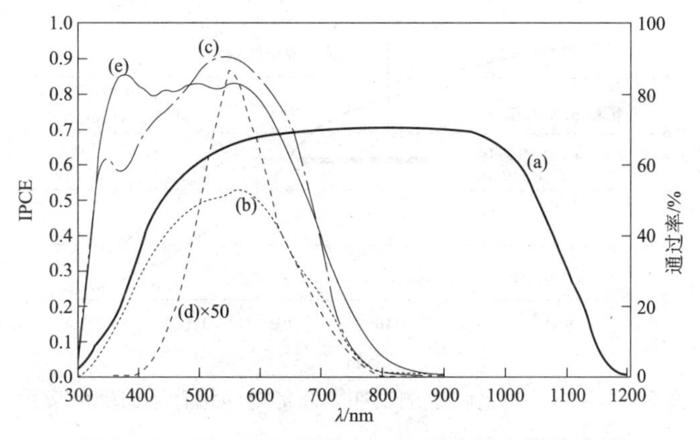

图 2-1-10　不同类型太阳能电池的光谱响应图

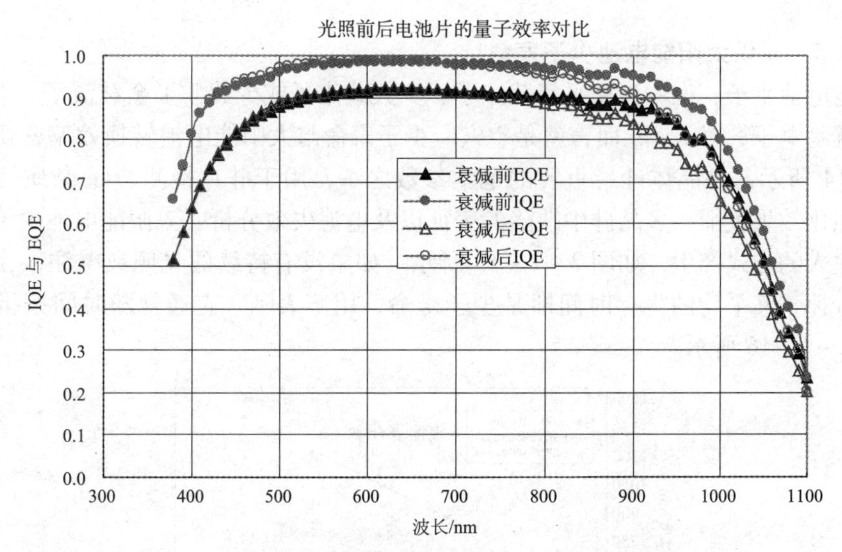

图 2-1-11　光谱响应测试在太阳能电池光衰减研究中的应用

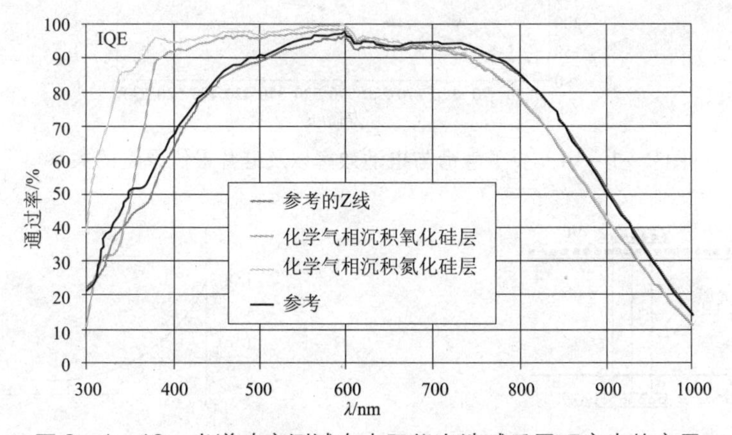

图 2-1-12　光谱响应测试在太阳能电池减反层研究中的应用

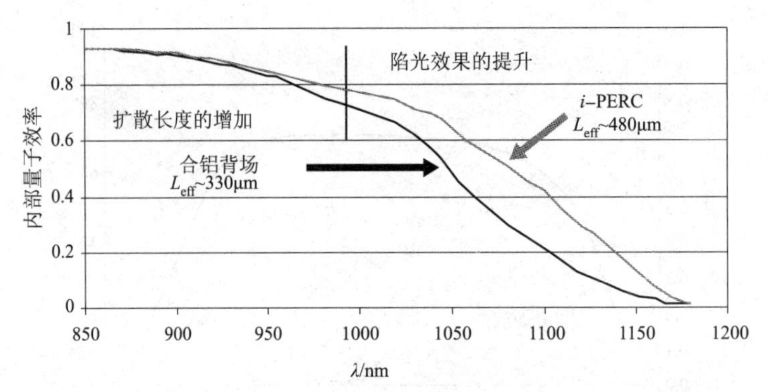

图2－1－13　光谱响应测试在太阳能电池铝背场研究的应用

光谱响应的测量原理和方法请参考 GB/T 6495.8—2002《光伏器件第 8 部分：光伏器件光谱响应的测量》。

2.1.3.5　认识太阳能电池少子寿命

太阳能电池少子，也称为非平衡载流子、少数载流子或少数非平衡载流子。对 p－Si 而言，少子就是电子，对 n－Si 而言就是空穴。少子寿命与太阳能电池转换效率密切相关，如图2－1－14 所示，是晶体硅最重要的电学参数之一，用于硅片检测、Fe 杂质沾污浓度测量、表面钝化效果表征、多晶硅中缺陷的表征以及电池失效分析。太阳能电池少子可以通过光照或电注入的方式产生，如图2－1－15 所示。如果没有持续的光照或电注入，非平衡少子会被复合掉，其平均的生存时间即是少子寿命，用 τ 表示。它通常随时间按指数关系衰减，如图2－1－16 所示。

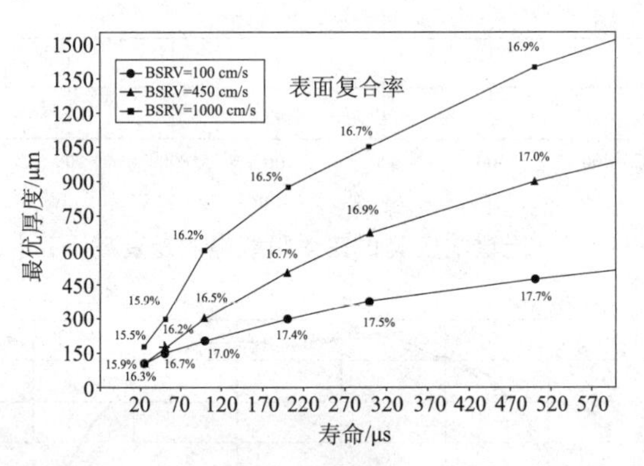

图2－1－14　少子寿命与电池效率以及硅片最优厚度的关系

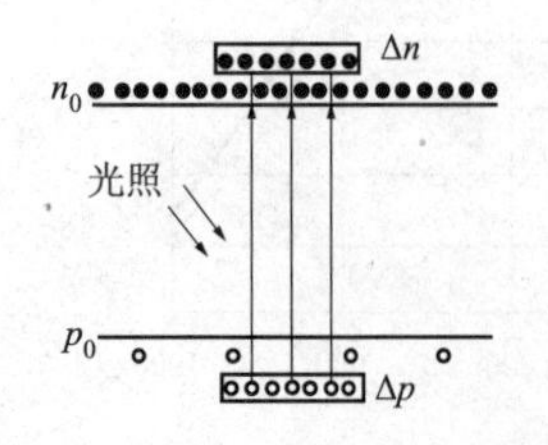

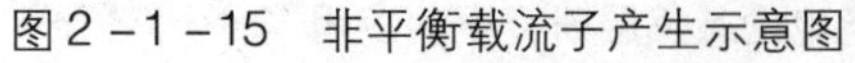
图2－1－15　非平衡载流子产生示意图

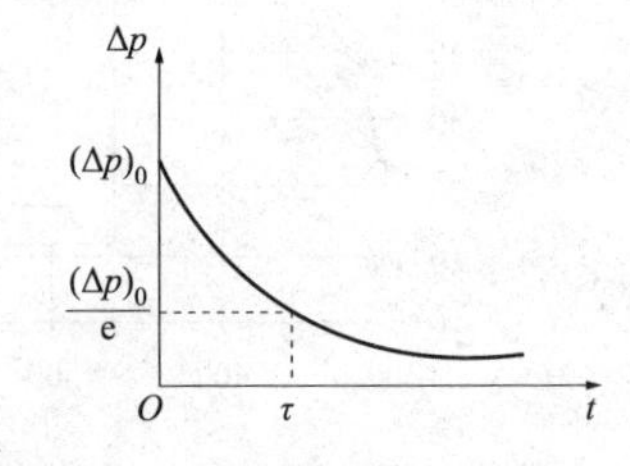

图2－1－16　非平衡载流子随时间指数衰减

少子寿命测试方法很多，包括微波光电导衰减法（m－PCD）、表面光电压（SPV）、直流光电导方法（四探针）、电子束诱生电流（EBIC）、电致发光/光致发光等。这些测量方法都包括非平衡载流子的注入和检测两个基本方面。最常用的注入方法是光注入和电注入，而检测非平衡载流子的方法很多，如探测电导率的变化，探测微波反射或透射信号的变化等，这样组合就形成了许多寿命测试方法，如：直流光电导衰减、高频光电导衰减、表面光电压、微波光电导衰减等。对于不同的测试方法，测试结果可能会有出入，因为对于不同的注入方法，厚度或表面状况不同，探测和算法等也各不相同。因此，少子寿命测试没有绝对的精度概念，也没有国际认定的标准，只有重复性、分辨率的概念。对于同一样品，不同测试方法之间需要作比对试验，但比对结果并不理想。这里详细地介绍微波光电导衰减法(μ-PCD)，如图2-1-17、图2-1-18所示。该方法采用脉冲激光(904nm)产生电子空穴对，撤去激光时，电子空穴对发生复合，通过测量被测样品电导率的变化，便可以得到少子寿命，见式(2-1-1)。

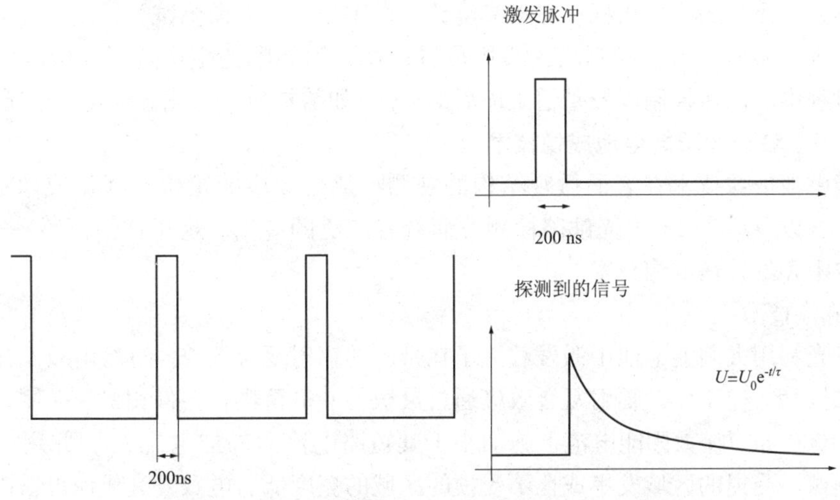

图2-1-17　微波光电导衰减法脉冲激光示意图

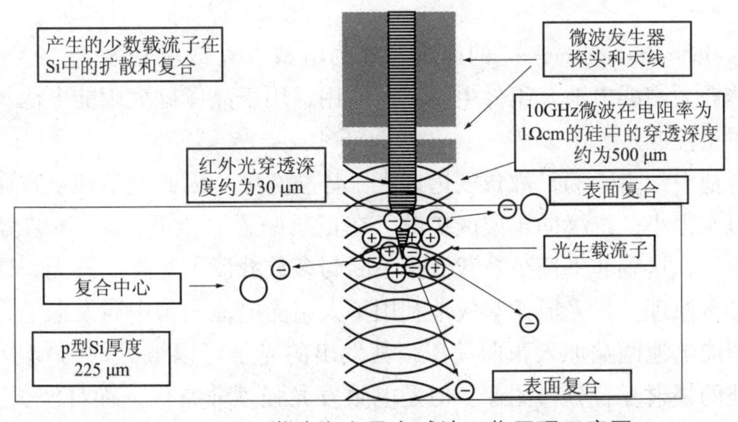

图2-1-18　微波光电导衰减法工作原理示意图

$$\frac{1}{\tau_{\text{eff}}}=\frac{1}{\tau_{\text{bulk}}}+\frac{1}{\tau_{\text{Sd}}}\quad \tau_{\text{Sd}}=\frac{d}{S_1+S_2}+\frac{d^2}{\pi^2 D} \tag{2-1-1}$$

式中：τ_{eff}为有效寿命(测试寿命)；τ_{bulk}为体寿命；τ_{Sd}为表面复合影响的寿命。S_1、S_2为两个表面的复合速率；d为样品厚度；D为扩散系数。

微波光电导衰减法(μ-PCD法)相对于其他方法，有如下特点：

(1)无接触、无损伤、快速测试。

(2)能够测试较低寿命。

(3)能够测试低电阻率的样品(最低可以测0.1ohm - cm的样品)。

(4)既可以测试硅锭、硅棒，也可以测试硅片或成品电池。

(5)样品没有经过钝化处理就可以直接测试。

(6)既可以测试P型材料，也可以测试N型材料。

(7)对测试样品的厚度没有严格的要求。

(8)该方法是最被市场接受的少子寿命测试方法。

少子寿命测试在光伏领域的应用广泛。例如在单晶生长和切片生产中，少子寿命测试可以用于调整单晶生长的工艺，如：温度或速度；控制回炉料、头尾料或其他回收料的比例；检测单晶棒或单晶片的出厂指标；在多晶浇铸生产中，少子寿命测试可以用于硅锭工艺质量控制；根据少子寿命分布准确判断去头尾位置；在太阳能电池生产过程中可以用于进片检查、工艺过程中的沾污控制以及每道工序后的检测(如磷扩散、氮化硅钝化、金属化等)。

2.1.3.6　认识太阳能电池成像技术

太阳能电池成像技术在表面微观结构的观测、热斑效应的检验、CCD成像定位、CCD表面色彩检测以及EL、PL发光缺陷检测方面有着广泛的应用。这里详细介绍一下EL发光缺陷检测技术和红外热成像技术。

1. EL成像技术

电致发光利用太阳能电池中激发载流子在带间的辐射复合效应。进行电致发光研究的组件像发光二极管一样工作，辐射复合效应通过灵敏的硅电荷耦合器件相机来探测，其波长范围为300～1000nm。在太阳能电池上施加小于其短路电流的外加电流 I_{SC}，并用相机记录光子发射的图像。受损的区域发黑或比不受损的区域的亮度低。电致发光成像可以用来探测晶体硅和薄膜硅电池的多种缺陷。高分辨率的电致发光成像使其对缺陷的探测比红外成像更精确。

EL是英文“electroluminescence”的简称，译为电致发光或场致发光。目前EL测试技术已经被很多晶体硅太阳能电池及组件生产厂家应用，用于晶体硅太阳能电池及组件的成品检验或在线产品质量控制。

在太阳能电池中，少子的扩散长度远远大于势垒宽度，因此电子和空穴通过势垒区时因复合而消失的概率很小，继续向扩散区扩散。在正向偏置电压下，P - N结势垒区和扩散区注入了少数载流子，这些非平衡少数载流子不断与多数载流子复合而发光，这就是太阳能电池电致发光的基本原理。发光成像有效地利用了太阳能电池间带中激发电子载流子的辐射复合效应。在太阳能电池两端加入正向偏压，其发出的光子可以被灵敏的CCD相机获得，即得到太阳能电池的辐射复合分布图像。但是电致发光强度非常低，而且波长在近红外区域，要求相机必须在900～1100nm具有很高的灵敏度和非常小的噪声。

EL测试的过程即晶体硅太阳能电池外加正向偏置电压，直流电源向晶体硅太阳能电池注入大量非平衡载流子，太阳能电池依靠从扩散区注入的大量非平衡载流子不断地复合发光，放出光子，也就是光伏效应的逆过程；再利用CCD相机捕捉到这些光子，通过计算机进行处理后以图像的形式显示出来，整个过程都在暗室中进行。

EL测试的图像亮度与电池片的少子寿命(或少子扩散长度)和电流密度成正比，太阳能电池中有缺陷的地方，少子扩散长度较低，从而显示出来的图像亮度较暗。通过 EL 测试图像的分析可以清晰地发现太阳能电池及组件存在的隐性缺陷，这些缺陷包括硅材料缺陷、扩散缺陷、印刷缺陷、烧结缺陷以及组件封装过程中的裂纹等。电致发光成像设备如图 2－1－19 所示。

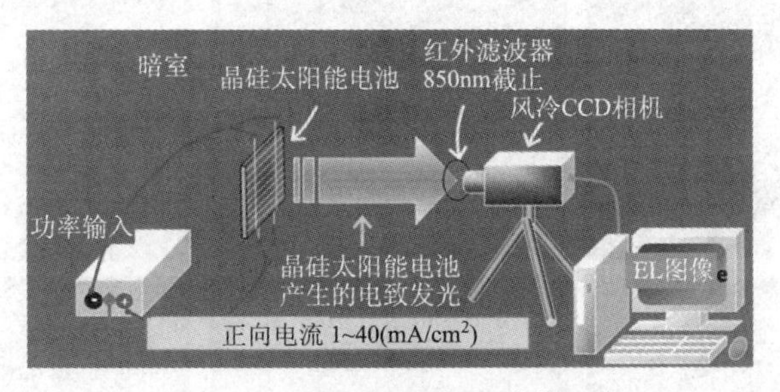

图 2－1－19　电致发光成像设备

太阳能电池的电致发光亮度正比于少子扩散长度，正比于电流密度。通过 EL 图像的分析可以有效地发现硅片、扩散、钝化、网印及烧结各个环节可能存在的问题，对改进工艺、提高效率和稳定生产都有重要的作用，如图 2－1－20 ~ 图 2－1－29 所示。

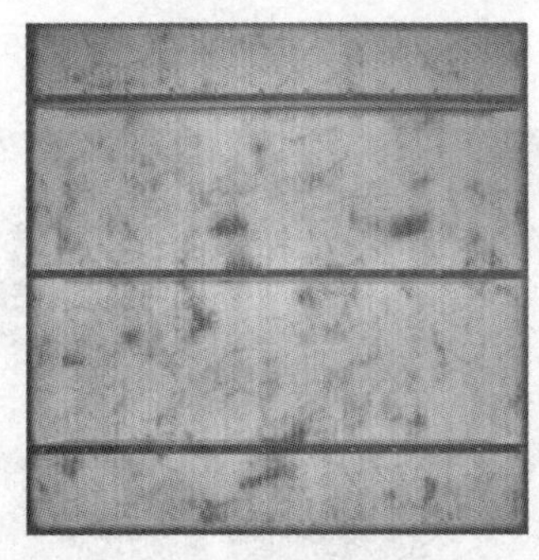

图 2－1－20　某公司单晶/多晶太阳能电池的 EL 图像(施加正偏电压)

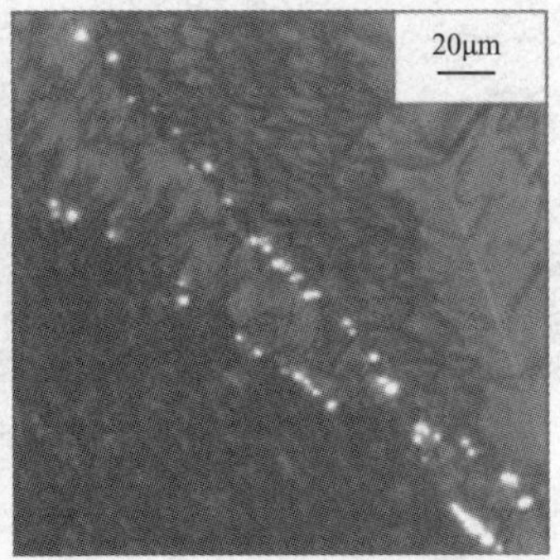

图 2－1－21　某公司多晶太阳能电池的 EL 图像(施加反偏电压)

黑芯片在 EL 图像中呈现从电池片中心到边缘逐渐变亮的同心圆，它们产生于硅材料生产阶段，与硅棒制作过程中氧的溶解度和分凝系数有关。这种材料缺陷势必导致晶体硅太阳能电池片的少数载流子浓度降低，从而导致 EL 测试过程中发光强度较弱或不发光。

在电池片生产过程中，烧结工序工艺参数不佳或烧结设备存在缺陷时，生产出来的电池片在 EL 测试过程中会显示为大面积的履带印。实际生产中通过有针对性的工装改造就可以有效地消除履带印的问题。例如采用顶针式履带生产出来的电池片在 EL 测试图中只能看到若干个黑点而没有大面积的履带印。

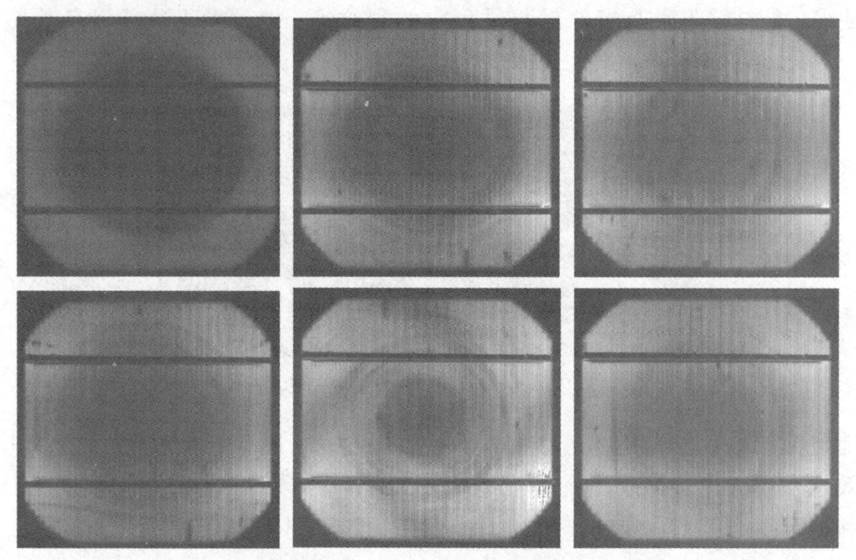

图2-1-22　硅片污染引起黑芯片的 EL 图像

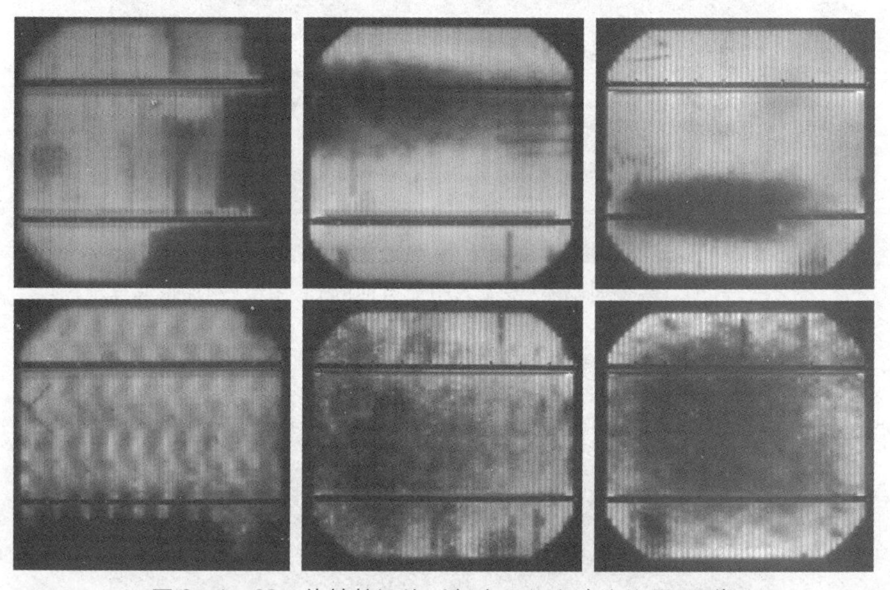

图2-1-23　烧结炉污染引起太阳能电池片的 EL 图像

太阳能电池片的断栅主要是由于电池片本身栅线印刷不良或电池片不规范焊接造成的。在 EL 测试图中表现为沿电池片主栅线的暗线，如图2-1-24 所示。这是因为电池片的细栅线断掉后，EL 测试过程中从电池片主栅线上注入的电流在断栅附近处的电流密度很小甚至为零，从而导致电池片的断栅处发光强度较弱或不发光。

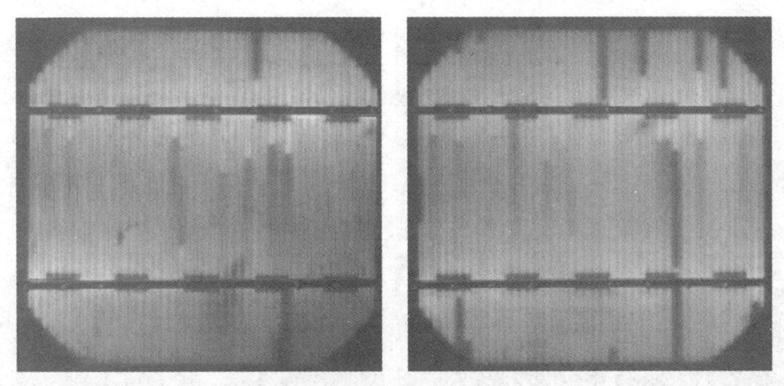

图2-1-24　生产过程中出现断栅的太阳能电池片的EL图像

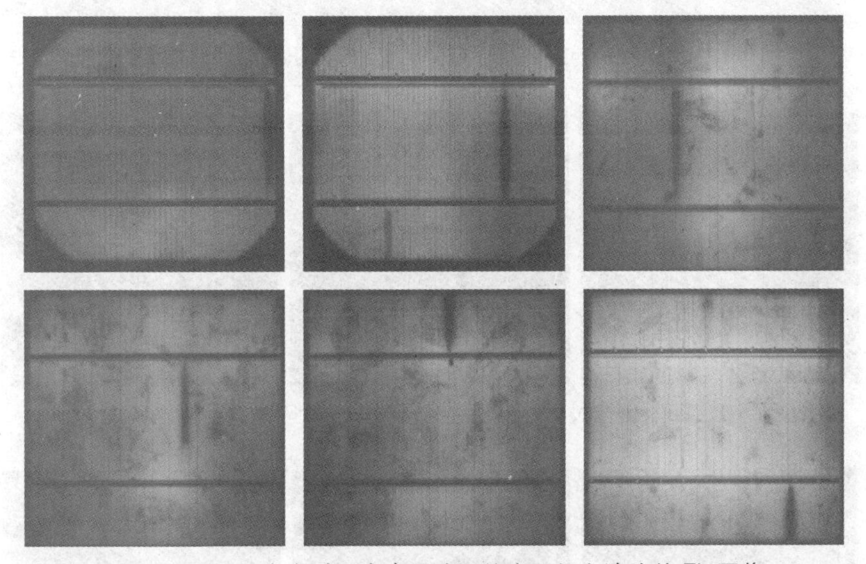

图2-1-25　生产过程中出现孔洞的太阳能电池片的EL图像

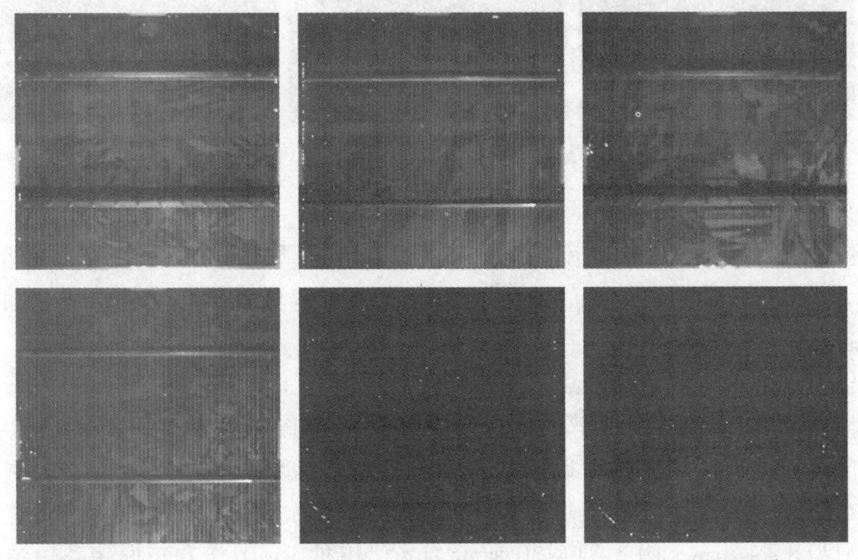

图2-1-26　生产过程中出现边缘短路的太阳能电池片的EL图像

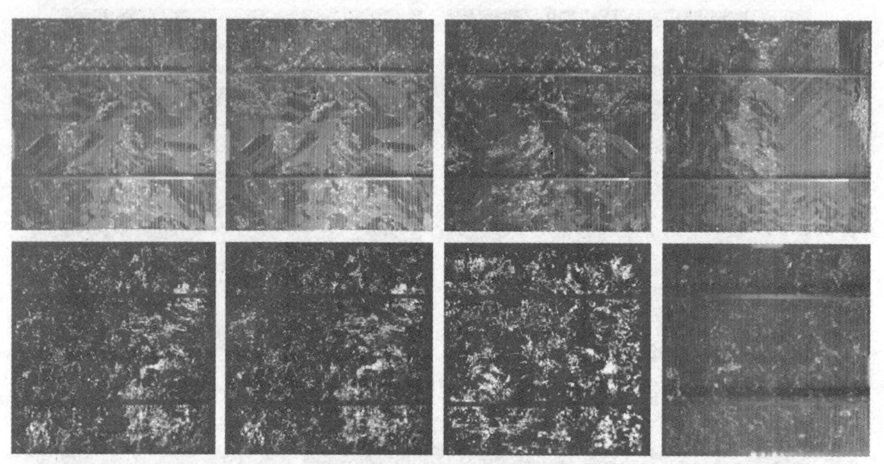

图 2－1－27　生产过程中出现晶界漏电的太阳能电池片的 EL 图像

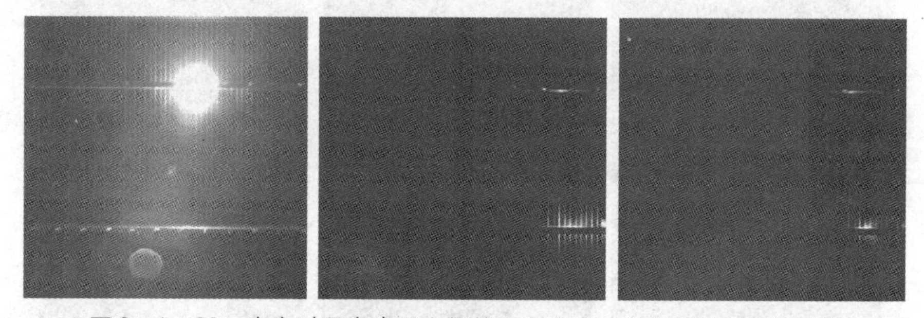

图 2－1－28　生产过程中出现主栅线漏电的太阳能电池片的 EL 图像

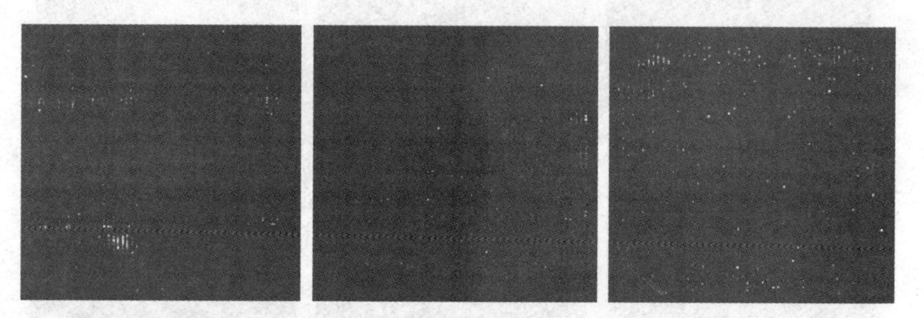

图 2－1－29　生产过程中出现细栅线漏电的太阳能电池片的 EL 图像

2. 红外热成像技术

红外测量可通过使用外加电流或光源来进行。暗场测量时，不加光照，而给光伏组件施加一个小于等于正向短路电流的外加电流 I_{SC}。为了避免对薄膜组件造成热损伤，必须确保不能超过组件的短路电流。在光照测量时，入射光（如阳光）会产生电流，从而导致不同的热辐射。为获得更精确的缺陷探测，实验还进行了光照热成像，并且做诸如短路、开路及最大功率点等不同条件下的比较。有些缺陷可以通过改变电路负载以获得特定 $I-U$特性曲线而被识别。发热可以用适合的红外相机识别，并与电致发光的测量结果进行比较。本研究中所使用的红外热成像工具为便携式的非冷却红外相机，其红外探测器的波长范围为 8～14μm。图 2－1－30 所示为光伏组件 EL 图像和正向短路电流条件下的红外图像。

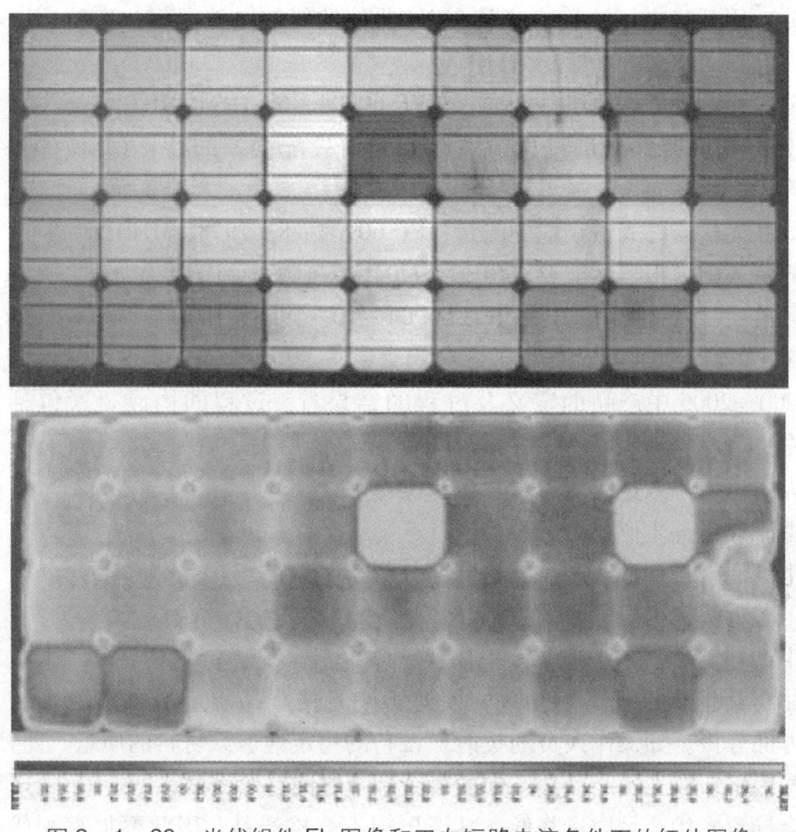

图2-1-30　光伏组件EL图像和正向短路电流条件下的红外图像

2.1.3.7　认识标准太阳能电池

太阳能电池的响应与入射光的波长有关。自然光的光谱分布因地理位置、气候、季节和时间而异；太阳模拟器的光谱分布则随其类型及工作状态而不同。如果采用对光谱无选择性的热堆型辐射计来测量辐射度，光谱分布的改变会给测到的转换效率带来百分之几的误差。

为了减小这种误差，需选用具有与被测电池基本相同光谱响应的标准太阳能电池来测量光源的辐照度。这个标准太阳能电池的短路电流与待测光源的辐照度的关系称为标定值。

2.1.4　相关知识

2.1.4.1　太阳能电池检验标准

对于太阳能电池检验标准GB/T 6495《光伏器件》，要了解其组成内容，并掌握检验标准中涉及的太阳能电池的$I-U$特性的测试原理和方法、标准太阳能电池片的制作方法，以及太阳能电池光谱响应的测试原理和方法。

GB/T 6495《光伏器件》由以下10部分组成：

第1部分：光伏$I-U$特性的测量(IEC 60904-1—1987，IDT)。

第2部分：标准太阳能电池的要求(IEC 60904-2—1989，IDT)。

第3部分：地面用光伏器件的测量原理以及标准光谱辐照度数据(IEC 60904-3—1989，IDT)。

第4部分：晶体硅光伏器件的$I-U$实测特性的温度和辐照度修正方法(IEC 60891—1987，IDT)。

第5部分：用开路电压法确定光伏(PV)器件的等效电池温度(ECT)(IEC 60904 -5—1993，IDT)。

第6部分：标准太阳电池组件的要求(IEC 60904 -6—1994，IDT)。

第7部分：光伏器件测量过程中引起的光谱失配误差的计算(IEC 60904 -7—1998，IDT)。

第8部分：光伏器件光谱响应的测量(IEC 60904 -8—1998，IDT)。

第9部分：太阳模拟器性能要求(IEC 60904 -9—1995，IDT)。

第10部分：线性特性测量方法(IEC 60904 -10—1998，IDT)。

2.1.4.2　影响太阳能电池转换效率的因素

从ISO9000—2005中产品的定义及过程的结果看，过程的构成要素包括人、机、料、法、环。其中：

人——人力资源：人员的能力、意识、操作。

机——基础设施：生产能力、设备。

料——生产原材料，形成产品的物资部分。

法——工艺方法，构成产品的技术。

环——生产环境。

光伏产品与其生产过程密切相关，因此影响光伏产品质量的因素也可从人、机、料、法、环五个方面分析。如操作人员的技能、设备的稳定性、原材料的质量、生产工艺以及生产的环境这些因素，在光伏产品生产中的各个环节之间是紧密联系的，其中任何一个要素出现异常，都会导致光伏产品质量降低，甚至出现不合格产品。因此要提高光伏产品的质量，一方面要求设备的可靠性高和工艺的科学性好，另一方面要求有严格的质量管理体系，保证原材料的质量、操作人员的技能符合要求以及生产环境安全有序。

太阳能电池是光伏组件的重要部件，太阳能电池的转换效率直接影响到光伏组件的转换效率。现从电池效率失效分析入手，来看看影响太阳能电池转换效率的因素，如图2-1-31所示，仍然从人、机、料、法、环五个方面来分析太阳能电池转换效率的影响因素。

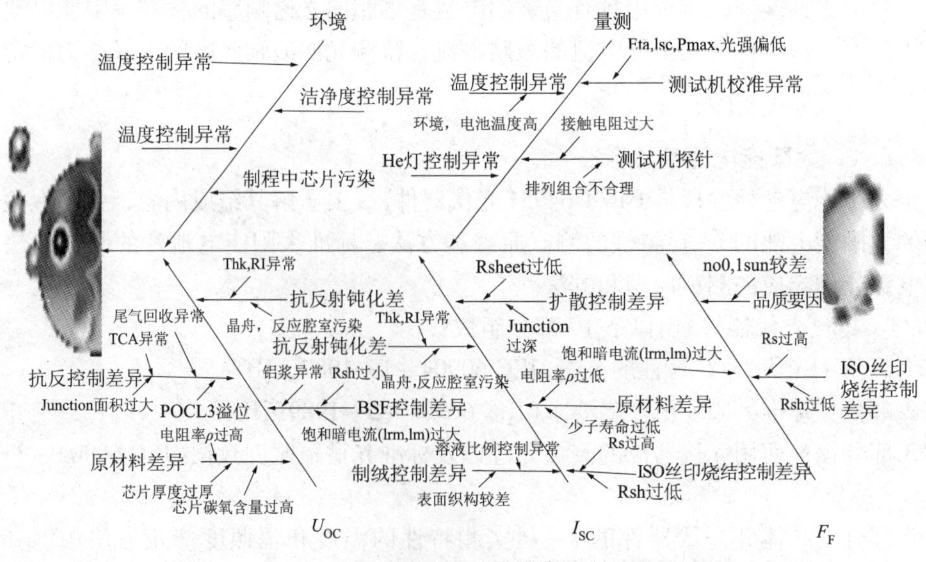

图2-1-31　太阳能电池转换效率失效分析鱼骨图

人——太阳能电池生产工序(如制绒、扩散等)中人员的能力、意识、操作。

机——太阳能电池生产设备性能的好坏。

料——生产太阳能电池的原材料(如硅片、浆料等)的差异。

法——太阳能电池的生产工艺,如制绒工艺、扩散工艺等。

环——太阳能电池的生产环境,包括温度、湿度、洁净度等。

2.1.5　可练习项目

(1)太阳能电池的 PC1D 软件的仿真,研究硅片厚度、表面复合速率、表面反射率等因素对太阳能电池转换效率的影响。

(2)通过调研,了解目前太阳能电池的发展情况,提交调研报告。

(3)通过调研,了解 EWT、HIT、背结太阳能电池等高效太阳能电池的组件封装技术,并提交调研报告。

任务2.2　太阳能电池的外观检查

2.2.1　任务目标

掌握太阳能电池的外观检验标准和外观检查方法。

2.2.2　任务描述

太阳能电池的外观除了影响光伏组件的外观外,也会影响光伏组件的使用性能和转换效率。本任务主要是让学生掌握太阳能电池的外观检验标准和外观检查方法。

2.2.3　任务实施

外观检验就是按照相关的质量检验标准(包括合同、合约、设计文件、技术标准、产品图纸、试验方法、质量评定规则)对原材料进行外观检验,包括采用仪器设备检测或通过检验人员的感觉器官(如眼、耳、鼻、舌、身)来判断、检验。除了目测外,金相显微镜也是常见的检验工具。作为例子,这里给出多晶太阳能电池片的外观检验标准,如表2-2-1所示。这里,太阳能电池的外观检验内容除了电池片的整体外观外,还包括电池片正面和背面的印刷质量。

表2-2-1　某公司太阳能电池片的外观检验标准

类别	检查项目	定义	A级	B级	C级
总体外观	裂纹、隐裂、穿孔		在日光灯下用肉眼观测,不允许有可见的此类缺陷		

续表

类别	检查项目	定义	A级	B级	C级
总体外观	缺口	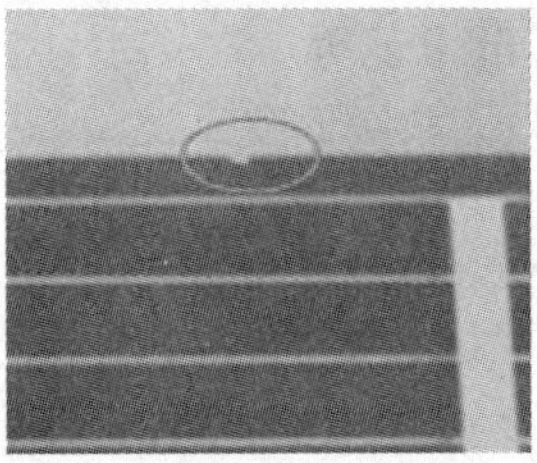	在日光灯下用肉眼观测，不允许明显可见的缺损	缺口不能有尖角，宽度 $W \leqslant 0.5$ mm，长度 $L \leqslant 2$ mm，总数目不多于4个	缺口不伤及栅线
	正面崩边	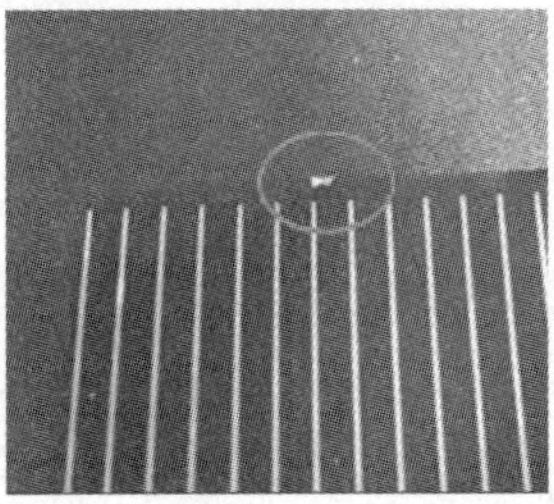	（1）单个不大于1mm宽×1mm长，个数不多于2个； （2）深度不超过电池片厚度的2/3；间距大于10mm； （3）主栅线端点边缘没有崩边	（1）深度不超过电池片厚度的2/3，单个不大于1mm宽×2mm长，个数不多于1个； （2）单个不大于1mm×1mm，个数不多于2，主栅线端点边缘没有崩边	超过B级标准的完整电池片
	背面崩边		单个不大于1mm宽×2mm长，个数大多于2个，但是间距大于30mm	单个不大于1mm宽×3mm长，个数不多于3个	超过B级标准的完整电池片
	尺寸偏差	电池片边长的测量值与标称值的最大允许差值	≤±0.5mm	≤±1mm	超过B级标准的完整电池片
	弯曲度	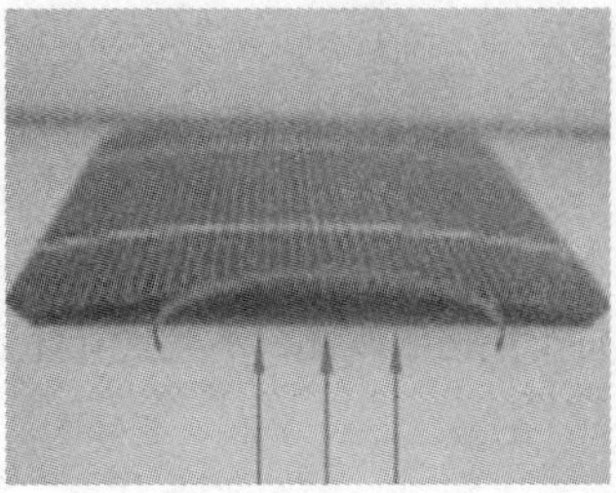	（1）硕禾132铝浆：156电池片的弯曲度不大于2mm（厚度为200μm或180μm）； （2）其他铝浆：156电池片的弯曲度不大于2mm（厚度为200μm）	156电池的弯曲度不大于2.5mm（厚度200μm）或弯曲度不大于3mm（厚度为180μm）	超过B级标准的完整电池片

续表

类别	检查项目	定义	A级	B级	C级
花片	色差	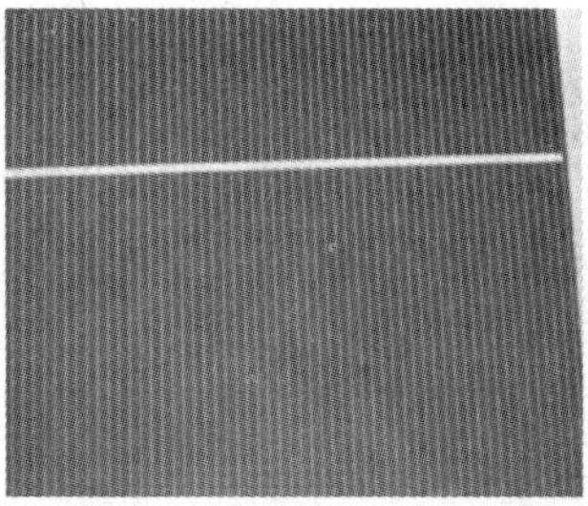	（1）单片和整包电池片的颜色均匀一致，颜色范围从红色开始，经深蓝色、蓝色到浅蓝色，允许相近颜色，但是不允许跳色，以主体颜色为深蓝色进行分类； （2）单片和整包电池片最多只允许存在2种相近颜色； （3）不允许明显可见的局部反光或绒面不均匀	存在不明显色差、局部反光和绒面不均匀，面积不超过总电池面积的1/6	超过B级标准的完整电池片
	正面划痕		尺寸不大于10mm，个数不多于2个；30～50cm观察不明可以忽略不计	尺寸不大于20mm，个数不多于2个；个数超过2个的轻微划痕，目测距离1m不可见，允收	超过B级标准的完整电池片
	斑点		（1）单个白斑面积不大于$3mm^2$，个数不多于1个； （2）黑油斑：不允许； （3）类油斑：单个面积不大于$3mm^2$允许1个	（1）单个白斑的面积不大于$5mm^2$且个数不多于3个； （2）数目超过3个的轻微斑点，目测距离1m不可见忽略不计； （3）黑油斑：不允许； （4）类油斑：单个面积不大于$5mm^2$且个数不多于3个	超过B级标准的完整电池片
	水印	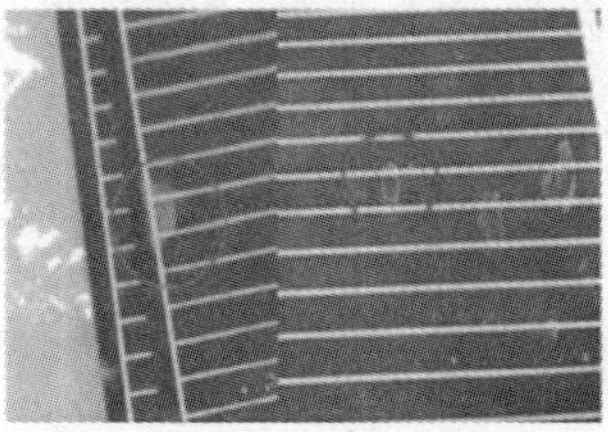	单个面积不大于$3mm^2$，个数不多于3个	单个白色水印面积不大于$5mm^2$，个数不多于5个	超过B级标准的完整电池片

续表

类别	检查项目	定义	A级	B级	C级
花片	清洗过刻		（1）不伤及栅线； （2）超过目测距离1m不可见，允收	允收	超过B级标准的完整电池片
	手印脏片	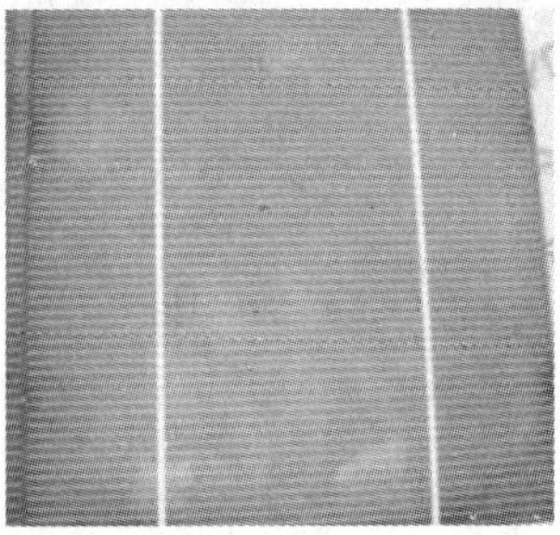	允许正视1m看不明显的浅色手印，大小不大于5mm×5mm，允许一处	大小不大于5mm×5mm，个数不多于3个	超过B级标准的完整电池片
正面印刷	细栅断栅虚印	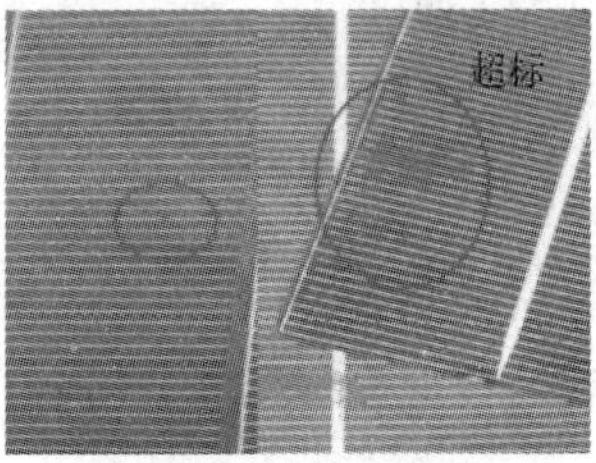 超标	（1）断栅长度介于0.5～1mm且个数不多于2个； （2）分散的断栅小于0.5mm且个数不多于5个；同一根栅线不超过3处； （3）距离为30～50cm不明显的断栅忽略不计； （4）不允许存在明显可见的虚印	（1）小于1mm的断栅个数不多于10个； （2）小于0.1mm的断栅忽略不计； （3）虚印面积小于15mm×10mm	超过B级标准的完整电池片
	正面主栅线漏印	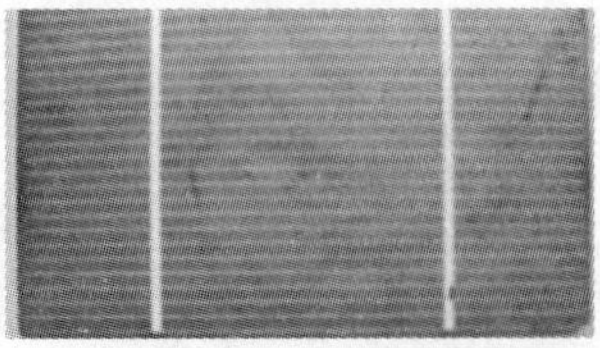	主栅线清晰完整，均匀连续	一片上缺失大小不大于0.5mm×5mm	超过B级标准的完整电池片
	正面主栅线脱落	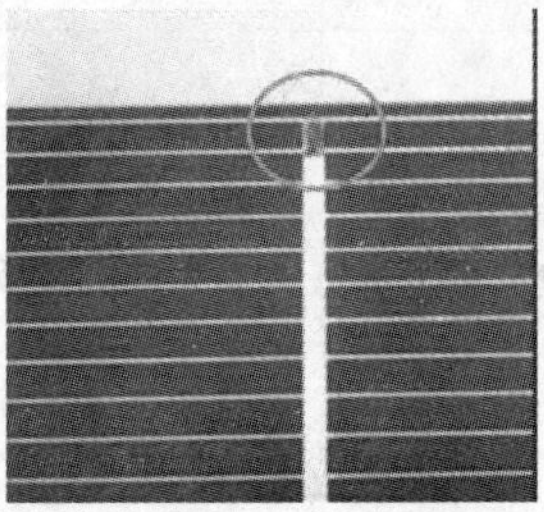	不允许	不允许	超过B级标准的完整电池片

续表

类别	检查项目	定义	A级	B级	C级
正面印刷	正面印刷偏移		(1)左右偏移(与主栅线垂直方向)：边框两边到电池片边缘的距离差不大于1mm，且浆料不能接触到电池片的边缘； (2)角度偏移：同一边框线到电池片边缘的最大距离与最小距离的差不大于0.5mm	(1)左右偏移：边框两边到硅片的距离差不大于1mm，且任何细栅线不能到电池片的边缘； (2)角度偏移：边框线与边缘的最小距离大于0.5mm	超过B级标准的完整电池片
	漏浆		单个漏浆面积不大于1mm²，个数不多于2个	单个漏浆面积不大于1mm²，个数不多于5个	超过B级标准的完整电池片
	结点		(1)单个面积不大于2mm长×0.5mm宽，且个数不多于2个； (2)单个面积不大于1mm长×0.5mm宽，且个数不多于5个	(1)分散结点：单个面积不大于1mm长×0.5mm宽，个数不限； (2)连续相邻结点：单个面积不大于2mm长×0.5mm宽，总个数不多于3个； (3)单个面积不大于1mm长×0.5mm宽，总个数不多于10个	超过B级标准的完整电池片
	栅线粗细不均		(1)允许边框栅线印粗(明显白色浆料)宽度不大于2×栅线宽度； (2)中间单根栅线印粗：印粗长度不大于1/4细栅线长度，宽度不大于2×栅线宽度； (3)多条细栅线连续印粗：印粗长度不大于2cm，宽度不大于2×栅线宽度，不超过3处	允许	超过B级标准的完整电池片

续表

类别	检查项目	定义	A 级	B 级	C 级
背面印刷	背面主栅线缺失	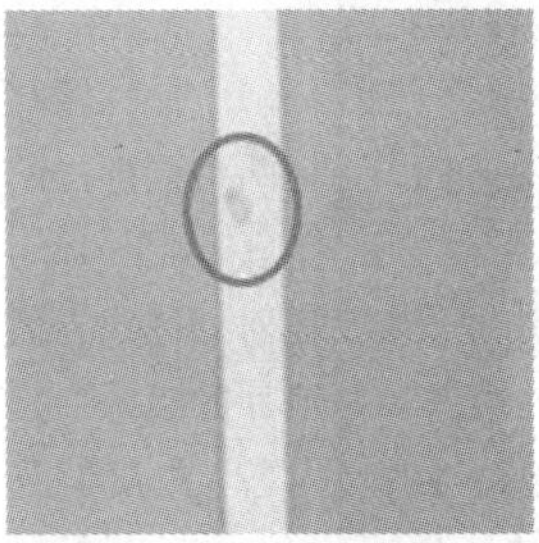	一片上缺失大小不大于1mm 宽×5mm 长	一片上缺失大小不大于5mm 宽×5mm 长	超过 B 级标准的完整电池片
	铝苞	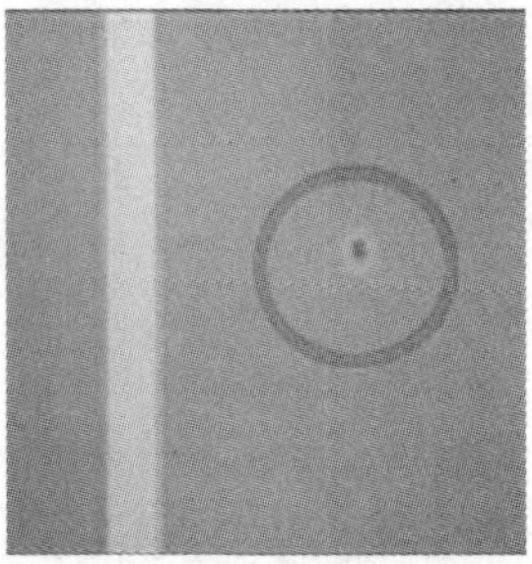	(1) 铝包直径不大于5 mm; (2) 高度不大于0.15mm	(1) 铝包直径不大于8mm (2) 高度不大于0.2mm	超过 B 级标准的完整电池片
	背场漏浆		(1) 单个面积不大于1cm², 个数不超过1个 (2) 单个面积不大于1mm², 个数不超过3个	(1) 单个面积不大于1cm², 个数不多于2个; (2) 单个面积不大于1mm², 个数不多于5个	超过 B 级标准的完整电池片
	背场脱落		(1) 左右偏移: 印刷边缘到电池片边缘的距离差不大于1mm, 且浆料不能接触到电池片的边缘; (2) 角度偏移: 同一背场边缘到电池片边缘的最大距离与最小距离的差不大于0.5mm	(1) 左右偏移: 印刷边缘到电池片边缘的距离差不大于1mm, 且浆料不能接触到电池片的边缘; (2) 角度偏移: 背场与电池片边缘的最小距离大于0.5mm	超过 B 级标准的完整电池片
	铝刺	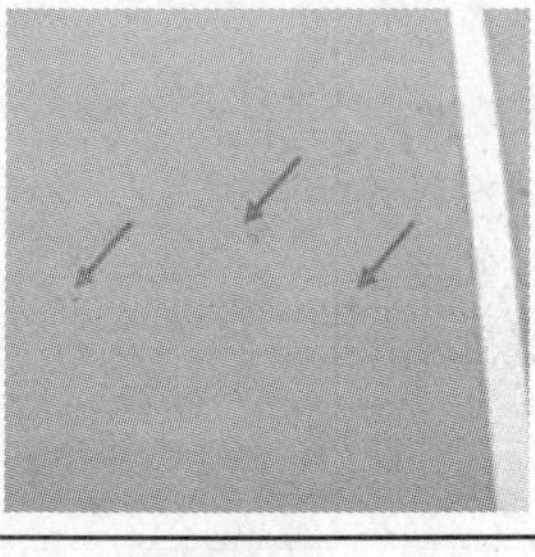	不允许		

2.2.4 相关知识

2.2.4.1 金相显微镜的工作原理与使用方法

1. 设备简介

金相显微镜主要用于鉴定和分析金属内部结构组织，它是金属学中研究金相的重要仪器，是工业部门鉴定产品质量的关键设备，该仪器配用摄像装置，可摄取金相图谱，并对图谱进行测量分析，对图象进行编辑、输出、存储、管理等。金相显微镜由于易于操作、视场较大、价格相对低廉，直到现在仍然是常规检验和研究工作中最常使用的仪器。目前根据其光学原件配置，wnlo-omff 应用其做半导体材料和器件、各种晶体、集成电路的检验和分析测量。这里以 OLYMPUS BX51 为例来做介绍。

(1) OLYMPUS BX51 的功能：

① 实现明场、暗场、微分干涉、偏光的各种观察。

② 提供高清晰 CCD 连接、软件测量系统。

③ 具有透射、反射观测功能。

(2) OLYMPUS BX51 设备硬件配置：

① 目镜：10×。

② 物镜：5×，10×，20×，50×，100×。

③ 放大倍率 50×~1000×。

④ 移动范围：$X=76$mm，$Y=52$mm。

⑤ 调焦机构载物台上下行程：25mm。

⑥ 微调范围为 100um，最小刻度单位为 1μm，粗调旋钮张力可调，带上限停止。

⑦ 物镜转盘：5 孔转盘。

⑧ 最大标本高度：65mm。

⑨ 镜筒：三目镜筒，镜筒倾斜角为 30°，眼幅调整范围为 48~75mm。

⑩ 反射光照明：内置柯勒照明 12V100W 卤素灯，光强 LED 指示器，内置滤色片(LBD-IF，ND6，ND25)。

⑪ 透射光照明：100W 卤素灯，阿贝长距离聚光镜，内置透射光滤色镜(LBD，ND25，ND6)。

⑫ 物镜放大倍率：5×，10×，20×，50×，100×。

⑬ 目镜放大倍率：10×。

⑭ 软件测量系统：Tiger3000。

2. 金相显微镜的工作原理简介

金相显微镜是依靠光学系统实现放大作用的，其基本原理如图 2-2-1 所示。光学系统主要包括物镜、目镜及一些辅助光学零件。对着被观察物体 AB 的一组透镜叫物镜 O_1；对着眼睛的一组透镜叫目镜 O_2。现代显微镜的物镜和目镜都是由复杂的透镜系统所组成。金相显微镜的结构如图 2-2-2 所示。

由灯泡发出的光线经过集光镜组以及场镜聚焦到孔径光栏，再经过集光镜聚焦到物镜的后焦面，最后通过物镜平行照射到试样的表面。从试样反射回来的光线复进过物镜组和辅助透镜，由半反射镜转向，经过辅助透镜以及棱镜造成一个被观察物体的倒立的放大的实像，该像再经过目镜的放大，就成为目镜视场中能看到的放大的映像。

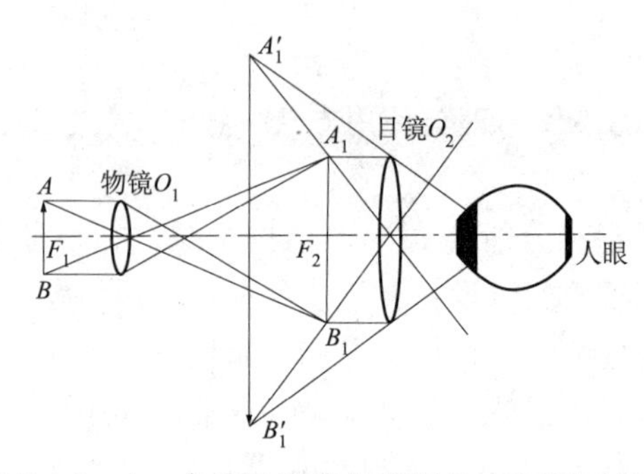

图2-2-1　金相显微镜的光学放大原理示意图

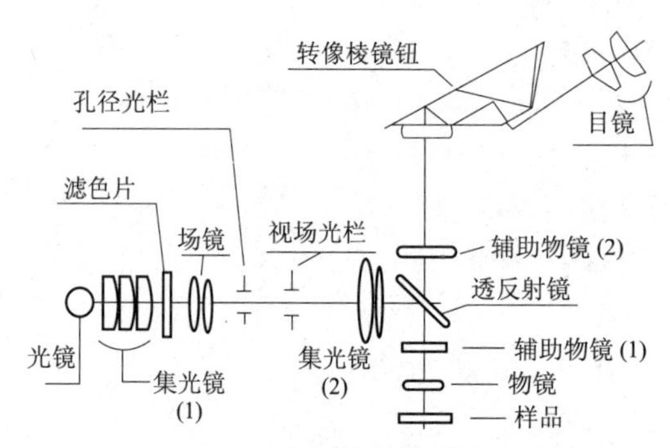

图2-2-2　金相显微镜结构示意图

(1)孔径光阑(AS)：用于控制入射光束孔径角的大小。不是调节光亮度用的。当孔径光阑调节到入射光束刚好充满物镜时，鉴别能力最佳，像的衬度良好。需要注意的是更换物镜时，孔径光阑的大小应随着调整改变。

(2)视场光阑(FS)：用于控制视场区域的大小，减少镜筒内部的反射光及眩光，从而提高像的衬度，通常应将视场光阑调节到刚好充满目镜。

OLYMPUS BX51 的操作步骤介绍如下：

(1)显微系统操作的基本步骤。

① 反射式。

(a)选择明场或者暗场观测。

(b)开电源开关。

(c)打开电脑并运行 TIGER3000。

(d)光路选择(用 CCD 或者用眼睛观测)。

(e)放置样品(用 *XY* 轴调整样品)。

(f)选用合适的物镜(先用低倍率)。

(g)调焦。

(h)调整光强。

(i)调整目镜(CCD 无需调整)。

(j)调整屈光度(CCD 无需调整)。

(k)调整 AS(聚光器孔径光阑)和 FS(视场光阑)(在暗场观测时 AS 和 FS 都要开)。

(l)调整物镜和重新聚焦。

(m)调整光强。

(n)进行观测。

② 透射式。

(a)打开电源调整光强。

(b)打开电脑和运行 TIGER3000。

(c)调整为透射观测。

(d)按下 LBD 滤波器。

(e)选择光路。

(f)放置样品，调整 *XY* 轴。

(g)调整合适的物镜(先用低倍率物镜)。

(h)聚焦。

(i)调整 AS(聚光器孔径光阑)和 FS(视场光阑)。

(j)重新调整物镜和聚焦。

(k)调整光强和干涉片。

(l)进行观测。

(2)金相处理软件的使用步骤

① 打开金相处理软件。

② 选择几何测量。

③ 选择硬件参数设置。

④ 选择相应的硬件参数。

⑤ 采集图形。

⑥ 运用两点法等方法进行几何测量。

⑦ 保存图片。

(3)Part V使用注意事项。

① 显微镜是精密仪器，使用时操作幅度应尽可能轻。

② 严禁用手指直接接触显微镜镜头的玻璃部分和试样磨面。若镜头上落有灰尘，会影响显微镜的清晰度与分辨率。此时，应先用洗耳球吹去灰尘和砂粒，再用镜头纸或毛刷轻轻擦拭，以免直接擦试时划花镜头玻璃，影响使用效果。

③ 操作者的手必须洗净擦干，并保持环境的清洁、干燥。

④ 更换物镜、目镜时要格外小心，严防失手落地。

⑤ 待观察试样必须完全用 N_2 枪吹干，承载于载波片上进行观察。

⑥ 调焦时必须先弄清楚粗调旋钮转向与载物台升降方向的关系。操作时先旋转粗调手轮使载物台缓慢下降，同时眼睛通过目镜观察，视场由暗变亮，继续旋转粗调手轮使载物台缓慢下降，直到出现模糊不清的图像时停止旋转粗调手轮，换用细调手轮直到图像清晰为止。

⑦ 关机时一定要先将卤素灯关到最小。

⑧ 样品观察完毕，关闭卤素灯电源后才可离开。

2.2.4.2 3D 显微镜

用传统显微镜去观测样品表面的特性时，由于景深范围的限定，只能在有限的范围内观测清晰的成像，而3D 显微镜可以在指定的垂直方向(或 *Z* 轴)上对样品进行扫描，并采用光

学组件记录每个 Z 位置的 XY 位置的像素，通过图像的叠加重构成具有真实色彩的 3D 图像和 2D 合成图像。这些图像突破了传统显微镜景深的限制，从而使整个观测样品表面被清晰呈现。此外，3D 显微镜配备的 3D 软件还可以获取测试样品的几何尺寸以及表面粗糙度等信息，甚至可以用来计算透明表面薄膜的厚度。

图 2－2－3 对比了传统显微镜和 3D 显微镜成像上的差异，传统显微镜只能局部对焦成像，而 3D 显微镜则可以对整个样品对焦成像。3D 显微镜的结构如图 2－2－4 所示，使用 3D 显微镜观测的结果如图 2－2－5、图 2－2－6 所示。

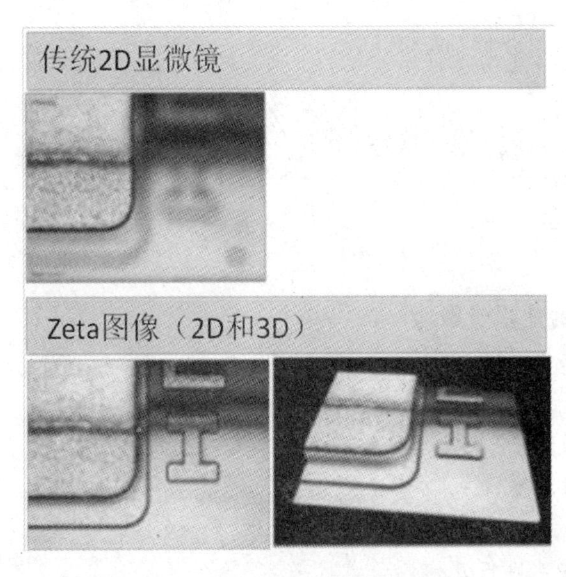

图 2－2－3　2D 图像和 3D 图像的对比

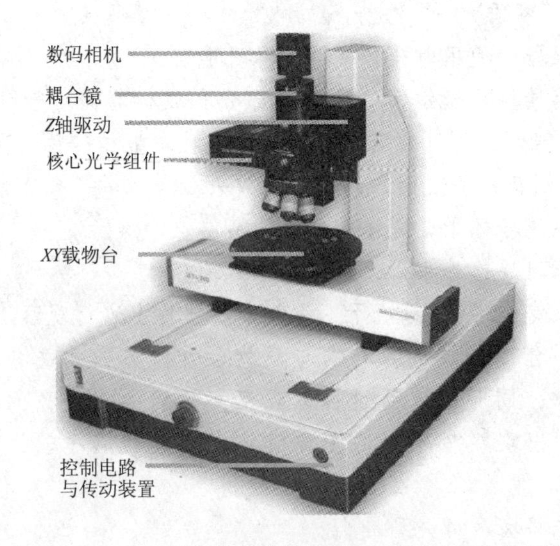

图 2－2－4　3D 显微镜的结构图(以 Zeta 200 为例)

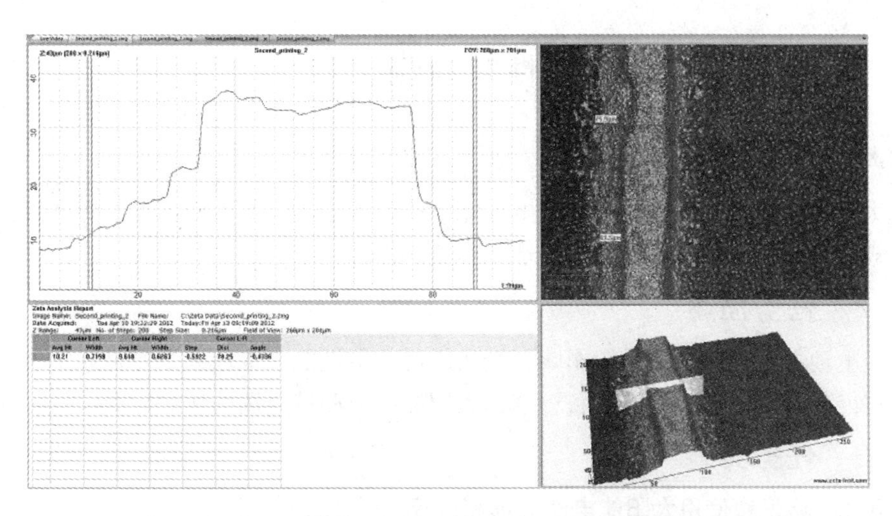

图2－2－5　用3D显微镜观测太阳能电池正面电极栅线的高度和宽度

图2－2－6　用3D显微镜观测太阳能电池表面的RIE制绒效果

2.2.5　可练习项目

(1)通过调研，从人、机、料、法、环五个方面总结影响太阳能电池外观的因素，并试着将其以鱼骨图的形式画出来。

(2)采用金相显微镜观察太阳能电池的表面，试着描述看到的情况。

(3)有条件的话，学习并实际操作金相显微镜或3D成像设备测量太阳能电池的正面栅线(左上、右上、中点、左下、右下)的高度和宽度。

任务 2.3　太阳能电池的电性能检测工艺

2.3.1　任务目标

掌握太阳能电池在标准测试条件下电性能的检测方法；掌握太阳能电池分选测试仪的使用方法和规程；掌握太阳能电池测试分选的作业标准。

2.3.2　任务描述

太阳能电池的电性能的差异会影响到光伏组件的电性能。本任务主要是让学生掌握太阳能电池电性能的检测方法、检测设备；掌握太阳能电池测试分选的作业标准。

2.3.3　任务实施

2.3.3.1　认识和使用太阳能电池分选测试仪

(1)分选检测：通过测试，根据电池片的输出电流、开路电压和功率等大小对其进行分类。

(2)目的：提高电池片的利用率，降低组件的损耗。

(3)检测项目：外观、电性能。

(4)外观检查：按照相关的质量检验标准(包括合同、合约、设计文件、技术标准、产品图纸、试验方法、质量评定规则)对原材料进行外观检验，包括采用仪器设备检测或通过检验人员的感觉器官(如眼、耳、鼻、舌、身)来进行判断、检验。

(5)检查的项目：有无缺口、崩边、划痕、栅线印刷不良等；按电池片膜色分类，如浅蓝色、深蓝色、黑色、暗紫色等。

(6)电池片电性能检测：采用电池片分选测试仪对电池片的开路电压、短路电流、功率等电学参数进行测试，并按测试的数值判定其是否合格；合格的产品按每 0.05W 为一档放置。

注意事项：

① 测试仪的准确性和稳定性。

② 轻拿轻放电池片；在测试过程中须戴上手套。

③ 严格区分合格产品和不合格产品，勿混片。

制定光伏组件生产的工艺技术规程，其目的是为了保证过程产品及最终产品的质量，保证生产的有序进行，确保工艺指标有效执行。

电池片检测工艺技术规程如下：

1. 单片测试仪校准

(1)开始测试前及连续工作 4h 后，使用标准电池片校准一次。

(2)校准电池片的选择：使用单晶硅标准电池片检测单晶硅电池片，使用多晶硅标准电池片检测多晶硅电池片。

(3)短路电流校准允许误差为 ±3% 。

(4)每次校准后要填写单片测试仪校准记录表。

2. 电池片的测试

(1)电池片测试前，需在测试室内放置24h以上，然后进行测试。

(2)测试环境温度和湿度要求：温度为(25±3)℃；湿度为20%～60%；测试室保证门窗关闭，无尘。

3. 电池片分挡

采用“定电压，定电流”的方法对电池片进行挡位的划分，如以定电流方式进行分挡，则电流每差0.1A分为一挡。

4. 电池片重复测试误差

电池片重复测试误差：小于±1%。

5. 压缩空气压力

测试时使用压缩空气的压力为5～8MPa。

单片测试仪也叫电池片测试分选仪，可对各种规格的电池片进行检测。

可测量的参数包括：

(1)$I-U$曲线。

(2)短路电流。

(3)开路电压。

(4)峰值功率。

(5)峰值电压、峰值电流。

(6)填充因子。

(7)转换效率。

(8)环境温度。

(9)电池片内阻。

单片测试仪的构成：

(1)光源：脉冲氙灯。

(2)测试夹持机构：测试平台、气动控制的弹性排针。

(3)箱体。

(4)电子电路：高压脉冲供电电路、电子负载、信号放大器、A/D转换电路等。

(5)计算机。

2.3.3.2　武汉三工单片测试仪

(1)采用大功率、长寿命的进口脉冲氙灯作为模拟器光源，进口超高精度四通道同步数据采集卡进行数据测试。

(2)采用专业的超线性电子负载保证测试结果精确。其适合于太阳能光伏组件生产厂家用作太阳能电池片的分选及分析检测。

1. 技术特点

武汉三工单片测试仪的技术特点包括以下几个方面：

(1)恒定光强，在测试区间保证光强恒定，确保测试数据真实可靠。闪灯脉宽为0～100ms，连续可调，步进1ms，适应不同的电池片测量。

(2)数字化控制保证测试精度；硬件参数可编程控制，简化设备调试和维护。

(3)采用2M×4路高速同步采集卡，更多还原测试曲线细节，准确反映被测电池片的实际工作情况。

(4)采用红外测温，真实反映电池片的温度变化，并自动完成温度补偿。

(5)自动控制，在整个测试区间实时侦测电池片和主要单元电路的工作状态，并提供软/硬件保护，保证设备的可靠运行。

2. 技术参数

武汉三工单片测试仪的技术参数如表2-3-1所示。太阳能电池测试仪示意图及液晶面板、工作台结构示意图如图2-3-1～图2-3-3所示。

表2-3-1　武汉三工单片测试仪的技术参数

项　目	SCT-B	SCT-A	SCT-AAA
光强范围	100mW/cm²(调节范围为70～120mW/cm²)		
光谱	范围符合IEC60904-9光谱辐照度分布要求AM1.5		
辐照度均匀性	±3%	±2%	±2%
辐照度稳定性	±3%	±2%	±2%
测试重复精度	±1%	±5%	
闪光时长	0～100ms连续可调，步进1ms		
数据采集	$I-U$、$P-U$曲线超过8 000个数据采集点		
测试系统	Windows XP		
测试面积	200mm×200mm		
测试速度	3s/片		
测量温度范围	0℃～50℃(分辨率为0.1℃)，红外线测温，直接测量电池片温度		
有效测试范围	0.1～5W		
测量电压范围	0～0.8V(分辨率为1mV)　量程为1/16384		
测量电流范围	200mA～20A(分辨率为1mA)　量程1/16384		
测试参数	I_{SC}、U_{OC}、F_{max}、U_m、I_m、F_F、F_{FF}、T_{emp}、R_s、R_{sh}		
测试条件校正	自动校正		
工作时间	设备可持续工作12h以上		
电源	单相220V/50Hz/2kW		

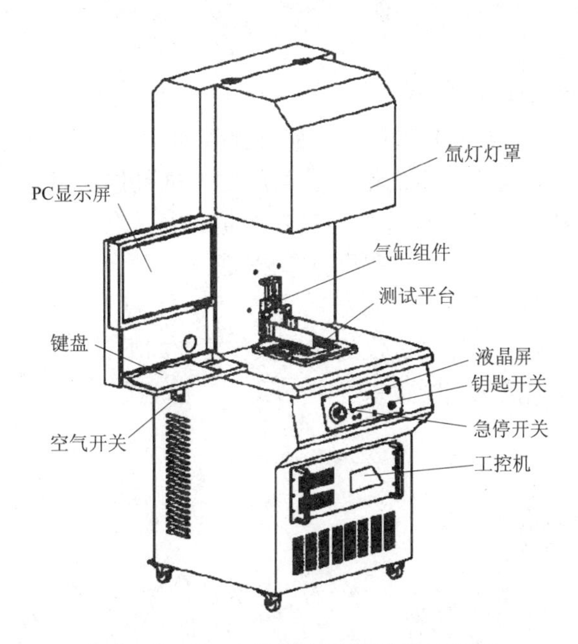

图2-3-1 太阳能电池测试仪示意图

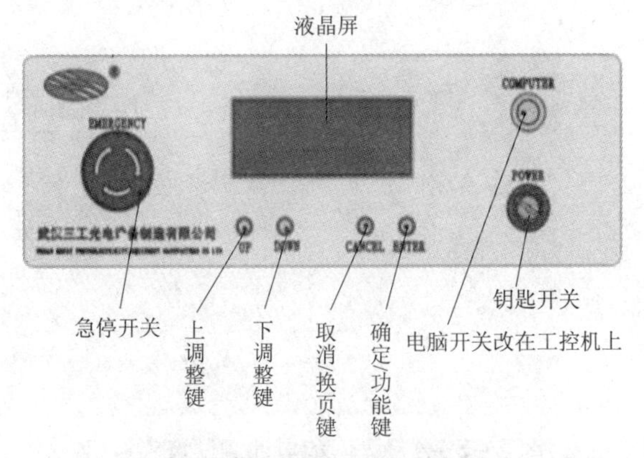

图2-3-2 太阳能电池测试仪液晶面板示意图

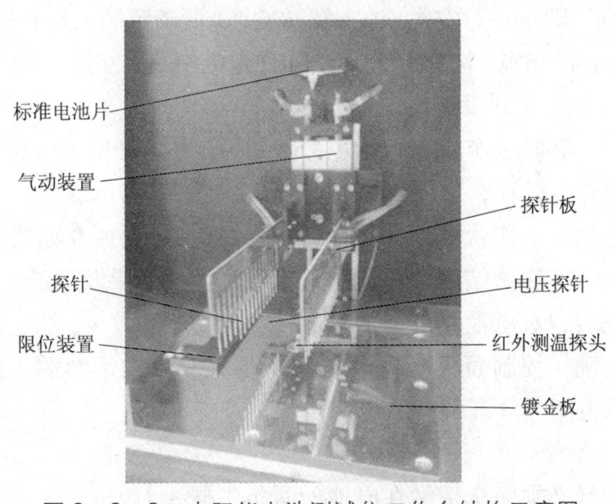

图2-3-3 太阳能电池测试仪工作台结构示意图

3. 工作过程

单片测试仪的工作过程如下：

在电池片被夹持机构可靠夹持的同时，脉冲氙灯闪光一次，发出光谱和光强都接近太阳光的光线射向电池片，电池片产生的电流、电压等测试数据通过电子负载及信号放大器和A/D转换电路等被送到计算机，计算机对这些数据进行采集、处理、储存，并将测试数据和伏安特性曲线显示出来，或通过打印机打印出来。

4. 操作要点

以武汉三工设备为例，单片测试仪的使用操作要点如下：

太阳能电池测试仪工控机如图2-3-4所示。

(1)操作步骤。

1)开机。

① 打开设备侧面的空气开关。

② 释放急停开关。

③ 打开钥匙开关，设备上电。

④ 启动计算机。

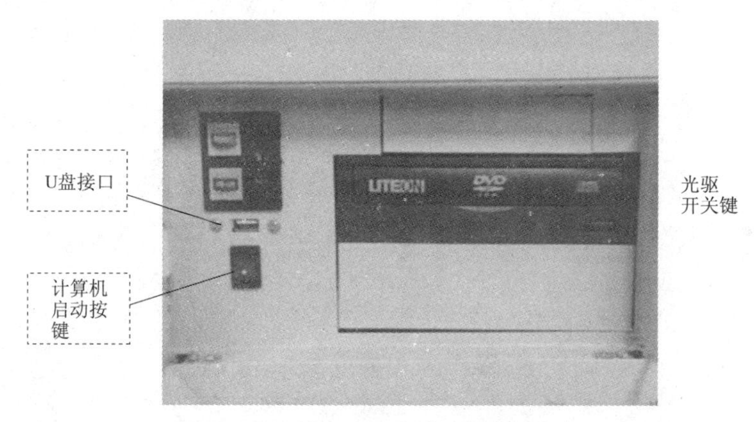

图2-3-4　太阳能电池测试仪工控机

2)点击桌面上的“SCT.exe”图标，进入测试软件(请确定插入加密狗)。

3)点击绿色“给电容充电”按钮，此时“当前充电电容状态”会由红色变成绿色。同时“控制面板”上的电压会上升到设定值。

此时控制面板的液晶屏工作状态指示由“STOP”变为“WORK”，设备电容充电，从设备前方的液晶屏可看到充电过程，如图2-3-5、图2-3-6所示。

4)将待测电池片放在工作台面上并保证接触良好(探针要压在栅线上)。

5)踩脚踏即可测试，测试结束后可在屏幕上看到测试结果及曲线，如图2-3-7所示。

6)读取测试数据后，对电池片分类放置。

7)测试完毕后，确保控制面板上的电压下降在10V以内，然后关闭单片测试仪，退出程序，关闭电脑，再关闭空气开关和总电源。

(2)使用注意事项。

1)测试时接触探针必须完全接触在电池的两条主栅线上。

2)测试台面要经常擦拭，以保证电池片与台面接触良好。

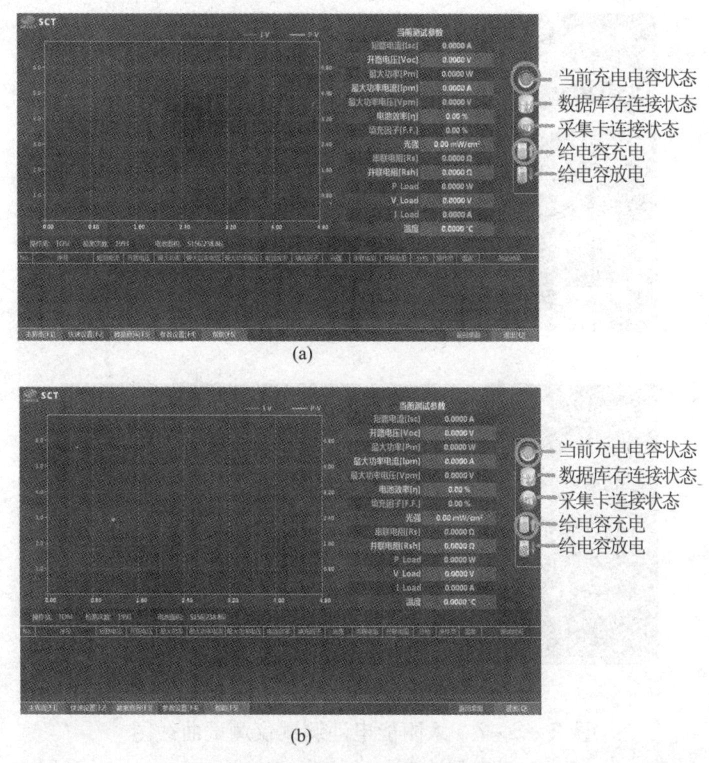

图2-3-5　太阳能电池测试仪测试软件控制充放电示意图

(a)软件主界面——充电前；(b)软件主界面——充电后

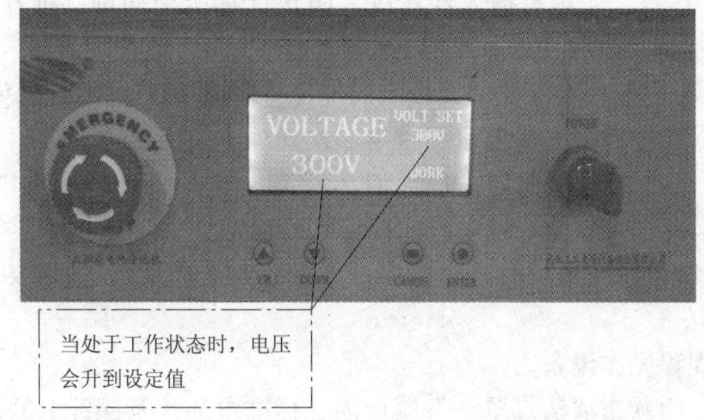

图2-3-6　太阳能电池测试仪工作时液晶面板的显示图

（注：图中显示的电压仅用于图示说明，实际工作电压出厂前已设定好，请勿擅自修改。）

3)测试作业人员必须戴手套。

4)电池片要轻拿轻放，避免破损。

5)确保设备在恒温(25±5)℃、湿度小于90%RH下进行操作。

6)确保室内光线恒定。

7)确保外部气压稳定在0.8MPa，内部气压稳定在0.4MPa。

8)设备长时间不使用时，要将控制面板上的电压降为0V。

9)设定好的参数不能随意调动。

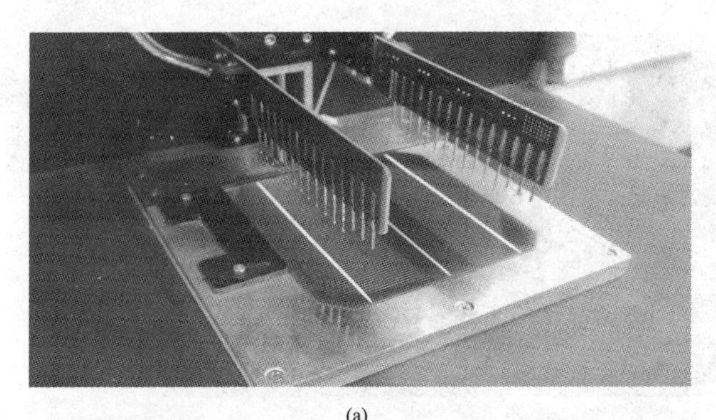

(a)

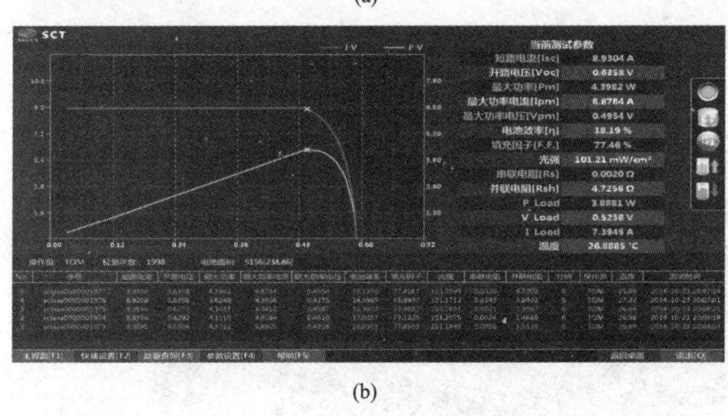

(b)

图2-3-7　太阳能电池测试仪测试曲线图

(a)测试结果；(b)测试曲线图

10)严禁设备空测，防止短路。

11)禁止将外界U盘、光盘等插入计算机，防止计算机中病毒。推荐安装防病毒软件，定期查杀。

12)关闭设备电源之前，确保控制面板上的电压下降到10V以内，以免损坏设备电路。

13)设备每使用24小时，至少要重新校准一次。

14)标准电池片上严禁覆盖他物，每天清洁标准电池片，保持标准电池片表面无异物(重要)。

15)控制面板上的电压在出厂时已经设定，非专业人员严禁调整(重要)。

(3)设备的保养。

1)严格按操作规程操作设备。

2)每天测试前，用软布清洁灯罩、金属台面、标准电池片及探针上的灰尘。

3)不能在无电池测试的情况下一直踩踏脚踏阀(这对设备损害很大)。

4)定期用无水酒精清洁灯罩、金属台面及探针。

5)更换氙灯时，请带上手套，避免指纹污染氙灯表面。

2.3.4　相关知识：标准条件下太阳能电池的电性能测试

太阳能电池产生电能的大小不仅与其转换效率有关，还与太阳辐照度和太阳能电池的面积有关。为了使不同的太阳能电池之间的输出功率具备可比性，必须在相同的标准条件下去测试太阳能电池。国际通用的标准测试条件包括：

(1)太阳辐照度：1000W/m^2。

(2)太阳光谱：AM1.5。

(3)测试温度：(25 ±2)℃。

标准测试条件对太阳模拟器、环境温度等提出了很高的要求，此外，太阳能电池的电性能测试还与测量电路密切相关。下面从太阳能电池测量电路、太阳模拟器、测试温度的修正三个方面展开讨论。

1. 太阳能电池测量电路

太阳能电池分选测试仪的测试原理图包括电压表、电流表和可变负载，如图 2－3－8 所示。

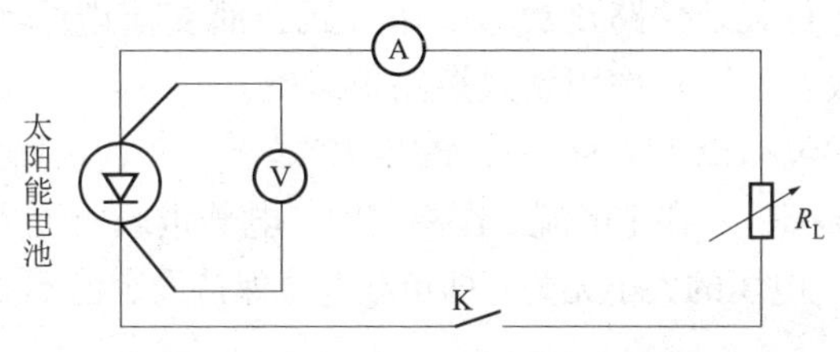

图 2－3－8　太阳能电池测试线路图

单片太阳能电池的尺寸向大面积、大电流的方向发展，但是太阳能电池的电压只有 0.6V 左右，例如 156mm ×156mm 的硅太阳能电池的电流都在 8A 左右，这就要求测试该太阳能电池时接触一定要好，因为串联哪怕 0.01Ω 都会产生 0.01 ×8 =0.08(V)的电压降，这在太阳能电池的测试中是绝对不容许的，因此现在测大面积太阳能电池都必须使用开尔文电极，也就是通常所说的**四线制**，如图 2－3－9 所示。

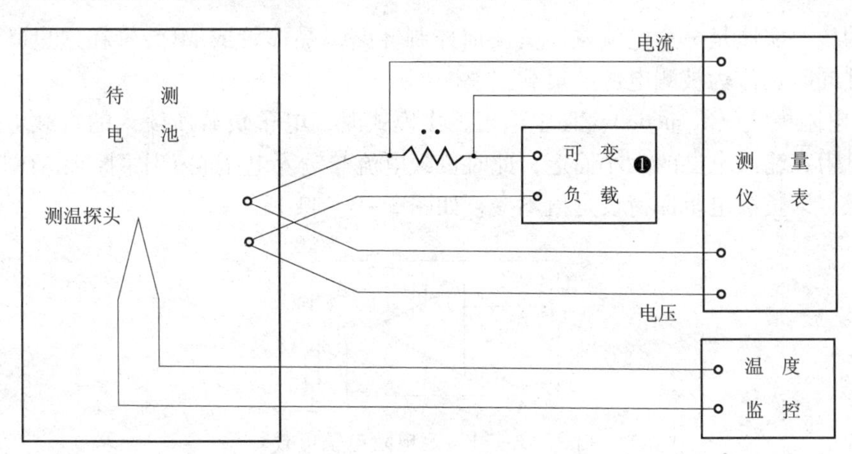

图 2－3－9　由电子负载、温度监控和测量仪表组成的太阳能电池测试线路图

❶可变负载推荐使用电子学方法(电子负载)

太阳能电池测量电路包括电子负载、采样保持和补偿电源等部分，这里重点介绍一下电子负载。

电子负载是利用电子元件吸收电能并将其消耗的一种负载。电子负载广泛应用于电力、电子电源产品测试、化学电源测试和物理电源测试。在电学实验室中需要各种负载，而传统的负载一般用滑线变阻器代替。滑线变阻器对阻值变化的分辨力低，且阻值会因接触不良或发热而变化。有些实验要求提供稳定的、有较高分辨率的负载。电子负载大部分呈恒流特性，也有呈电阻特性的。所谓恒流特性，就是流过电子负载的电流由电子负载本身决定，不随电源电压而变化，电阻特性的电子负载等效于一个电阻，流过它的电流等于电源电压除以它的等效电阻。

电子负载的电子元件一般为功率场效应管(power MOS)、绝缘栅双极型晶体管(IGBT)等功率半导体器件。由于采用了功率半导体器件替代电阻等作为电能消耗的载体，其使得负载的调节和控制易于实现，能达到很高的调节精度和稳定性。同时通过灵活多样的调节和控制方法，不仅可以模拟实际的负载情况，还可以模拟一些特殊的负载波形曲线，测试电源设备的动态和瞬态特性。这是电阻等负载形式所无法实现的。

电子负载分为直流电子负载和交流电子负载两种。直流电子负载可以具备恒定电流、恒定电阻、恒定电压、动态负载及短路负载等工作方式；而交流电子负载可以模拟恒定电流、恒定电阻、不同峰值系数、不同功率因素及短路负载等。

电子负载的工作模式包括以下4种。

(1)定电流模式(CC mode)。在定电流工作模式中，电子负载所流入的负载电流依据所设定的电流值保持恒定，与输入电压的大小无关，即负载电流保持设定值不变，如图2-3-10所示。

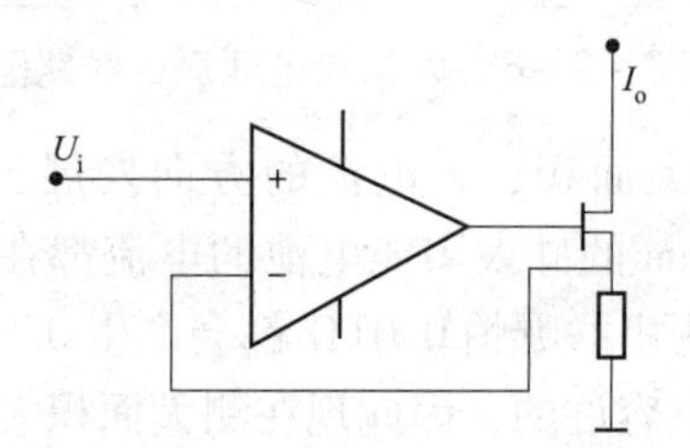

图2-3-10　定电流电子负载

电路的核心实质是一个电流取样负反馈控制环路，晶体管或MOS管在这里既作为电流的控制器件同时也作为被测电源的负载。

(2)定电阻模式(CR mode)。在定电阻工作模式时，电子负载所流入的负载电流依据所设定负载电阻和输入电压的大小而定，此时负载电流与输入电压成正比例，比值即是所设定的负载电阻，即负载电阻保持设定值不变，如图2-3-11所示。

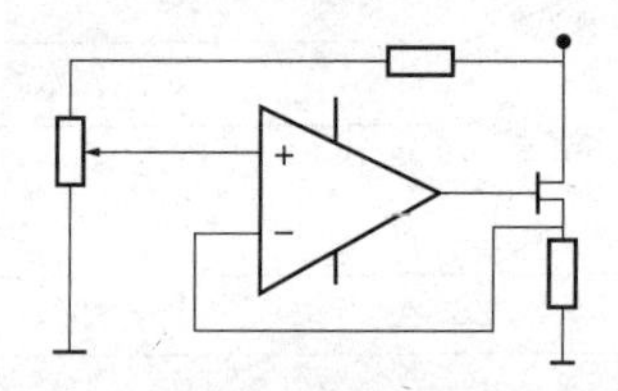

图2-3-11　定电阻电子负载

(3)定电压模式(CV mode)。在定电压工作模式中，电子负载所流入的负载电流依据所设定的负载电压而定，此时负载电流将会增加，直到负载电压等于设定值为止，即负载电压保持设定值不变，如图2-3-12所示。

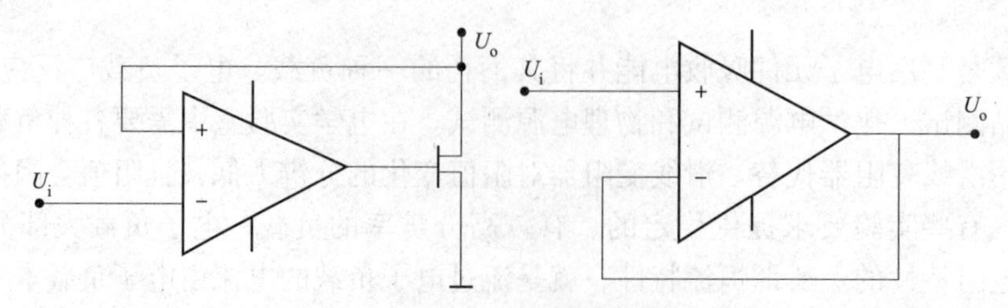

图2-3-12　恒定电压负载

(4)定功率模式(CP mode)。在定功率工作模式中，电子负载所流入的负载电流依据所设定的功率大小而定，此时负载电流与输入电压的乘积等于负载功率设定值，即负载功率保持设定值不变。

2. 太阳模拟器

太阳能电池是将太阳光能转变成电能的半导体器件，从应用和研究的角度来考虑，其光电转换效率、输出伏安特性曲线及参数是必须测量的，而这种测量必须在规定的标准太阳光下进行才有参考意义。如果测试光源的特性和太阳光相差很远，则测得的数据不能代表它在太阳光下使用时的真实情况，甚至也无法换算到真实的情况，考虑到太阳光本身随时间、地点而变化，因此必须规定一种标准太阳光条件，才能使测量结果既能彼此进行相对比较，又能根据标准太阳光下的测试数据估算出实际应用时太阳能电池的性能参数。

(1)太阳辐射简介。太阳并不是一个温度一定的黑体，而是许多层不同波长发射和吸收的辐射体。在应用太阳能系统时，通常把它看成是温度为6 000K的黑色辐射体，如图2-3-13所示。单色辐射密度与波长及温度的关系根据普朗克定律确定。整个波长范围内的辐射密度由斯蒂芬-波尔兹曼定律确定。

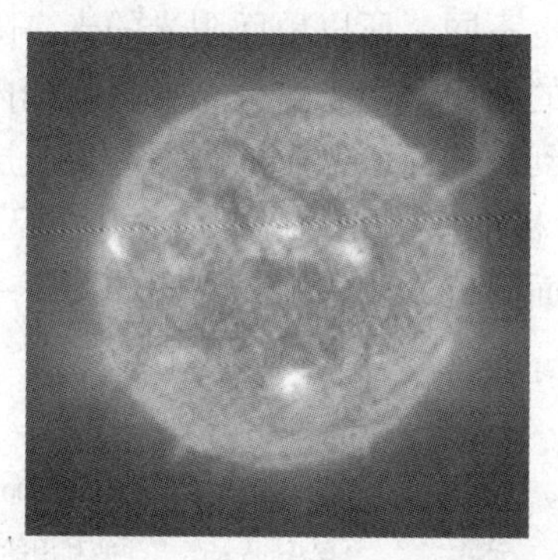

图2-3-13　太阳黑体辐射

地球在绕太阳运行的过程中，与太阳间的距离变化不大，到达地球大气层上界的太阳辐射强度几乎是一个常量，用太阳常数 AM0 来表示。太阳常数的数值是指在平均日地距离时，地球大气层上界垂直太阳光线的单位面积表面、单位时间内所接收到的太阳能。近年来测得的太阳常数值 AM0 = 1350 W/m^2，日地距离的变化造成的影响不超过 ±3.4%。地面常用的太阳常数值 AM1.5 = 844 W/m^2。

太阳辐射穿过地球大气层时，不仅要受到大气中的空气分子、水汽和灰尘的散射，而且要受到大气中的氧气、臭氧、水汽和二氧化碳等分子的吸收和反射，使到达地面的太阳辐射显著衰减。

1)太阳光谱中的X射线及其他波长更短的辐射，因在电离层被氮、氧及其他大气分子强烈吸收而不能穿越大气到达地表。

2)大部分紫外线被臭氧吸收。

3)可见光能量减弱，主要是地球大气强烈散射引起的。

4)红外光谱能量减弱，主要是由于水汽对太阳辐射选择性吸收的结果。

5)波长超过2 500μm 的辐射，在大气上界本来就很低，加上二氧化碳和水对它的强烈吸收，能到达地面的能量就更小。

因此，对于到达地面的太阳能，只考虑 290～2 500μm 的辐射就行了。

(2)太阳辐射的基本特性。

1)辐照度：通常称为“光强”，即入射到单位面积上的光功率，单位是 W/m^2 或 mW/cm^2。

对空间应用，规定的标准辐照度为1 367 W/m^2，对地面应用，规定的标准辐照度为1 000W/m^2。实际上地面阳光和很多复杂因素有关，这一数值仅在特定的时间及理想的气候和地理条件下才能获得。地面上比较常见的辐射照度是在600～900W/m^2范围内，除了辐照度数值范围以外，太阳辐射的特点之一是其均匀性，这种均匀性保证了同一太阳能电池方阵上各点的辐照度相同。

2)光谱分布：太阳能电池对不同波长的光具有不同的响应，也就是说辐照度相同而光谱成分不同的光照射到同一太阳能电池上，其效果是不同的，太阳光是各种波长的复合光，它所含的光谱成分组成光谱分布曲线，而且其光谱分布也随地点、时间及其他条件的差异而不同。在大气层外情况很单纯，太阳光谱几乎相当于6 000K 的黑体辐射光谱，称为 AM0 光谱。在地面上，由于太阳光透过大气层后被吸收掉一部分，这种吸收和大气层的厚度及组成有关，因此是选择性吸收，结果导致非常复杂的光谱分布，而且随着太阳天顶角的变化，阳光透射的途径不同，吸收情况也不同，所以地面阳光的光谱随时都在变化。因此从测试的角度来考虑，需要规定一个标准的地面太阳光谱分布。目前国内外的标准都规定，在晴朗的气候条件下，当太阳透过大气层到达地面所经过的路程为大气层厚度的1.5倍时，其光谱为标准地面太阳光谱，简称 AM1.5 标准太阳光谱。此时太阳的天顶角为48.19°，原因是这种情况在地面上比较有代表性。地面附近太阳辐射光谱图如图2－3－14所示。

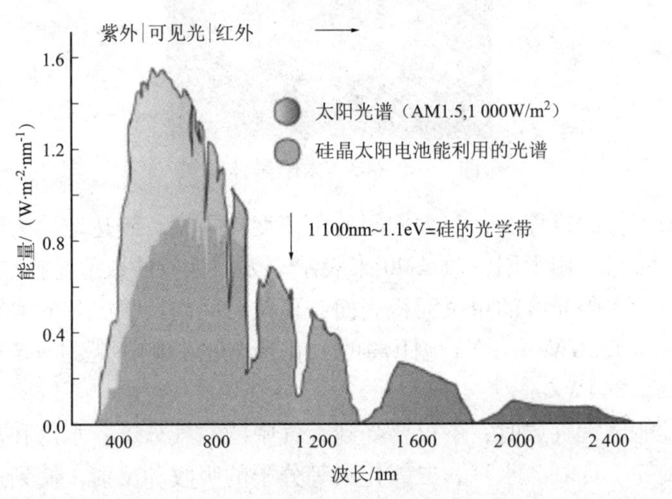

图2－3－14 地面附近太阳辐射光谱图

3)发光强度：简称光强，国际单位是 candela(坎德拉)，简写为 cd。1cd 是指单色光源(频率为 540×10^{12} Hz，波长为0.550μm)的光，在给定方向上的单位立体角内发出的光强度，光源辐射均匀时，则光强为 $I=F/\Omega$，Ω 为立体角，单位为球面度(sr)，F 为光通量，单位是流明，对于点光源 $I=F/4$。

地面标准阳光条件是具有1 000W/m^2的辐照度，AM1.5 的太阳光谱以及足够好的均匀性和稳定性，这样的标准阳光在室外能找到的机会很少，而太阳能电池又必须在这种条件下测量，因此，唯一的办法是用人造光源来模拟太阳光，即所谓太阳模拟器。

(3)太阳模拟器的分类。太阳模拟器是模拟太阳光照射的设备。由于太阳模拟器本身体积较小，测试过程不受环境、气候、时间等因素影响，从而避免了室外测量的各种因素限制。在光伏领域里，太阳模拟器再配以电子负载、数据采集和计算机等设备，可以用来测试光伏器件(包括太阳能电池片、太阳能电池组件等)的电性能，如 P_{max}、I_{max}、U_{max}、I_{SC}、U_{OC}、F_F、E_{ff}、R_s、R_{sh}以及 $I-U$ 曲线等。

太阳模拟器通常分为稳态太阳模拟器和脉冲式太阳模拟器两种，稳态太阳模拟器是在工作时输出辐照度稳定不变的太阳模拟器；而脉冲太阳模拟器在工作时并不连续发光，只在很短的时间内(通常是毫秒量级以下)以脉冲形式发光。太阳模拟器的类型及特性如表2-3-2所示。

表2-3-2　太阳模拟器的类型及特性

类型	定　义	优　点	缺　点	适用范围
稳态	工作时输出的辐照度稳定不变	连续照射； 稳定； 标准太阳光	光学系统和供电系统复杂庞大	制造小面积太阳模拟器
脉冲	毫秒量级脉冲发光	瞬间功率大	采集系统复杂	大面积测量

常用的太阳模拟器的光源有卤钨灯、氙灯等(见表2-3-3)，光源的性能指标要求包括总辐照度、光谱匹配、均匀度和辐照稳定度四个方面。

表2-3-3　太阳模拟器光源

电光源	结　构	特　征	缺　点	备　注
卤光灯	卤光灯加水膜	光谱和日光差别大，红外线含量大，紫外线含量少，色温为2 300K	3cm水膜滤除部分红外线，无法补充紫外线	简易型
冷光灯	卤钨灯加介质膜	反射镜对红外线透明，其他光线反射，色温为3 400K	灯寿命短，为50h	简易型
氙灯	氙灯加滤光片	光谱接近日光，但红外线多些，用滤光片滤掉	光斑不均匀，电路复杂，价格贵，光学积分设备复杂，有效面积难做大	精密太阳能模拟器
脉冲氙灯	脉冲氙灯	短时间光强强，光谱特征比稳态氙灯好，可以得到大面积均匀光斑		

1)总辐照度。模拟器必须能够在测试平面上达到1 000W/m^2 的标准辐照度(用标准电池测量)，并可根据需要对辐照度在标准辐照度值上下进行一定的调节。

2）光谱匹配。模拟器光谱辐照度分布应与标准光谱辐照度分布匹配。等级A的匹配度在0.75～1.25，等级B的匹配度在0.6～1.4，等级C的匹配度在0.4～2.0。

3）均匀度。在测试平面上，指定测试区域内的辐照度应该达到一定的均匀度，辐照度用合适的探测器测量。等级A的辐照均匀度不大于±2%，等级B的辐照均匀度不大于±5%，等级C的辐照均匀度不大于±10%。

对于单体电池和电池串的测试，探测器的最大尺寸应小于电池最小尺寸的一半。

对于组件，探测器的尺寸应不大于组件中单体电池的尺寸。

不均匀度 = ±[（最大辐照度－最小辐照度）/（最大辐照度＋最小辐照度）]×100%

其中，最大辐照度和最小辐照度是指在指定范围内探测器在任意指定点的测量值。

4）辐照稳定度。在数据采集期间，辐照度应该具有一定的稳定度。等级A的稳定度不大于±2%，等级B的稳定度不大于±5%，等级C的稳定度不大于±10%。

辐照不稳定度 = ±[（最大辐照度－最小辐照度）/（最大辐照度＋最小辐照度）]×100%

其中，最大辐照度和最小辐照度是数据采集期间在测试平面内探测器在任意指定点的测量值。具体的测试方法请参考IEC 60904－9。

尽管太阳模拟器在太阳能电池测试方面有着广泛的应用，但是它毕竟和真实的太阳光有偏离。对于太阳能电池，最可信的测试条件是太阳周围较大范围无可见云层的晴天，大于800W/㎡的光强条件。这时的光谱偏差小于5%，适于测试和标定各种太阳能电池，是制作标准太阳能电池（或光伏组件）的最佳条件。

3. 测试温度的修正

太阳能电池要求在标准测试条件下测量，但实际测试过程中，太阳能电池的温度会随着环境温度波动，这会影响到测量的精度。按照《GB/T 6495.4 标准规定的温度和辐照度的修正方法》，对实测的$I-U$特性按照以下公式修正到标准测试条件：

$$I_2 = I_1 + I_{SC}\left[\frac{I_{SR}}{I_{MR}} - 1\right] + \alpha(T_2 - T_1)$$

$$U_2 = U_1 - R_S(I_2 - I_1) - KI_2(T_2 - T_1) + \beta(T_2 - T_1)$$

式中：I_1、U_1为实测特性点的坐标；I_2、U_2为修正特性对应点的坐标；I_{SC}为试样的实测短路电流；I_{MR}为标准太阳能电池的实测短路电流，在测量I_{MR}时，如有必要，应对标准电池的温度作修正；I_{SR}为标准太阳能电池在标准的或其他想要的辐照度下的短路电流；T_1为试样的实测温度；T_2为标准温度，或其他想要的温度；α和β为试样在标准的或其他想要的辐照度下，以及在关心的温度范围内的电流和电压温度系数（β为负值）；R_S为试样的内部串联电阻；K是曲线修正系数。

这里，太阳能电池的电流温度系数是指在规定的试验条件下，被测太阳能电池温度每变化1℃，太阳能电池短路电流的变化值，通常用α表示；而太阳能电池的电压温度系数则是指在规定的试验条件下，被测太阳能电池温度每变化1℃，太阳能电池开路电压的变化值，通常用β表示。

2.3.5　可练习项目

（1）采用标定好的单晶硅太阳能电池片对太阳能电池分选测试仪进行校准，并对125mm×125mm单晶硅太阳能电池片的电性能进行测试。

（2）采用标定好的多晶硅太阳能电池片对太阳能电池分选测试仪进行校准，并对156mm×

156mm 多晶硅太阳能电池进行测试。

(3)自行搭建太阳能电池的测试平台，对太阳能电池进行 $I-U$ 特性曲线的测量。

(4)设计实验，测量太阳能电池的温度系数。

任务2.4　太阳能电池的激光划片工艺

2.4.1　任务目标

了解激光划片的目的；了解激光划片机的工作原理；掌握激光划片机的使用方法和规程。

2.4.2　任务描述

激光划片是用激光划片机将完整的电池片按照生产所需切割成4等份、6等份、8等份等不同尺寸的小电池片，以满足制作小功率组件和特殊形状光伏组件的需要。本任务主要是让学生了解激光划片的目的、了解激光划片机的工作原理、掌握激光划片机的使用方法和规程。

2.4.3　任务实施

2.4.3.1　认识激光划片机

单片太阳能电池的工作电压通常为0.4～0.5V(开路电压为0.6V)，将一片切成两片后，每片电压不变，并且在相同的转换效率下，太阳能电池的输出功率与电池片的面积成正比，因此，根据光伏组件所需的电压、功率，可以计算出所需电池片的面积及电池片的片数。由于单片太阳能电池(未切割前)尺寸一定，面积通常不能满足光伏组件的需要，因此，在焊接前，一般会增加激光划片这道工序。激光划片前，应设计好划片的路线，画好草图，要尽量能充分利用划片剩余的太阳能电池片，提高电池片的利用率。

激光划片机主要用于单晶硅、多晶硅、非晶硅等太阳能电池片的划片与切割，主要采用Nd：YAG激光晶体，单氪灯连续泵浦作为工作光源，也可以采用1 064nm半导体泵浦激光器作为工作光源。两者相比后者具有光电转换效率高、光束质量好、运行成本低、性能稳定等特点。

通常激光划片机的构成包括工作光源、计算机数控二维平台、光学扫描聚焦系统、计算机控制软件系统、真空吸附系统、冷却系统等。

这里以武汉三工(SFS10型)激光划片机为例做介绍，如图2－4－1所示。武汉三工(SFS10型)激光划片机采用先进的光纤激光器作为工作光源，由计算机控制的二维精密工作台能按预先设定的各种图形轨迹作相应的精确运动。工作光源为IPG Photonics德国公司的20W脉冲掺镱(YLP－10)光纤激光器。使用Q调制的主振荡和一个增益值为50～60dB的高功率光纤放大器，脉冲重复频率为20～80kHz连续可调，激光脉冲峰值可达到20kW。二维精密工作台是采用高精度伺服电机驱动的双层结构。其可由计算机系统控制进行各种精确运动，系统分辨率可达0.003 125(5/1 600)mm。

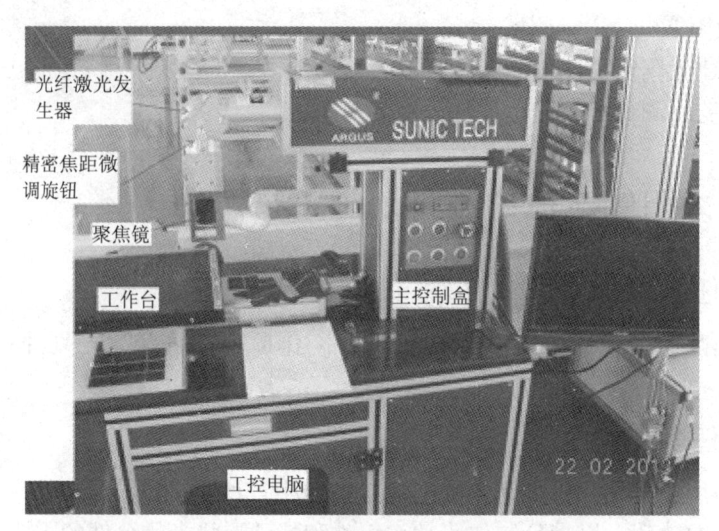

图2-4-1 武汉三工(SFS10型)激光划片机

武汉三工(SFS10型)激光划片机的技术参数如表2-4-1所示。

表2-4-1 武汉三工(SFS10型)激光划片机的技术参数

项目	范围
激光波长	1 060nm
激光模式	M2 <2(接近TEM00)
脉冲重复率	20~80kHz
平均功率不稳定度	<5%
激光最大平均功率	>20W
工作台移动速度	≥100mm/s
工作台行程	不少于300mm×300mm
工作台面面积	350mm×350mm
冷却方式	风冷
电源	220V，50Hz，1 000W

2.4.3.2 使用激光划片机

以武汉三工(SFS10型)激光划片机为例，激光划片机的操作要点具体如下。

1. 操作步骤

(1)检查设备，开启总电源。开机前要检查三相交流输入电源及零线、接地线是否正确完好，检查风冷系统工作是否正常，系统是否畅通。

(2)确认紧急停止按钮(见图2-4-2)处于释放状态。

图2-4-2　紧急停止按钮

(3)开机上电，确认打开空气开关(见图2-4-3)。

图2-4-3　空气开关

(4)打开钥匙开关(见图2-4-4)。

(5)按下RUN键。

(6)按下TABLE键。

(7)按下LASER键。

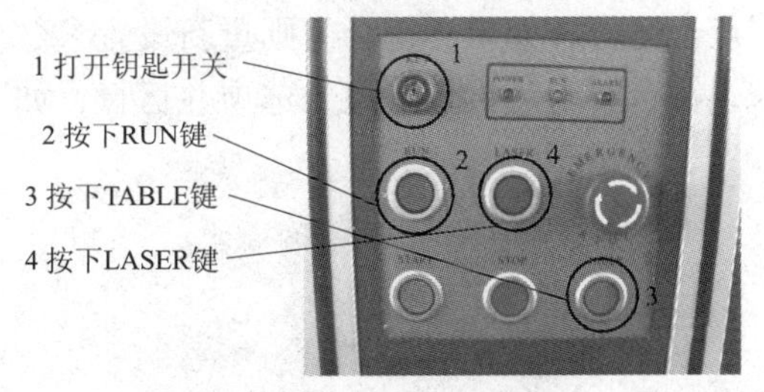

图2-4-4　操作面板

(8)打开电脑(见图2-4-5)和划片软件，进入参数设置(参见激光划片机软件介绍部分内容)。

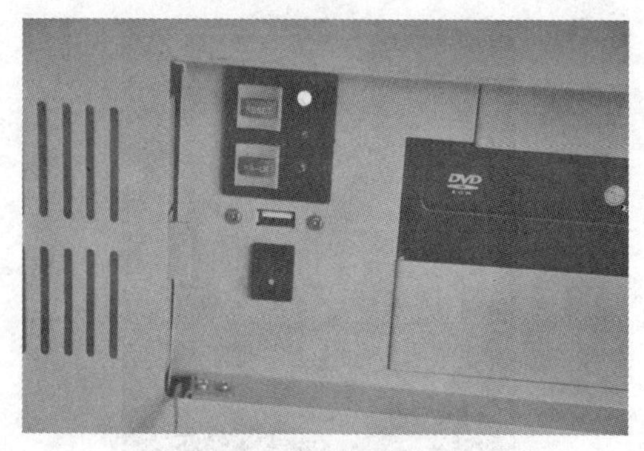

图2－4－5　电脑开关

(9)放置待划片的太阳能电池，踩下风门(见图2－4－6)。

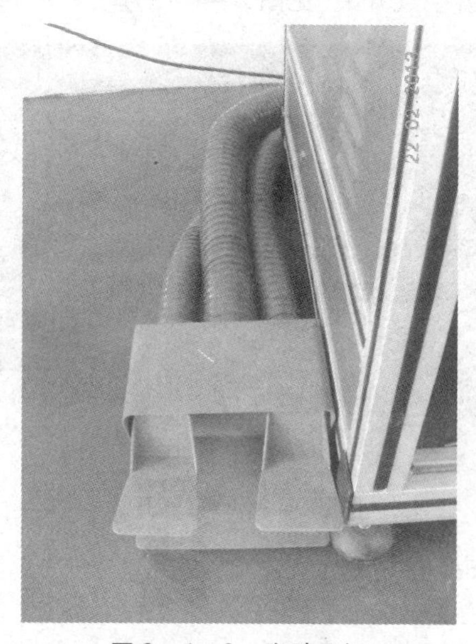

图2－4－6　脚踏风门

(10)点击红光测试(由软件控制)，观察红光点运动的情况是否符合参数设置要求，如果符合，点击激光选项并点击运行；如果不符合，则重新设置参数后，观察红光点运动的情况是否符合参数设置要求，符合要求后再点击激光选项并运行，如图2－4－7所示。

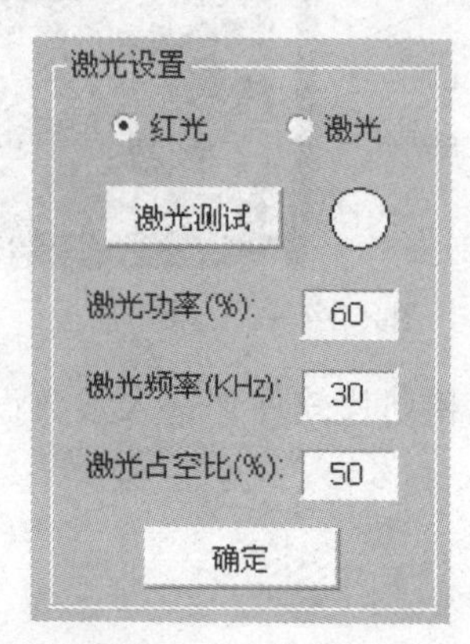

图2－4－7　激光参数设置(需在激光划片机操作软件中进行设置)

(11)关机步骤。

① 退出软件，关闭计算机。

② 按下 LASER 键，激光器断电。

③ 按下 TABLE 键，工作台断电。

④ 与开机顺序相反，关闭其他电源。

注意：由于激光器的上电顺序有时序要求，请严格按照正常开关机顺序进行开关机。

2. 激光划片机使用的注意事项

(1)一定要保证在风冷循环系统正常工作的状态启动激光电源。

(2)调节激光器参数时须缓慢调节，尤其是增大激光功率时，调节速度要小，否则极易损坏激光电源中的激光晶体或半导体泵浦源。

(3)激光功率不能调节太大以免把电池片切穿。

(4)划片作业时必须戴手套。

(5)不允许连续开关 LASER 和 TABLE 开关，否则有可能损坏伺服驱动器，并且交流接触器等感性元器件也将产生电流干扰，影响设备的正常使用。

(6)出现异常情况时，应关闭总电源后再进行检查。

(7)设备的工作环境应清洁无尘，否则会污染光学器件，影响激光的功率输出，严重时甚至会损坏光学器件。

(8)要求环境温度为5℃ ~30℃，相对湿度不大于80%。

(9)本激光器属于Ⅳ级激光产品。本激光器在1 060nm 波长范围内发出超过20W 的激光辐射。应避免眼睛和皮肤接触到输出端直接发出或散射出来的辐射。

(10)开机前确保使用正确的供电电源。

(11)本机工作时机箱尾部有风扇用于散热，必须确保有足够的空间和气流。本机工作时，所有电路元器件(如激光器电源和伺服驱动器)和光学元器件(如光纤激光器)均需散热良好，故应保证工作环境通风良好。不要将本机用于加工高反射率的铜等金属物，否则可能会损坏激光器。

(12)电源突然中断对激光器的影响很大，请确保提供连续电源。不允许设备在电源电压不稳定的情况下工作，必要时需用稳压器对其稳压。

(13)工作时，请按正常开机顺序开机。

(14)不要使脉冲重复频率低于20kHz，高能量密度的光输出端会损坏激光器。

(15)机器需可靠接地，不遵守此项规定可能会导致触电或设备工作不正常。

(16)至少要在电源切断10min 后，才可对机器进行搬运、检查等操作。

(17)不可随意乱调设备上的可调节部位。

(18)光源老化时应及时更换。

3. 激光划片机的保养

(1)日常护理。

① 每天清扫设备上的灰尘。

② 根据具体使用情况对工作台加机油或润滑油。

③ 工作平台上禁止放较重物品。

④ 定期清理抽风管道。

⑤ 禁止非法关机。

(2)要求客户维护须知。

① 尽可能要求在下班前几分钟对机器整体做清洁。

② 工作台的轴需要间隔一段时间加专用油。

(3)新设备保养和维护。

① 工作台的 X 轴和 Y 轴的丝杆 1 个月注 1 次润滑油。

② 应 15 天擦 1 次聚焦镜。

(4)整机保养。

① 整机清洁。

② 工作台每 3 个月上油 1 次。

③ 检查聚焦镜片是否有灰。

④ 腔体一年清洗 1 ~2 次，具体根据实际情况来考虑。

⑤ 氪灯半年更换一次，以免氪灯老化造成其他配件损失。

4. 激光划片机的常见故障以及解决方法

(1)开机无任何反应。

① 是否正常：检查电源输入并使其正常。

② 紧急制动开关是否按下：松开紧急制动开关。

③ 控制柜空气开关是否合上：合上空气开关。

(2)无激光输出或激光输出很弱(刻划深度不够)。

① 转接板是否上电：若出现激光器主振荡器故障对话框，请先按下 TABLE 按钮，再点击“确定”键。

② 激光光路偏移：重调激光光路。

③ 工作平面是否处于激光焦平面：调整千分尺。

④ 工作台是否水平：调整工作台水平。

2.4.3.3　激光划片机的软件介绍[以武汉三工(SFS10 型)激光划片机为例]

点击桌面上“三工激光划片软件”图标，进入软件主界面(见图 2 -4 -8)；根据系统提示“是否需要进行机械回零”，选择“确定”键开始进行机械回零，选择“否”键则取消机械回零。需要注意的是，机器每次上电重启必须进行机械回零。

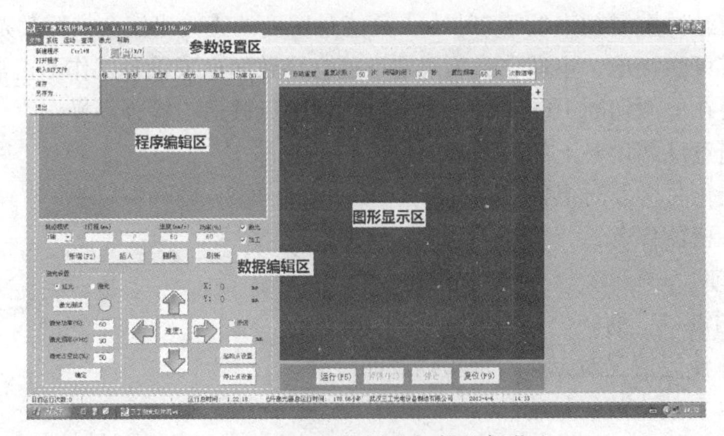

图 2 -4 -8　三工激光划片机软件操作主界面

三工激光划片机软件操作主界面包括参数设置区、程序编辑区、数据编辑区和图形显示区四个部分。

1. 参数设置区

激光划片机软件中涉及到的参数设置包括“文件”、“系统”、“运动”、“查询”和“激光”5个菜单。“文件”菜单里包括“新建程序”、“打开程序”、“保存”、“另存为”和“退出”5个内容，如图2-4-9所示。

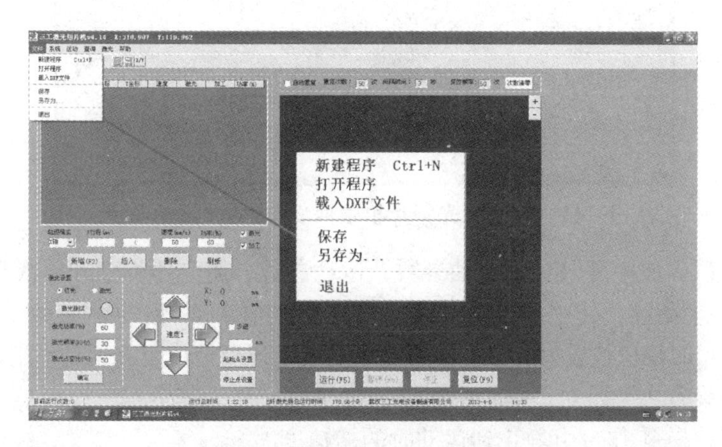

图2-4-9 三工激光划片机软件操作主界面的“文件”菜单栏

“新建程序”——点击“新建程序”，将出现全新空白的系统界面。如果当前界面上已有文件或图形存在，则在点击“新建程序”时，系统会提示是否保存现有文件。

“打开程序”——用于打开已有的加工文件。所有加工文件可以直接执行输出。

“保存”——点击“保存”，现有文件的当前状况将被保存于指定文件夹内。

“另存为”——可将现有文件另取一文件名保存于指定文件夹内。

“退出”——可退出此激光加工软件。

参数设置区中的“系统”菜单栏中包括“参数设置”和“时间设置”两部分，如图2-4-10所示。其中，“系统设置”界面如图2-4-11所示，“时间设置”界面如图2-4-12所示。

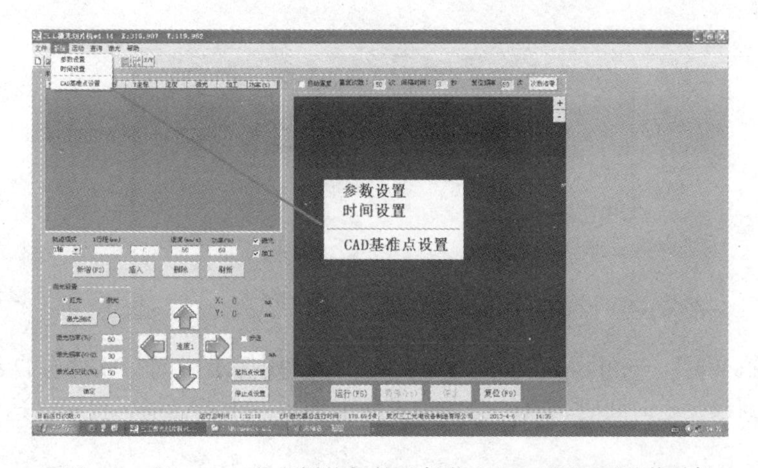

图2-4-10 三工激光划片机软件操作主界面的“系统”菜单栏

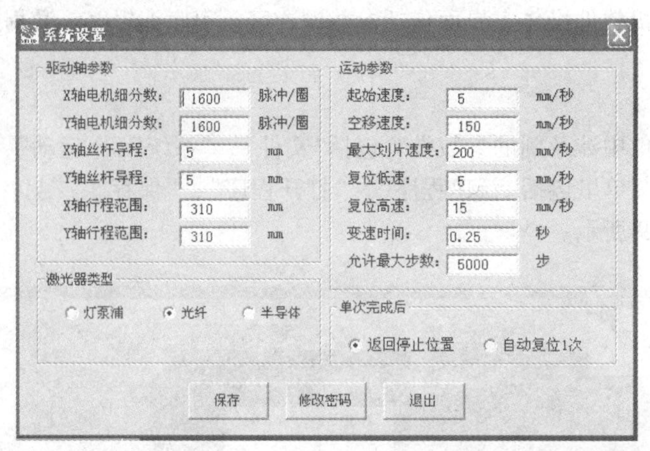

图2-4-11　三工激光划片机软件操作中的“系统设置”界面

在“系统设置”界面中可以对驱动轴参数、运动参数、激光器类型和单次划片完成后工作台的运动模式进行设置。其中驱动轴参数中的“驱动轴”和“驱动轴参数”是配合设置的。X/Y轴参数在出厂时均已设置好，最好不要擅自更改，以免造成机器运动不正常。

运动参数的设置主要是对工作台的运动速度进行设置，其中：

“起始速度”——工作台由静止到运动时的初速度。

“空移速度”——工作台由原点/指定停止位置运动到加工位置和加工完成后回到原点/指定停止位置时的速度。

“复位速度”——将工作台强制回原点时的速度。

“变速时间”——工作台由起始速度到工作速度所需的时间。此值不宜设置太小，以免加速太快，电机失步，造成运动失控。

“允许最大步数”——软件可编制的最大运行步数。

“自动复位一次”——每次操作完成后，工作平台自动回到原点位置。

“返回设定的停止位置”——每次操作完成后，工作平台回到指定停止位置。

激光器的类型设置应根据激光划片机设备中激光器的配置(如光纤激光器或半导体激光器等)进行选择。

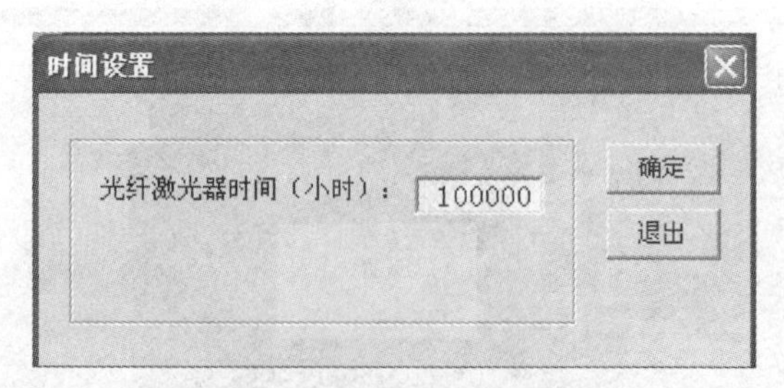

图2-4-12　三工激光划片机软件操作中的“时间设置”界面

“时间设置(W)”——可设置设备工作时易损件使用提示时间，软件会自动记录设备工作时间，当达到预设定时间时，软件会在主界面上弹出一个对话框，提示已达到使用时间需要更换。

参数设置区中的“运动”菜单分为“重复运动”、“等分运动”和“X/Y坐标互换”三部分，如图2-4-13所示。

三工激光划片机v4.14　X:308.809　Y:180.113
文件　系统　运动　查询　激光　帮助
重复运动
等分运动
X/Y坐标互换
X/Y
未命名程
步数
Y坐标
速度
激光
加工
功率(%)

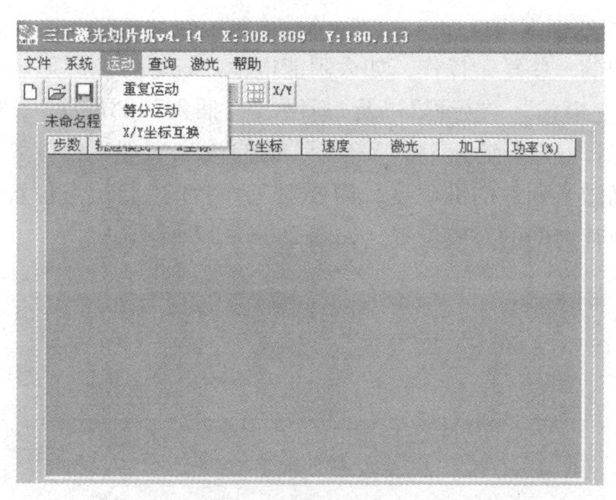

图2－4－13　三工激光划片机软件操作主界面的“运动”菜单栏

当需要编制一个重复次数较多的加工程序时可选择“重复运动”方式，如图2－4－14所示。每四步为一次重复，点击“确定”按键程序自动生成，并显示在主界面上。

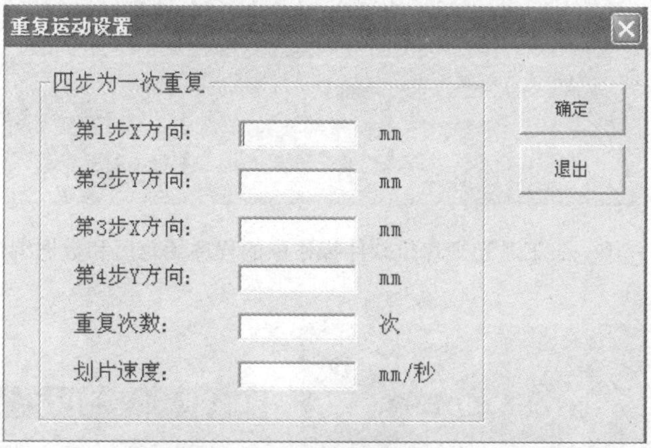

重复运动设置
四步为一次重复
第1步X方向:　mm
第2步Y方向:　mm
第3步X方向:　mm
第4步Y方向:　mm
重复次数:　次
划片速度:　mm/秒
确定
退出

图2－4－14　三工激光划片机软件操作中的“重复运动设置”界面

当要匀切割材料时可采用“等分运行”方式，并且在加工时，为了不损伤加工材料边沿，单独增加一个“边沿距离”参数设置，设置此参数后，自动生成程序会在加工边缘时每边增加相应距离，如图2－4－15所示。

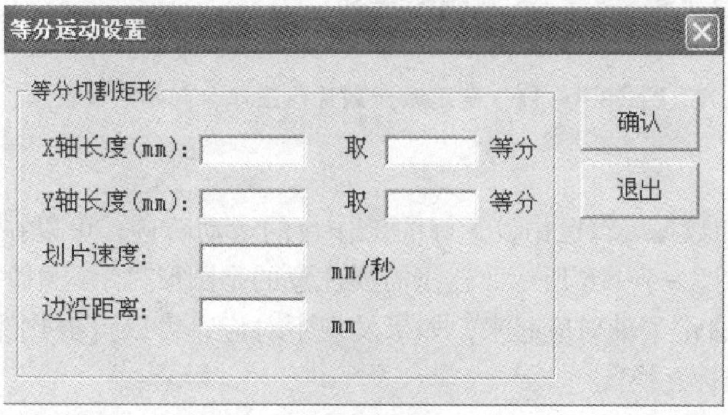

等分运动设置
等分切割矩形
X轴长度(mm):　取　等分
Y轴长度(mm):　取　等分
划片速度:　mm/秒
边沿距离:　mm
确认
退出

图2－4－15　三工激光划片机软件操作中的“等分运动设置”界面

2. 程序编辑区和数据编辑区

对于激光划片中的一些复杂操作，如太阳能电池片三等分、圆形切割等，可以在数据编辑区中通过设置“轨迹模式”、“行程”以及“新增”、“插入”和“删除”来实现，也可以在程序编辑区内对“轨迹模式”、“X 坐标”和“Y 坐标”的修改来实现。相应界面如图 2－4－16 所示。此外，为了提高激光划片的准确度，需要对工作台的“起始点位置”进行设置，以确定工作台和太阳能电池片之间的对应位置，如图 2－4－17 所示。

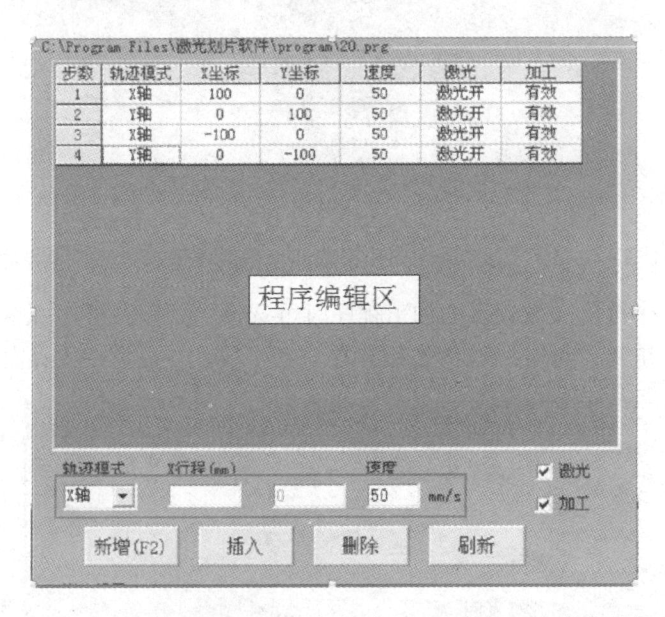

图 2－4－16　三工激光划片机软件操作中的程序编辑区和数据编辑区界面

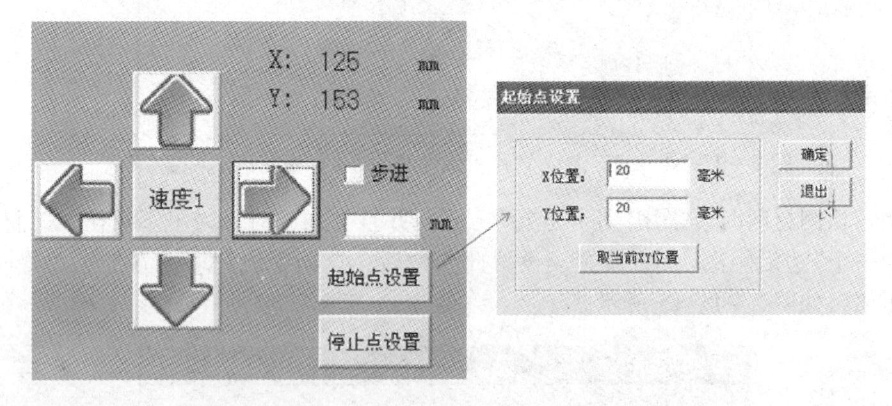

图 2－4－17　三工激光划片机工作台起始点设置

3. 图形显示区

在程序编辑区和数据编辑区中设置好的工作台的运动轨迹，可以在图形显示区中看到。图形显示区界面如图 2－4－18 所示。这里需要注意的是图形显示区中的 X 轴和 Y 轴要与工作台自行定义的 X 轴和 Y 轴对应起来，如果发现不对应，可以点击软件操作主界面“运动”菜单栏中的“X/Y 坐标互换”。

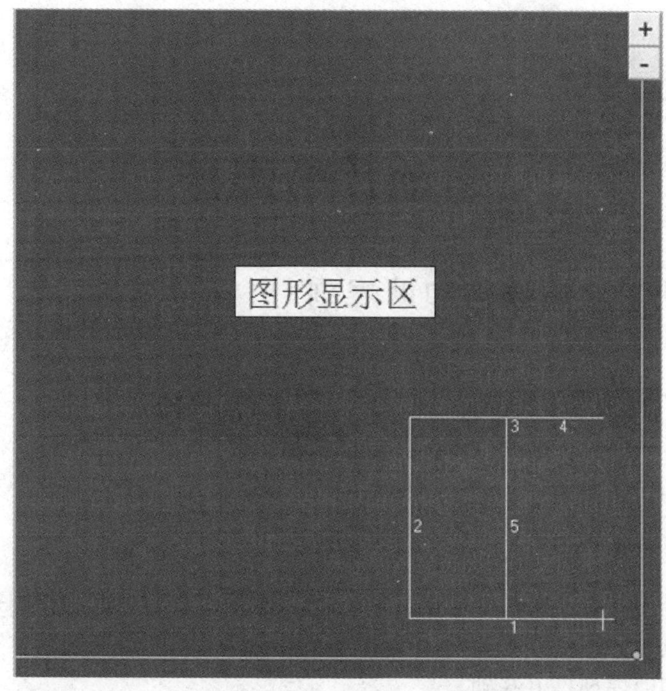

图2-4-18　三工激光划片机软件操作中的图形显示区界面

2.4.4　相关知识

1. 激光划片机的工作原理

激光划片机通过聚焦镜把激光束聚焦在电池片表面，形成高功率密度的光斑(约 1 000 000W/mm^2)，使硅片表面的材料瞬间气化并在运动过程中形成一定深度的沟槽，由于沟槽处应力集中，所以电池片很容易沿沟槽处被整齐断开。

2. 激光在光伏产业中的应用

激光在高效太阳能电池制备中有很多应用，如激光刻槽、激光表面织构、激光选择性掺杂、激光烧结背面点接触等。

2.4.5　可练习项目

(1)采用金相显微镜观察激光划片机的激光参数设置对划片效果的影响。

(2)采用不同的方法将一片尺寸为125mm×125mm 的单晶硅太阳能电池片4等分。

(3)通过调研，深入了解激光在光伏产业中的应用。

模块3

电池片的焊接

任务3.1　认识涂锡焊带和助焊剂

3.1.1　任务目标

了解涂锡焊带的成分、结构、规格参数以及选用原则；了解涂锡焊带的检验内容；了解涂锡焊带的储存和使用要点；了解助焊剂的性能、储存、使用要求和选用方法。

3.1.2　任务描述

涂锡焊带的作用是实现太阳能电池之间的电学连接，而助焊剂的作用是辅助焊接工作的完成，保证焊接质量。本任务主要是让学生了解涂锡焊带和助焊剂的基本知识，为未来选用和使用涂锡焊带和助焊剂打下基础。

3.1.3　任务实施

3.1.3.1　认识涂锡焊带

光伏组件中用于电池片电性能连接的互联条与汇流条均采用涂锡焊带。如图3-1-1所示，涂锡焊带以纯铜为基体材料，在其表面涂上锡层，一方面可防止铜基材料氧化变色，另一方面也方便于将材料焊接到太阳能电池的栅线上。涂锡焊带分含铅和无铅两种，如表3-1-1所示。其中无铅涂锡焊带因其良好的焊接性能和无毒性，成为涂锡焊带发展的方向。无铅涂锡焊带是由导电性优良、加工延展性优良的专用铜及锡合金涂层复合而成。涂锡焊带的厚度越小，涂层越薄；反之，厚度越大，涂层越厚。

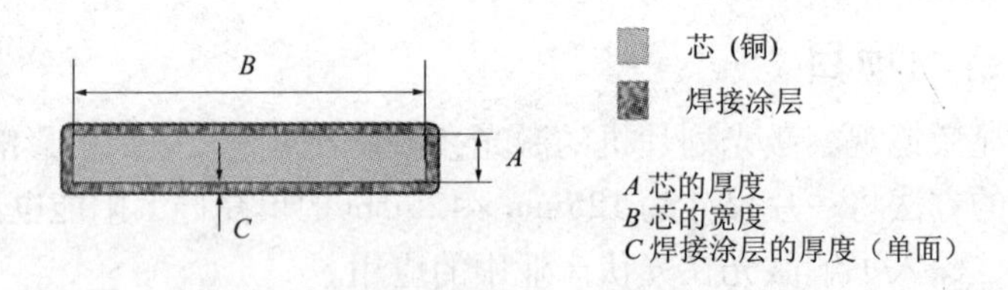

图3-1-1　涂锡焊带的结构示意图

光伏组件用涂锡焊带应具有如下特性：

(1)可焊性好。

(2)抗腐蚀性能好。

(3)在-40℃～+100℃的热振情况下(与太阳能电池使用环境同步)，长期工作不会脱落。

表3-1-1　涂锡焊带的分类与构成

涂锡焊带	有铅	无铅
互联条	SnPb40/Cu/SnPb40	SnAg3.5/Cu/SnAg3.5
汇流条	SnPb40/Cu/SnPb40	Sn/Cu/Sn，SnCu/Cu/SnCu

涂锡焊带的要求包括以下几个方面：

(1)具有较低的电阻率。

(2)具有较低的熔点。

(3)具有优良的延伸率。

(4)具有优异的耐候特性。

(5)具有良好的可焊性。

(6)具有良好的抗腐蚀性。

3.1.3.2　涂锡焊带的规格参数及选用

涂锡焊带以纯铜为基体材料，在其表面涂上锡层。铜的纯度越高，电阻率越低，承载能力越大，塑性越好，扎制中不会产生微裂纹。而涂层锡料跟铜一样，纯度越高，电阻率越低，导电性越好。对涂锡焊带的选择，既要考虑太阳能电池自身特性的要求，还要考虑光伏组件电学性能的要求，如图3-1-2所示。

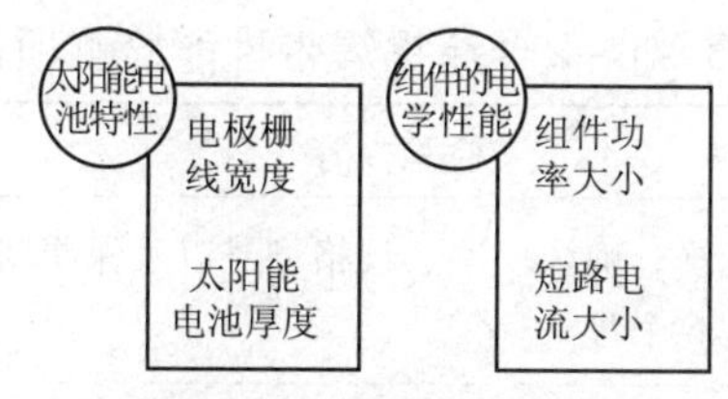

图3-1-2　涂锡焊带的规格参数及选用的参考依据

在选择涂锡铜带时根据电池片的厚度和短路电流的多少来确定涂锡铜带的厚度，其宽度要求和电池的主栅线宽度一致，涂锡铜带的软硬程度一般取决于电池片的厚度和焊接工具。手工焊接要求焊带的状态比较软，软态的焊带在烙铁走过之后会很好地和电池片接触在一起，形成良好的银锡合金，其可焊接性满足要求；同时在焊接过程中产生的应力很小，可以降低碎片率，但是太软的焊带的抗伸强度与延伸率会降低，很容易拉断。

针对光伏组件的电学性能要求，希望其电损耗最低，而涂锡焊带的电阻 $R=\frac{\rho l}{S}$（ρ 为电阻率，S 为截面积，l 为样品长度），由于电阻率是金属的固有属性，它不随金属的横截面长度的变化而变化，所以针对组件的输出电性能，适当增加截面积，以降低组件的内电阻，提高输出功率。涂锡铜带基材的截面积越大其电阻越小，组件的串联电阻也越小，提高涂锡铜带基材的截面积有两种方法，在相同材质下，一种是提高基材厚度，一种是提高基材宽度。但不管采取哪种方法，增加截面积势必会影响涂锡铜带的柔软度，也就会影响焊接的破损率。至于采用何种规格，还需要根据实际情况来做试验得出，目的是在保证焊接破损率的前提下，增加涂锡铜带的横截面积，组件功率的提升幅度和焊接破片率这两个数据就体现了改变涂锡铜带规格后带来的整体改善效果。所以，在选择焊带规格时，不能只考虑焊带的电阻或者焊接破损率，需要将两者结合起来考虑，偏向两个极端都是得不偿失的。不同尺寸的电池片有不同的电流，一般有几种尺寸的电池片就有几种规格的涂锡带与之配套。另外还要考虑到电池片主栅线的宽度，保证涂锡带的宽度不能超过主栅线的宽度。

通过增加涂锡铜带的横截面积，组件功率随之增加，然而焊接时的破片率也略有增加，但所有组件输出的平均功率增加都大于1%。但是，由于涂锡铜带厚度的增加，焊接时存在涂锡铜带与电池电极材料应力的不匹配，焊接后电池片的弯曲度也随之有很大的变化，所以在保证焊接破片率的前提下，选择最优的涂锡铜带及其尺寸规格对于提高组件输出功率有很大的帮助，同时IEC61215的试验要求对使用新规格涂锡铜带生产组件进行相关环境试验的测试，包括热循环以及湿热试验等，以验证涂锡铜带的可靠性是否满足要求。

作为例子，这里给出一个涂锡焊带的选用经验。根据互联条的承载电流选择互联条中铜的横截面积为0.3～0.4mm^2，可承载3.75A电流(供参考)，在选择镀锡铜带规格时，0.2×1.6互联条串联72片125mm×125mm的电池片，输出功率为170～180W；汇流带为0.2×5、0.25×5、0.25×4.5、0.35×3.5等规格。其中0.2×5用量最多，而0.2×2互联条串联54片156mm×156mm的电池片，其输出功率为250W，汇流条用0.25×7。这里建议在电池板功率相同的情况下，应该优先选择厚而窄的互联条。如：用0.2×1.5和0.16×2的互联条组装的两种电池板，前者与后者比较，每块组件的功率净增1.5～2.5W。

3.1.3.3　涂锡焊带性能检测

涂锡焊带性能检测项目如表3－1－2所示。

表3－1－2　涂锡焊带性能检测项目

检验项目	检验内容	检测方法(使用工具)
包装	包装是否完好；确认厂家、规格型号以及保质期，涂锡焊带的保质期为6个月	目测
外观	涂锡焊带表面是否存在氧化黑点、锡层不均匀、扭曲、边部毛刺等不良现象	目测
尺寸	对比供货方提供的几何尺寸，宽度误差为±0.12mm，厚度误差为±0.02mm	游标卡尺、螺旋测微仪
可焊性	用320℃～350℃的温度正常焊接，焊接后太阳能电池主栅线上留有均匀的焊锡层为合格	电烙铁、助焊剂
折断性	取同批次规格长度相同的涂锡焊带10根，向一个方向弯折180°，折断次数不得低于7次	
蛇形弯曲度	将涂锡焊带拉出1m的长度，侧边紧贴直尺，测量侧边与直尺的最大间距要小于1.5mm	直尺
电阻率	截取1m长的待测涂锡焊带样品；用直流电阻测试仪测量其电阻值	直流电阻测试仪
抗拉强度和伸长率	裁剪一定长度的待测涂锡焊带样品，用万能试验机测量其抗拉强度和伸长率	万能试验机

1. 可焊性

(1)测试方法：

① 先用温度测试仪校准烙铁头到设定的焊接温度，再取一定数量的电池片，由操作熟练的工人，使用样品焊带焊接。

② 一般焊接条件：无氯免清洗助焊剂，焊接温度为320℃ ~350℃，焊接时间为2 ~3s，仅做参考。

(2)要求：

① 虚焊情况：以45°斜角作提拉动作，保证不脱落。

② 碎片情况：将碎片率控制在企业标准范围内。

③ 操作难易程度(焊锡熔化速度)：保证焊接速度为3s/条。

④ 满足使用要求。

2. 电阻率(ρ)

(1)测试方法：

① 提前半小时开启直流电阻测试仪进行预热。

② 截取1m长的待测涂锡焊带样品。

③ 将上述样品放置在一个干净的绝缘平板上。

④ 将直流电阻测试仪调至测试电阻率的挡位。

⑤ 用直流电阻测试仪的两个夹头夹住待测样品的两端，测试仪的显示屏上即可显示出电阻值。

(2)要求：$\rho \leqslant 0.0258\Omega \cdot mm^2/m$。

3. 伸长率

(1)测试方法：万能试验机。

① 裁剪一定长度的待测涂锡焊带样品，记录初始长度 L_1 并将之输入拉力试验机电脑测试软件相应的空格内。

② 用万能试验机上的夹子夹住上述样品的两端。

③ 开启万能试验机，开始拉伸待测样品，直到拉断。

④ 可以从万能试验机上读出该测试样品的伸长率和抗拉强度。

(2)要求：伸长率不小于15%。

4. 抗拉强度

(1)测试方法：拉力试验机(万能试验机)。

方法同上。

(2)要求：抗拉强度不小于200MPa。

5. 盐雾腐蚀试验

(1)测试方法：

① 将待测涂锡焊带样品焊接上1或2片电池片。

② 将其按照“玻璃/EVA/电池片/EVA/背膜”的顺序叠层好，在一定的层压固化工艺下进行小样品(小尺寸)制作。

③ 将上述样品放置在盐雾试验箱内并开启试验箱。

④ 连续测试1 000h后取出待测焊带样品。

(2)要求：待测样品表面无氧化腐蚀或色斑现象。

6. 湿热老化试验

(1)测试方法：

① 将待测涂锡焊带样品焊接上1或2片电池片。

② 将其按照“玻璃/EVA/电池片/EVA/背膜”的顺序叠层好，在一定的层压固化工艺下进行小样品(小尺寸)制作。

③ 将上述小样品放入湿热老化箱内，在85℃、85% RH的条件下持续1 000h后取出，用肉眼观察样品状况。

(2)要求：

① 焊带本身无氧化、发黄、发黑现象。

② 焊带附近区域的EVA无黄变、脱落现象。

3.1.3.4 涂锡焊带的储存与使用要点

(1)避光、避热、防潮，储存和搬运中不得使产品弯曲和包装破损。

(2)最佳储存条件：恒温(15℃~25℃)、恒湿(<60%)，用棉布或缠绕膜密封。

(3)在干燥、无腐蚀气体的室内储存，完整包装储存时间为半年，零散包装储存时间为3个月。

3.1.3.5 认识助焊剂

助焊剂是一种以松香为主要成分的液体助焊材料，在太阳能光伏组件生产中，通常选用不含铅无残留的助焊剂。图3-1-3所示为某公司生产的助焊剂。

常用助焊剂的组分可以基本概括为以下几个方面。

(1)溶剂：它能够使助焊剂中的各种组分均匀有效地混合在一起。目前常用的溶剂主要以醇类为主，如乙醇、异丙醇等，甲醇虽然价格成本较低，但因其对人体具有较强的毒害作用，所以目前已很少有正规的助焊剂生产企业使用甲醇。

(2)活化剂：它以有机酸或有机酸盐类为主，无机酸或无机酸盐类在电子装联焊剂中基本不被使用，在其他特殊焊剂中有时会被使用。

(3)表面活性剂：以烷烃类或氟碳表面活性剂为主。

(4)松香(树脂)：松香本身具有一定的活类等高效化性，但在助焊剂中被添加时它一般被作为载体使用，它能够帮助其他组分有效发挥其应有作用。

(5)其他添加剂：除以上组分外，对助焊剂往往根据具体的要求而添加不同的添加剂，如光亮剂、消光剂、阻燃剂等。

图3-1-3 某公司生产的助焊剂

常用助焊剂应满足以下几点基本要求：

(1)具有一定的化学活性(保证去除氧化层的能力)。

(2)具有良好的热稳定性(保证在较高的焊锡温度下不分解失效)。

(3)具有良好的润湿性，对焊料的扩展具有促进作用(保证较好的焊接效果)。

(4)留存于基板的焊剂残渣，对焊后材质无腐蚀性(基于安全性能考虑，对于水清洗类或明示为清洗型焊剂应考虑在延缓清洗的过程中有较低的腐蚀性，或保证较长延缓期内的腐蚀性是较弱的)。

(5)需具备良好的清洗性(不论何类焊剂，不论是否清洗型焊剂，都应具有良好的清洗性，在确实需要清洗的时候，都能够保证有适当的溶剂或清洗剂进行彻底的清洗(因为助焊剂的根本目的只是帮助焊接完成，而不是要在被焊接材质表面做一个不可去除的涂层)。

(6)各类型焊剂应基本达到或超过相关国家标准、行业标准或其他标准对相关焊剂一些基本参数的规范要求(达不到相关标准要求的焊剂，严格意义上讲是不合格的焊剂)。

(7)焊剂的基本组分应对人体或环境无明显公害或已知的潜在危害(环保是当前一个世界性的课题，它关系到人体、环境的健康、安全，也关系到行业持续性发展的可能性)。

对于助焊剂的储存应注意：助焊剂属于易燃液体，一般不能与电池片、EVA、背板存放在同一仓库，应单独存放或远离其他材料存放。

3.1.4 相关知识

3.1.4.1 焊带质量对光伏组件效率的影响

焊带质量，如可焊性、焊带电阻等，会影响焊接质量，进一步影响光伏组件的功率损失。光伏组件的功率损失除了失配损耗、光学损耗、热损耗等外，串联电阻损耗(包括连接电池片的焊带本身的电阻、焊接不良导致的附加电阻、焊带与电极之间的接触电阻等)也不能忽略。光伏组件串联电阻损耗会增加封装功率损失。董仲等人研究发现，焊带电阻主要由焊带本身的尺寸规格和铜基材的材质决定，表面涂锡层的成分不会明显影响焊带电阻。在不增加遮光和不影响碎片率的前提下，增加焊带宽度或者厚度，能降低焊带电阻，从而降低组件串联电阻，提高填充因子和峰值功率，减少封装功率损失。

3.1.4.2 助焊剂的工作原理

在焊接过程中，助焊剂通过自身的活性物质的作用，去除焊接材质表面的氧化层(如焊盘及元件管脚的氧化物)，并且还能保护被焊材质在焊接完成之前不再氧化，使焊料合金能够很好地与被焊接材质结合并形成焊点；同时助焊剂中的表面活性剂使锡液及被焊材质之间的表面张力减小，增强锡液流动、浸润的性能，保证锡焊料能渗透至每一个细微的钎焊缝隙；在锡炉焊接工艺中，在被焊接体离开锡液表面的一瞬间，因为助焊剂的润湿作用，多余的锡焊料会顺着管脚流下，从而避免了拉尖、连焊等不良现象，帮助焊接完成。

3.1.5 可练习项目

(1)采用低电阻测试仪测量不同规格涂锡焊带的电阻率，并对试验数据进行处理和分析。

(2)采用万能试验机测量不同规格涂锡焊带的伸长率和抗拉强度，并对试验数据进行处理和分析。

任务3.2 焊接设备

3.2.1 任务目标

了解光伏组件生产常用的焊接设备的性能；掌握电烙铁的使用方法和保养、常见故障的解决方法。

3.2.2 任务描述

焊接设备主要用于太阳能电池片的串并联连接。本任务主要是让学生了解光伏组件生产常用的焊接设备的性能；掌握电烙铁的使用方法和保养、常见故障的解决方法，为以后的学习焊接工艺打下基础。

3.2.3 任务实施

3.2.3.1 认识常见的焊接设备(电烙铁)

恒温焊接台如图3-2-1所示。

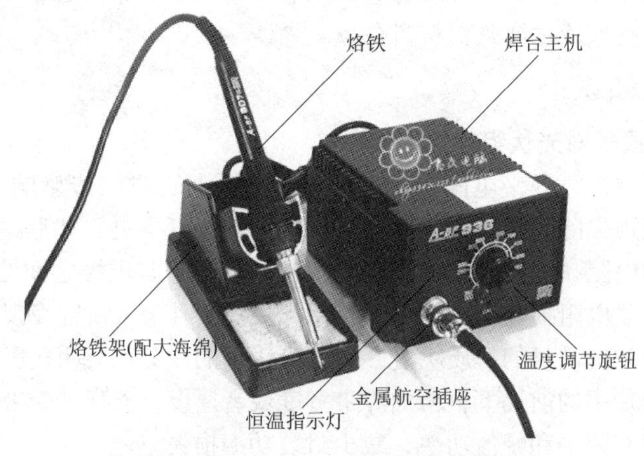

图3-2-1 恒温焊接台

1. 焊接工具

(1)清洁海绵。使用焊台前先用水浸湿清洁海绵，再挤出多余的水分。如果使用干燥的清洁海绵，会使烙铁头受损而导致不上锡。

(2)烙铁头的清理。焊接前先用清洁海绵清除烙铁头上的杂质，以保证焊点不出现虚焊、脱焊现象，降低烙铁头的氧化速度，延长烙铁头的使用寿命。

(3)烙铁头的保护。先将焊台温度调至250℃，然后清洁烙铁头，再覆上一层新焊锡作为保护层，将烙铁头和空气隔离，避免烙铁头的氧化。

(4)氧化的烙铁头的处理方法。当烙铁头已经氧化时，可先将焊台温度调至250℃，用清洁海绵清理烙铁头，并检查烙铁头的状况。如果烙铁头的镀锡层部分含有黑色氧化物，可镀上新锡层，再用清洁海绵擦拭烙铁头。如此反复清理，直到彻底去除氧化物，然后再镀上新锡层。如果烙铁头变形或穿孔，必须更换新的烙铁头。注意：切勿用锉刀剔除烙铁头上的氧化物。

用80号的聚亚安酯研磨泡沫或100号金刚砂纸除去烙铁头镀锡面上的污垢和氧化物。

清理完毕后，打开焊台电源，边加热边用内含松香的焊锡丝涂抹烙铁头镀锡层表面，直到焊锡镀满镀锡面为止。

2. 电烙铁的保养

(1)烙铁头的使用和保养。

① 在保证焊接质量的前提下，尽量选择较低的焊接温度。

② 应定期使用清洁海绵清理烙铁头。

③ 不用电烙铁时，应抹干净烙铁头，镀上新焊锡，防止烙铁头氧化。

④ 不使用电烙铁时，不可让电烙铁长时间处在高温状态。

(2)常见故障和解决方法。

① 恒温台不能工作：保险丝是否烧断；电烙铁内部是否短路；发热元件的引线是否扭曲和短路等。

② 烙铁头不升温或断断续续升温：电线是否破损；插头是否松动；发热元件是否损坏等。

③ 烙铁头沾不上焊锡：烙铁头温度是否过高；烙铁头是否清理干净等。

④ 烙铁头温度太低：烙铁头是否清理干净；电烙铁温度是否校准等。

⑤ 温度显示闪烁：电烙铁引线是否破损；焊接点是否过大。

3.2.3.2　电烙铁温度的检测

电烙铁温度的波动会影响到太阳能电池的焊接质量，这里采用电烙铁温度测试仪对电烙铁的烙铁头温度进行监控，保证其温度在正常的工作温度范围内，如图3-2-2所示。

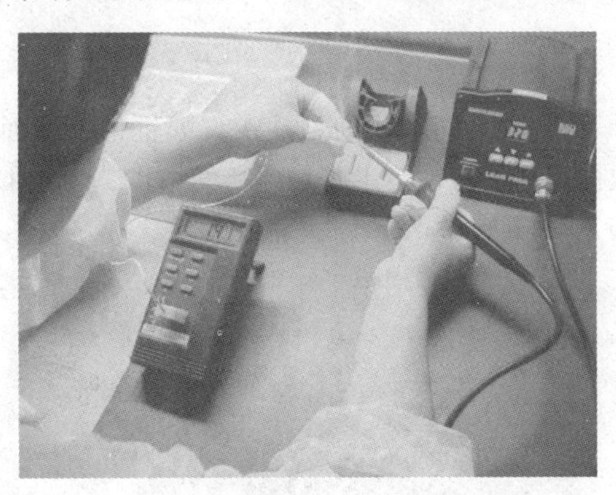

图3-2-2　电烙铁温度测试仪的使用

3.2.4　相关知识

1. 电烙铁的结构和加热原理

电烙铁是手动焊接的主要工具，根据加热方式的不同，可以分为直热式、恒温式、感应式等。

直热式电烙铁又可以分为外热式和内热式两种电烙铁。内热式电烙铁通常由烙铁头、烙铁芯、弹簧夹、连接杆和手柄组成，如图3-2-3所示。内热式电烙铁的烙铁芯安装在烙铁头里，其热传导率比外热式电烙铁高，是手动焊接最常用的焊接工具。

恒温式电烙铁的烙铁头的温度可以始终被控制在某一设定的温度。恒温式电烙铁通常由烙铁头、加热器、控温元件、永久磁铁、加热器控制开关和手柄组成。当恒温电烙铁接通电

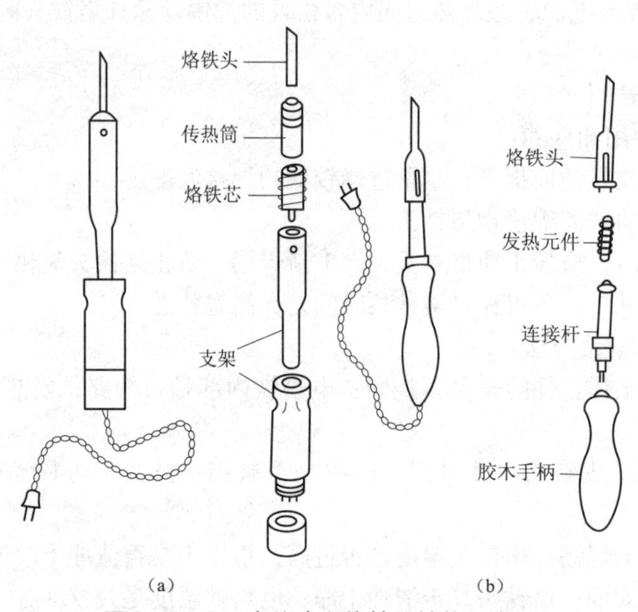

图3-2-3　内热式电烙铁的结构示意图

源后，加热器工作，使得烙铁头的温度不断上升，当达到设定温度时，磁铁温度超过居里点而磁性消失，从而使磁芯触点断开，这时加热器停止对烙铁头加热；当烙铁头温度降低至居里点时，磁铁恢复磁性，磁芯触点接通，加热器对烙铁头加热。磁芯触点的通断实现了烙铁头的恒温。

2. 电烙铁的选用

根据焊接面的不同，要选取不同形状的烙铁头，如锥形、圆面形、圆尖锥形等，如图3-2-4所示。此外，根据焊料的特性，主要是焊料的熔点，要选取可以提供合适的焊接温度的电烙铁功率，如表3-2-1所示。

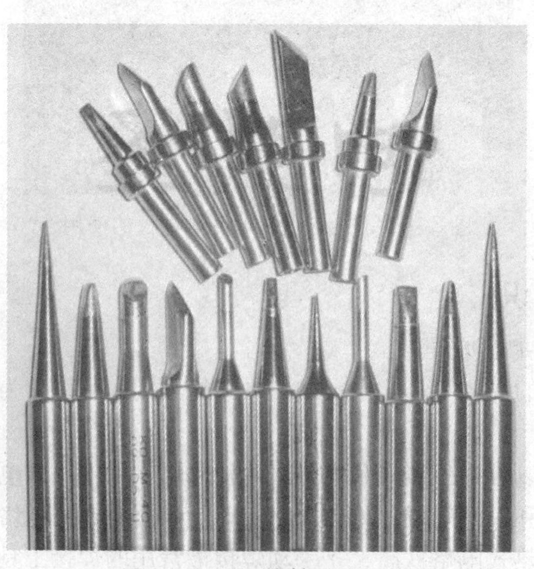
图3-2-4　烙铁头的形状

表3-2-1　电烙铁温度的选择

烙铁头的温度/℃(室温，200V)	选用电烙铁
300~400	20W内热式、恒温式；30W外热式、恒温式
350~450	30~50W内热式、恒温式；50~70W外热式
400~550	100W内热式；150~200W外热式
500~630	300W外热式

3.2.5　可练习项目

(1)电烙铁温度的校准：焊接过程中烙铁头温度的观测。

(2)电烙铁的保养。

(3)通过调研，总结电烙铁焊接技术。

(4)通过调研，画出恒温电烙铁的结构示意图，并说明其工作原理。

任务3.3　焊接工艺

3.3.1　任务目标

掌握焊带的制备方法；掌握太阳能电池片单焊、串焊的操作方法，以及焊后检查方法。

3.3.2　任务描述

电池片的焊接是将汇流带焊接到电池正面(负极)的主栅线上，汇流带为镀锡的铜带，不正确的焊接工艺将会引起组件功率低下和逆电流增加。本任务主要是让学生掌握焊带的制备方法；掌握正确的太阳能电池单片焊接、串联焊接的操作方法，以及焊后检查方法。

3.3.3　任务实施

3.3.3.1　太阳能电池片单焊

单焊也叫单片焊接，是指在电池片正面主栅线上焊接两条焊带。

1. 单焊焊接操作

(1)互联带的选用应符合设计文件。

(2)领取电池片并进行检查；领取浸泡好的焊带，放在加热台前，待焊接的电池片放置在左上方顺手的位置，每次只取一片电池片。

(3)将电池片正面向上放在单焊加热台上。

(4)用左手直接拿或用镊子夹住焊带前端1/3处，平放在电池片的主栅线上，焊带要与主栅线对齐，焊带前端距离电池片右边边缘约2mm；右手拿电烙铁手柄，电烙铁和电池片成45°角焊接。

(5)焊接时将烙铁头置于焊带上，起焊点应超出焊带头约1mm，待焊带头的焊锡熔化后，从右往左用力均匀地一次性推焊，焊接过程中烙铁头的平面应始终紧贴焊带，不能停顿，当焊到末端时，距电池片左端约4~6mm处停止，并顺势提起电烙铁，快速离开电池片。

(6)先焊接电池下方的主栅线焊带，后焊接上方的主栅线焊带。

(7)在焊接过程中，个别焊接不牢的地方，需要用棉棒蘸取助焊剂，涂在焊带上，稍微干燥后再次补焊。

(8)将焊接完毕的电池片正面朝上，放置于轻软物品上。

电池片单片焊接如图 3-3-1 所示。

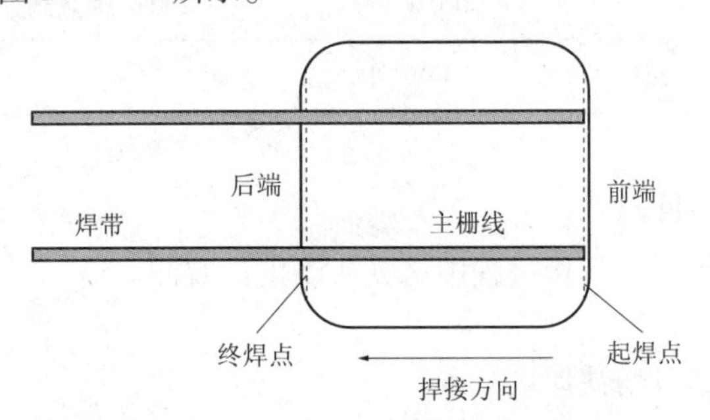

图 3-3-1　电池片单片焊接示意图

2. 单片焊接工艺的技术规程

(1)对焊接用电烙铁的温度在开始作业前和每使用 4h 时必须校准一次。

(2)将加热板温度设定在 50℃。

(3)焊接温度为 350℃ ~380℃(根据焊料熔点而定)。

(4)焊接速度为 30 ~40mm/s(125 单晶电池为 3 ~4s；156 多晶电池为 4 ~5s)。

(5)每条互联条的虚焊率不大于 30%。

(6)互联条的浸泡时间不允许超过 5s(参考阻焊剂的使用方法)。

(7)浸泡互联条的助焊剂每次用量要适度，盖盖浸泡，随开随盖。使用超过 16h 的助焊剂不得再用。

(8)浸泡后的互联条必须待助焊剂晾干后使用。

3.3.3.2　太阳能电池片串焊

串焊又叫串联焊接，是指将单片焊接好的电池片按照工艺要求的数量一片片串联焊接起来。与电池片单片焊接一样，不正确的焊接工艺将会引起组件功率低下和逆电流增加。

1. 串焊焊接操作

(1)将单焊后电池片露出部分的焊带均匀涂上助焊剂，助焊剂不能碰到电池片，待其晾干。

(2)按工艺要求将电池片按等间距排好，焊带落在下一片电池片的背电极内，如有模版，可按模版进行电池片的定位。

(3)用左手手指轻压住焊带和电池片，避免相对位置移动，右手用电烙铁从电池片的左边缘起焊，待焊带上的焊锡熔化后，从左到右一次性焊接。

(4)当焊到焊带末端时，电烙铁往下滑，顺势将焊锡拖走。

(5)焊接时，烙铁头和电池片成 45°角。

(6)焊接下一片电池片时，要保证上一片电池片的位置正确。

(7)在每串串联电池组的最后一片电池片的主背电极上焊两条焊带。

(8)焊接过程中要随时检查背电极与正面焊带是否在同一直线上，防止片与片之间焊带错位。

2. 串联焊接工艺的技术规程

串联焊接工艺与单片焊接工艺的技术规程基本相同，但需要注意下面几点：

(1)串联焊接电池片时，电池片与电池片之间的最小距离为(2 ±0.5)mm。

(2)将焊带均匀地焊在主栅线内，焊带与电池片的背电极错位不能大于0.5mm。

(3)每一单串各电池片的主栅线应在一条直线上，错位不能大于1mm。

(4)保持电池片表面清洁。

(5)单片完整，无损伤。

3.3.3.3　焊后检查

1. 单焊焊接的焊后检查

(1)焊接的前三片要进行拉力试验，拉力不小于3N为合格(按工艺要求)。

(2)外观检查，无裂纹、残缺；焊接面平整均匀、光滑，焊带无弯曲，如图3－3－2所示。

(3)无虚焊、漏焊现象，焊接可靠，用手沿45°左右方向轻轻提起焊带条不脱落，如图3－3－3所示。

2. 串焊焊接的焊后检查

(1)焊接好后的电池串是否成一条直线，电池片之间的间距是否准确一致。

(2)外观检查，焊接面是否平整光滑，有无裂纹。

(3)检查电池串正面是否有因为焊接背电极而造成正面的开焊、虚焊、毛刺等现象出现。

(4)检查正面焊带附近是否有多余的助焊剂结晶物，并用酒精擦拭；擦拭时需用无纺布蘸少量酒精，顺着焊带小面积轻轻擦拭。

(5)当把已焊上的互联带焊接取下时，主栅线上应留下均匀的银锡合金；互联带焊接光滑，无毛刺，无虚焊、脱焊，无锡珠堆锡。

图3－3－2　电池片单片焊接后检查是否焊接光滑

(6)焊接平直，牢固，用手沿45°左右方向轻提焊带不脱落。

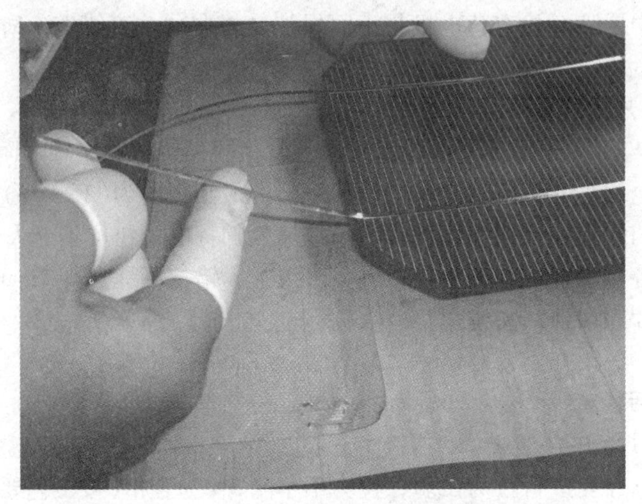

图3－3－3 电池片单片焊接后检查焊接是否可靠

3.3.4 相关知识

3.3.4.1 焊接工艺参数

在晶体硅太阳能电池的焊接过程中，除了电池片本身的质量因素外，影响焊接效果的主要因素有以下几个方面：焊接工艺参数（焊接温度、焊接时间等）、助焊剂的选择、焊带焊料的选择以及操作者的操作规范等。

（1）焊接温度。通常选择的焊接温度高于焊料熔点25℃～60℃，不易过高，否则将使电池片变形，因局部过热而产生缺陷。

（2）焊接时间。取决于焊料和电池片电极之间作用的剧烈程度，适当的焊接时间有利于焊料与电池片之间的相互扩散、浸润，形成牢固的接触。

焊接工艺参数取决于焊料和电池片电极所用的浆料，其中焊接温度和焊接时间的影响最大。在单焊和串焊中，焊接的温度直接影响太阳能电池组件的焊接质量，电池片放置在焊接面板上操作，焊接面板一般维持在50℃左右，起传热和使电池片受热均匀的作用，避免局部受热。在焊接过程中，由于烙铁温度较高，对电池片形成了一定温差，有热的冲击。如果焊接温度偏低，一方面焊面上的氧化层不易除去，会出现沙粒一样的粗糙麻点，而且主栅线不到一定温度值时也不能与锡形成很好的欧姆接触，表面看起来是焊接上的，但不是真正意义上的合金连接，形成虚焊，同时也导致操作效率偏低；而焊接温度偏高，又会使电池片由于热应力而产生变形，导致隐裂和碎片的产生。同时，焊接过程中焊料中是否含铅也决定着焊接的温度，100%锡的熔点为232℃，一定比例的含铅量会降低其熔点，目前使用最多的含铅焊料SnPbAg62/36/2的熔点为190℃，无铅焊料SnAg96，5/3，5的熔点为221℃，常规的无铅焊料的熔点温度比含铅焊料的熔点温度高出30℃，所以无铅焊料的使用会增加焊接过程中的焊接温度，更容易产生隐裂。目前Sn－Bi系共晶焊料的熔点为138℃，但是其可靠性不强。Sn－Bi系焊料的熔点可以通过调整Bi的含量来控制，使其接近于锡铅焊料，其是无铅焊料研究的重点。

对于手工焊，除了考虑焊料熔点的问题外，还需要考虑焊接过程中电烙铁头接触涂锡带后，需要传热给涂锡焊带使其温度升高，这需要热量；焊料由固体变为液体也需要吸收热量；助焊剂的挥发同样需要热量；要想熔化的焊料能顺利流入基体（这里就是主栅线）与焊接的基体材料形成合金，主栅线也必定要有一定的温度，否则熔化的焊料浇淋于冷的焊接基体上不能形成合金。综合以上因素，目前一般单晶单焊的温度为320℃～330℃，多晶的温度为330℃～350℃，串焊的温度为330℃～360℃，根据焊料焊带电池片的质量差异和基板温度的不同而各有不同。

在焊料的选择上，应选择与太阳能电池正面电极栅线浸润性好的焊料，这样可以增大焊料与电极的接触面积，提高焊接后的附着力和可靠性。焊料和不同银浆电极的作用如图3－3－4所示。

图3－3－4　焊料和不同银浆电极的作用

3.3.4.2　焊接生产工序中的品质控制

(1)统计焊接生产工序中出现的缺陷种类。焊接生产工序中常见的缺陷包括组件中有异物，电池片的裂片、缺角、碎角，组件串与串之间的间隙，汇流条与电池片间间距不均匀，玻璃上有气泡、划伤，电池片电极上存在虚焊、漏焊现象，焊带焊接出现错位，电池片色差超标，EVA或PET裁剪尺寸偏大或偏小等。

(2)采用品质管理工具中的Pareto图、鱼骨图等分析方式，对统计出的各种缺陷数量做相应的分析图表，如表3－3－2、图3－3－5所示。

表3－3－2　某企业2009年6月第一周焊接工序质量问题统计表

缺陷总数	缺陷种类	数　量	百分比/%	累计百分比/%
88	异物	26	29.55	29.55
88	裂片	23	26.14	55.68
88	缺角	14	15.91	71.59
88	拼接间隙	13	14.77	86.36
88	碎角	3	9.09	95.45
88	玻璃问题	3	3.41	98.86
88	汇流条问题	1	1.14	100
88	其他	0	0	100

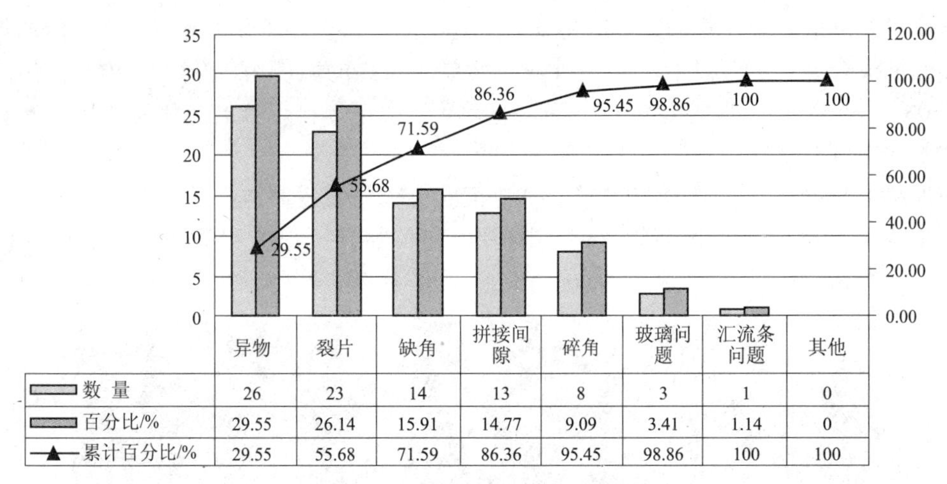

	异物	裂片	缺角	拼接间隙	碎角	玻璃问题	汇流条问题	其他
数 量	26	23	14	13	8	3	1	0
百分比/%	29.55	26.14	15.91	14.77	9.09	3.41	1.14	0
累计百分比/%	29.55	55.68	71.59	86.36	95.45	98.86	100	100

图 3 –3 –5　焊接工序质量问题统计

(3)从图表中分析并列出各缺陷出现的原因，如图 3 –3 –6 所示。

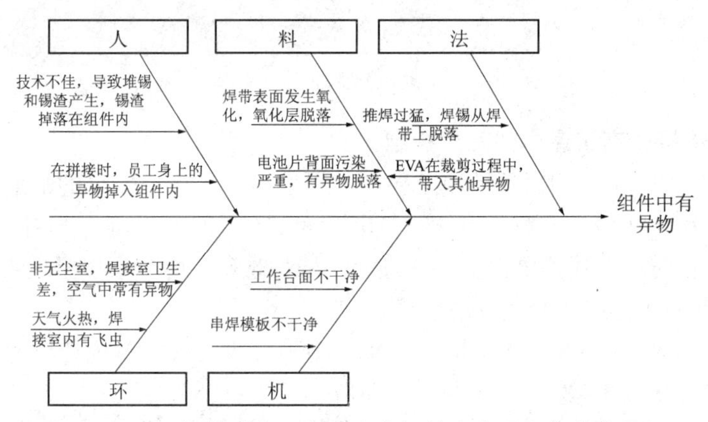

图 3 –3 –6　焊接生产工序中光伏组件中出现异物的鱼骨图

(4)通过对各种原因的分析，针对每一个原因找到合理科学的解决办法。

(5)制定合理科学的措施并有力地执行。

① 人：

(a)加大对新员工的工艺培训力度。

(b)提高员工的技术熟练程度。

(c)在上班期间，控制员工衣着上的任何饰物和外漏的物品。

(d)加大员工对工艺质量问题的理解。

② 环：

(a)每日做好车间的“6S 工作”，将焊接室与车间其余工序分隔开来，禁止其他工序的人员到焊接室内走动。

(b)夏季时，在焊接室内放置灭蚊设备。

③ 机：每日做好设备的维护和清洁工作。

④ 料：

(a)加大对原材料来料检验的力度，做到严进宽出。

(b)对于不符合工艺要求的原料，坚决不使用，并上报组长。

(c)同样，EVA裁剪间必须与其余工序分隔开来，保持裁剪间工作台面干净，无其他异物。

⑤ 法：

(a)强化员工的细节意识，做到知其然也知其所以然。

(b)给员工解释在操作过程中不能动作过猛的原因，提高其认识。

(c)从缺陷中占有比例最高的缺陷开始解决，然后再逐一解决比例低的缺陷。

(d)按照每周统计的方式进行，到月底进行总结并检查执行的效果。

(e)对各工序按照出现不良缺陷的频率进行考核。

(f)定期对员工进行有效的工艺培训，提高员工的质量意识。

(g)使用大量实用的表单及8D报告。

3.3.5　可练习项目

(1)按照工艺要求对太阳能电池片进行单焊操作，并进行焊后质量检查。

(2)按照工艺要求对单焊好的太阳能电池片进行串焊操作，并进行焊后质量检查。

(3)分析焊接生产工序中光伏组件内部出现裂片的原因，并参照焊接生产工序中光伏组件中出现异物的鱼骨图，画出出现裂片的鱼骨图，并试着给出解决问题的办法。

模块 4

光伏组件的叠层铺设与中测工艺

任务 4.1　认识光伏组件的封装材料

4.1.1　任务目标

了解面板玻璃，EVA 胶膜，TPT 背板，铝合金边框，有机硅胶的性能特点，储存、使用要点，以及检验项目的内容和方法。

4.1.2　任务描述

光伏组件的封装材料包括面板玻璃、EVA 胶膜、TPT 背板、铝合金边框、有机硅胶等。不同的封装材料、封装材料的规格参数都会对光伏组件的性能产生重大影响。本任务主要是让学生了解这些光伏组件封装材料的性能特点，储存、使用要点，以及检验项目的内容和方法，为以后学习层压、装框等任务打下基础。

4.1.3　任务实施

4.1.3.1　认识面板玻璃

太阳能电池组件钢化玻璃是光伏产业链中的一环，属于太阳能电池组件原材料的范畴，主要依附于太阳能电池的发展而发展。从目前光伏技术的发展趋势来看，晶体硅太阳能电池组件、非晶硅薄膜太阳能电池组件、光伏建筑一体化工程对钢化玻璃的使用要求越来越高，这同样说明了钢化玻璃市场具有潜力，如表 4 - 1 - 1 所示。

表 4 - 1 - 1　2010—2013 年封装用钢化玻璃的市场需求

项　　目	2010 年	2011 年	2012 年	2013 年
全球太阳能电池组件产量/GW	16. 10	20. 73	26. 08	34. 96
中国太阳能电池组件产量/GW	8. 05	10. 37	13. 04	17. 48
封装组件的钢化玻璃(内需)/万 m^2	5 749	7 404	9 316	12 485
组件用封装钢化玻璃(总量)/万 m^2	10 301	12 866	15 870	20 350

光伏玻璃的主要成分是二氧化硅，其主要是起网络形成体的作用，所以其用量占玻璃组分中的一大半；第二大成分是纯碱，主要提供氧化钠，可以降低玻璃的熔制温度；再者是石灰石，即碳酸钙和氧化镁，它们的主要作用是调整玻璃的黏度在一个合适的值，使玻璃成型时间缩短或延长，以满足成型的要求；其还引入氧化铝原料，以提高玻璃的物理化学性能，如强度、化学稳定性等；最后是碳和芒硝，两个联合使用，主要作用是作为澄清剂，以排除玻璃中的气泡，使玻璃中的气泡尽量少，以来提高玻璃的透过率。

用作光伏组件封装材料的钢化玻璃，对以下几点性能有较高的要求：

(1)抗机械冲击强度。

(2)表面透光性。

(3)在太阳能电池光谱响应的波长范围内(320～1 100nm)透光率达91%以上，对于大于1 200nm 的红外光有较高的反射率。此玻璃同时能耐太阳紫外光线的辐射，透光率不下降。

(4)弯曲度。

(5)外观。

(6)玻璃要清洁无水汽，不得裸手接触玻璃两表面。

1. 面板玻璃的储存与使用要点

(1)避光、防潮，平整堆放，用防尘布覆盖。

(2)最佳储存条件：恒温干燥的仓库，温度为25℃～30℃，相对湿度为45%。

(3)面板玻璃表面要清洁无水气，不得裸手接触玻璃表面。

(4)面板玻璃可采用木箱、纸箱或集装箱包装，每箱宜装同一厚度、尺寸的玻璃。

(5)玻璃与玻璃之间、玻璃与箱之间应采取防护措施，防止玻璃破损和玻璃表面被划伤。

(6)面板玻璃在搬运和清洗过程中应轻拿轻放，注意安全。

(7)面板玻璃表面不能接触硬度较高的物品，以防划伤。

(8)不要用报纸擦拭玻璃。

(9)擦拭玻璃时最好用吸湿性较好且不产生碎屑的干布蘸无水乙醇进行擦拭。

2. 面板玻璃在使用中遇到的问题

(1)钢化玻璃的自爆。

(2)非晶硅玻璃层和后沿导线的断裂。

(3)作为顶棚玻璃受到日晒和积雪等环境载荷的性能退化、强度衰减。

(4)作为建筑构件的老化和坠落风险。

(5)减反膜(AR 膜)的脱落。

3. 面板玻璃的性能

对于面板玻璃，主要关注其光学性能，包括透射率、反射率、遮蔽系数等，此外是安全性能，包括抗冲击性能、碎片状态等。不同类型面板玻璃的主要性能参数及应用范围如表4－1－2所示。面板玻璃的光学性能如图4－1－1 所示，钢化颗粒度示意图如图4－1－2 所示。

表 4－1－2　不同类型面板玻璃的主要性能参数及应用范围

性能参数	绒面玻璃	光面玻璃	增透镀膜玻璃
可见光透射率/%	91.68	91.86	96.07
可见光反射率/%	7.93	7.51	1.03
太阳光直接透射率/%	91.81	91.88	96.07
太阳光直接反射率/%	7.63	7.64	—
太阳光直接吸收率/%	0.94	0.94	—
紫外线透射率/%	86.01	85.03	—
太阳能总透射率/%	91.93	92.01	96.09

续表

性能参数	绒面玻璃	光面玻璃	增透镀膜玻璃
遮蔽系数	1.03	1.03	—
检验标准	GB/T 2680—1994《建筑玻璃可见光透射比、太阳光直接透射比、太阳能总透射比、紫外线透射比及有关窗参数的测定》		
钢化颗粒度	5cm×5cm 范围内不少于 40 粒		
钢化玻璃的平整度	0.1% 以内		
应用范围	光伏组件、太阳能热水器、太阳能集热器、温室大棚等	太阳能薄膜电池组件、太阳能光电幕墙、聚集型太阳能电池组件、太阳能夹胶玻璃组件和中空玻璃组件、太阳能平板集热器、LED 灯具等	

注：1. 遮蔽系数是指玻璃遮挡或抵御太阳光能的能力，英文为 Shading Coefficient，缩写为 Sc，在我国 GB/T 2680 中其被称为遮蔽系数，缩写为 Se，定义：其是指太阳辐射总透射比与 3mm 厚普通无色透明平板玻璃的太阳辐射的比值。遮蔽系数越小，阻挡阳光热量向室内辐射的性能越好。绒面(或光面)玻璃的遮蔽系数较高，约为 1.03，应理解为此玻璃能透过的太阳热量是标准 3mm 白玻璃透过热量的 103%。

2. 钢化颗粒度是指玻璃破碎后形成的颗粒粗细的程度。

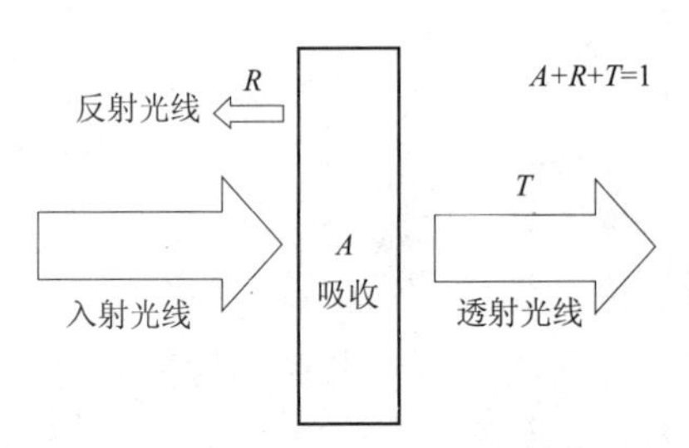

图 4－1－1　面板玻璃光学性能示意图

图 4－1－2　钢化颗粒度示意图

4. 面板玻璃的检验

目前光伏面板玻璃没有相应的国际标准可以参照。国内外的相关企业一般自行制定自己的企业标准用于生产控制和检验。如英利公司对光伏面板玻璃的检验参考了 GB/T 9963—1998《钢化玻璃国家检验标准、法国圣戈班玻璃检验标准》、QB－0041001《天津耀华玻璃检验标准》和 GB 2828—1987《检验标准》。光伏面板玻璃的检测内容通常包括三个方面，如表 4－1－2所示。

表4-1-2　光伏面板玻璃的检测内容

一般性能	外观质量
	尺寸(长度、宽度、厚度、对角线)及允许偏差
	弯曲度
光学性能	可见光透射比
	太阳光直接透射比
	铁含量
安全性能	抗冲击性能
	碎片状态
	耐热冲击性能

(1)外观质量检验。

检验方法：目测、手感。需要时，可使用钢卷尺、千分尺、塞尺、平台、直尺测量缺陷长度。依据GB/T 2828.1—2003《二次抽样方案》按箱进行抽检。

(2)尺寸检验。

检验工具：使用钢卷尺、千分尺测量。

检验方法：用钢卷尺测量钢化玻璃的长度、宽度、对角线；用千分尺测量厚度，与图纸或“技术协议”、国家标准相比较，看其是否符合要求。

(3)机械强度检验。

检验工具：使用重1 040g、表面光滑的小钢球以及钢卷尺。

检验方法：用物品(如对应的铝型材)将钢化玻璃样品撑起，然后将重1 040g的小钢球放在距离试样表面1 000mm的高度，使其自由落下进行冲击试验，冲击点在距试样中心25mm的范围内。对每块试样在同一位置上的冲击仅限1次，以观察其是否被破坏。

(4)钢化粒度。

测试工具：使用冲击笔、胶带进行试验。

检验方法：

① 将玻璃平放在箱体内，边缘四周固定，在玻璃的最长边中心线上距离周边20mm左右的位置，用冲击笔进行冲击。

② 在冲击玻璃破碎后10s到3min内对样品碎片进行计数。碎片计算时应去除距离冲击点80mm及距边缘20mm范围内的部分，取样品中碎片最大的部分，在这部分中用50mm×50mm的方框，计算框内的碎片数，横跨方框边缘的碎片按1/2个碎片计数。

(5)弯曲度。

检验工具：使用钢板尺、塞尺进行试验。

检验方法：

① 将试样在室温下放置4h以上，测量时把试样垂直立放，并在其长边下方的1/4处垫上2块垫块。

② 用一直尺或金属线水平紧贴制品的两边或对角线方向，用塞尺(见图4-1-3)测量直线边与玻璃之间的间隙，并以弧的高度与弦的长度之比的百分率来表示弓形时的弯曲度。

图4－1－4为面板玻璃弯曲度检测示意图。

③ 进行局部波形测量时，用一直尺或金属线沿平行玻璃边缘25mm的方向进行测量，测量长度为300mm。用塞尺测得波谷或波峰的高，并除以300mm后的百分率表示波形的弯曲度。

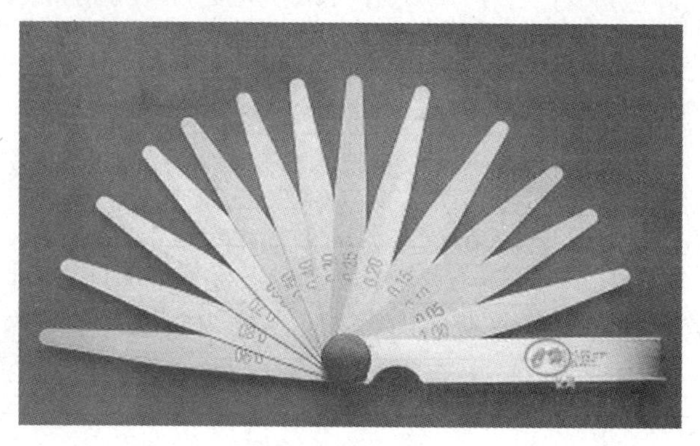

图4－1－3 塞尺

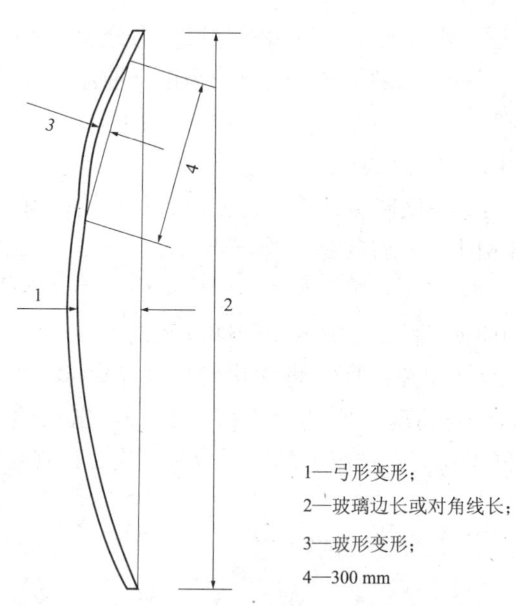

图4－1－4 面板玻璃弯曲度检测示意图

(6)其他性能检验。

面板玻璃其他性能的检测标准和测试方法如表4－1－3所示。

表4－1－3 面板玻璃其他性能的检测标准和测试方法

检验项目	标准要求	测试方法
透光率(350～1800nm)	≥91%	ISO 9050—2003
耐热冲击性	温差不被破坏	
湿热试验	1 000h后，不允许出现泛碱、变色、白斑等任何影响光线透过的现象	IEC 61215—2005，IDT 10.13
耐风压性能	>5 400Pa	IEC 61215—2005，IDT 10.13

4.1.3.2　认识 EVA 胶膜

目前，晶体硅太阳能电池的主要封黏材料是 EVA，它是乙烯与醋酸乙烯脂的共聚物，其化学式结构如图 4－1－5 所示。

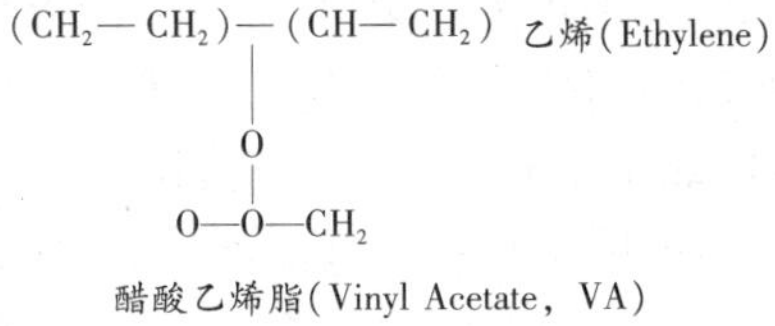

（CH_2— CH_2）—（CH— CH_2） 乙烯(Ethylene)

|

O

|

O—O—CH_2

醋酸乙烯脂(Vinyl Acetate，VA)

图 4－1－5　EVA 的化学式结构

EVA 胶膜是一种受热会发生交联反应，形成热固性凝胶树脂的热固性热熔胶。图 4－1－6 所示为 EVA 发生交联反应示意图。常温下其无黏性而具抗黏性，方便操作，经过一定条件热压便发生熔融粘接与交联固化，并变得完全透明。长期的实践证明，它在太阳能电池封装与户外使用均获得相当令人满意的效果。

EVA 胶膜在未层压前是线性大分子，当受热时，发生交联反应，交联剂分解，形成活性自由基，引发 EVA 分子间反应形成网状结构，从而提高 EVA 的力学性能、耐热性、耐溶剂性、耐老化性。

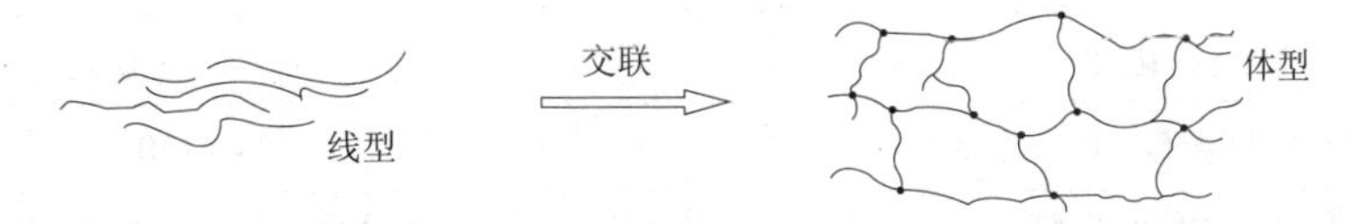

图 4－1－6　EVA 发生交联反应示意图

固化后的 EVA 具有弹性，将太阳能电池组包封，并和上层保护材料玻璃、下层保护材料 TPT(聚氟乙烯复合膜)，通过真空层压技术粘合为一体。另一方面，它和玻璃黏合后能提高玻璃的透光率，起到增透的作用，从而提升光伏组件的输出功率。

1. EVA 的主要组成分与主要性能参数之间的关系

EVA 胶膜主要由 EVA 主体、交联剂体系(包括交联引发剂和交联剂)、阻聚剂、热稳定剂、光稳定剂、硅烷偶联剂等组成。EVA 的主要成分对 EVA 性能的影响如表 4－1－4 所示。

表 4－1－4　EVA 的主要成分及其对性能的影响

名　称	对性能的影响
VA 含量	VA 含量越高，流动性越大，软化点越低，黏结性能越好，极性越大
分子量及分布	分子量越高，流动性越差，整体力学性能越好
交联剂体系	决定 EVA 的固化温度与固化时间。好的交联剂体系可以降低气泡产生的可能性，同时残留的自由基少，可减少不稳定因素
阻聚剂	主要用来延缓交联反应的时间，有利于抽真空时气泡的排除
抗氧剂	提高 EVA 的抗氧化性能
光稳定剂	提高 EVA 的耐紫外黄变，捕捉自由基，延缓 EVA 老化
硅烷偶联剂	提高 EVA 与玻璃的黏结强度

2. EVA 胶膜的技术要求

光伏组件中存在上下2层EVA。上层的EVA胶膜不仅要求具有较高的透光率(0.5mm厚胶膜在400～1 100nm波长范围内的透光率应大于91%)以及较高的抗紫外线、抗热辐射性，还需要具有良好的绝缘性能、耐温度交变性(－60℃～90℃)以及可靠的粘接性。下层的EVA胶膜除具有上述性能外，还需要具有良好的导热性，以便将硅电池片上积聚的热量尽快消散，避免硅电池光电转化效率下降较快。有资料表明，温度的升高会导致电池效率的下降，在没有考虑电池冷却的情况下，太阳能电池的工作温度可达到70℃或更高，此时电池的实际功率将比标准条件下的功率减少18%～29%。EVA的主要性能指标如表4－1－5所示。

表4－1－5　EVA 的主要性能指标

性　能	指　标
玻璃化转变温度/℃	＜－40
工作温度/℃	－40～90
模量/MPa	＜20.7
可水解性	80℃、相对湿度100%，仍不水解
抗热氧化性	85℃以上稳定
成型温度/℃	＜170
UV 吸收和可降解性	对350nm以上波段不敏感
厚度/mm	0.1～1.0
气味、毒性	无
绝缘电压/V	＞600

3. EVA 胶膜的储存与使用要点

(1)储存温度为5℃～30℃，湿度小于60%，避光，远离阳光照射、热源，防尘、防火。

(2)完整包装储存时间为半年，拆包后储存时间为3个月，应尽快使用，并把未使用完的产品按原包装或同等包装重新封装。

(3)不要将脱去包装的整卷胶膜暴露在空气中，分切成片的胶膜如不能当天用完，应遮盖紧密，重新包装好。

(4)不要裸手接触EVA胶膜表面，注意防潮防尘，避免其与带色物体接触。

(5)EVA胶膜在收卷时会轻微拉紧，因此在放卷切裁时不要用力拉，切裁后放置半小时，让胶膜自然回缩后再用于叠层。

(6)在切裁、铺设EVA胶膜的过程中，最好设置除静电工序，以消除组件内各部件中的静电，从而确保封装组件的质量。

4. 常见的EVA失效方式

(1)发黄：EVA发黄由两个因素导致(主要是添加剂体系相互反应发黄；其次EVA自身分子在氧气、光照条件下，EVA分子自身脱乙酰反应导致发黄)，所以EVA的配方决定其抗黄变性能的好坏。

(2)气泡：气泡包括两种，层压时出现气泡和层压后使用过程中出现气泡。层压时出现气泡与EVA的添加剂体系、其他材料与EVA的匹配性、层压工艺均有关系；导致层压后出现气泡的因素众多，一般是由材料间匹配性差导致。

(3)脱层：与背板脱层的原因是交联度不合格，与背板黏结强度差；与玻璃脱层的原因硅烷偶联剂缺陷，玻璃脏污，硅胶封装性能差，交联度不合格。

5. EVA胶膜检验

EVA胶膜对光伏组件的最终性能至关重要，因此对EVA胶膜的性能需要做全面细致的检验，尤其是对EVA交联度的检验，如表4－1－6所示。

表4－1－6　EVA胶膜的主要检验项目

检验项目	检验内容	检测方法(使用工具)
包装	包装是否完好；确认厂家、规格型号以及保质期	目测
外观	检验EVA表面有无黑点、污点、褶皱、折痕、污迹、空洞等	目测
尺寸	宽度误差为±2mm；厚度误差为±0.02mm	游标卡尺、卷尺
厚度均匀性	取相同尺寸的10张胶膜称重后对比，最重和最轻胶膜质量之比不超过1.5%	电子秤
剥离强度	EVA与TPT的剥离强度：用壁纸刀在背板中间划开宽度为1cm，然后用拉力计拉开TPT与EVA，拉力大于35N为合格；EVA与玻璃的剥离强度：方法同上，拉力大于20N合格	拉力计或万能试验机
交联度	剥离TPT绝缘层，取下EVA样品(质量应大于0.5g)；网袋用无水乙醇清洗后烘干；将样品装入网袋并称重；二甲苯萃取；烘干称重；按公式计算交联度	干燥箱、电子天平、三口烧瓶、加热套、回流冷凝管等

注：交联度又称交联指数，它表征高分子链的交联程度。通常用交联密度或两个相邻交联点之间的数均分子量或每立方厘米交联点的摩尔数来表示。

EVA交联度可以用力学方法或平衡溶胀比法测得。这里主要介绍力学方法，其流程图如图4－1－7、图4－1－8所示。

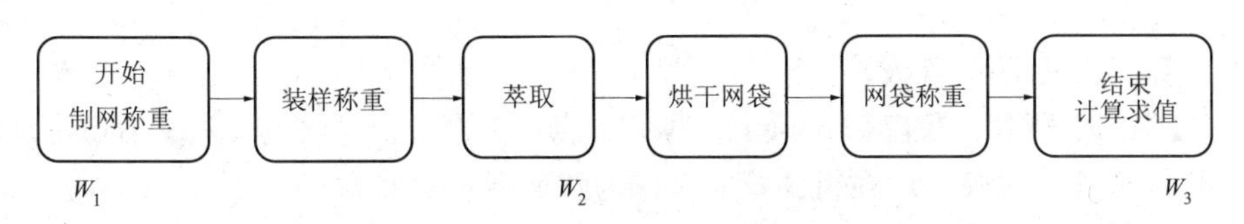

图4－1－7　EVA交联度力学方法测试流程图

计算公式为

$$(W_3-W_1)/(W_2-W_1)\times 100\%$$

式中：W_1为空网袋的重量；W_2为装有样品的网袋的重量；W_3为萃取、烘干后，去掉捆扎的铜丝和号码牌的网袋的重量。

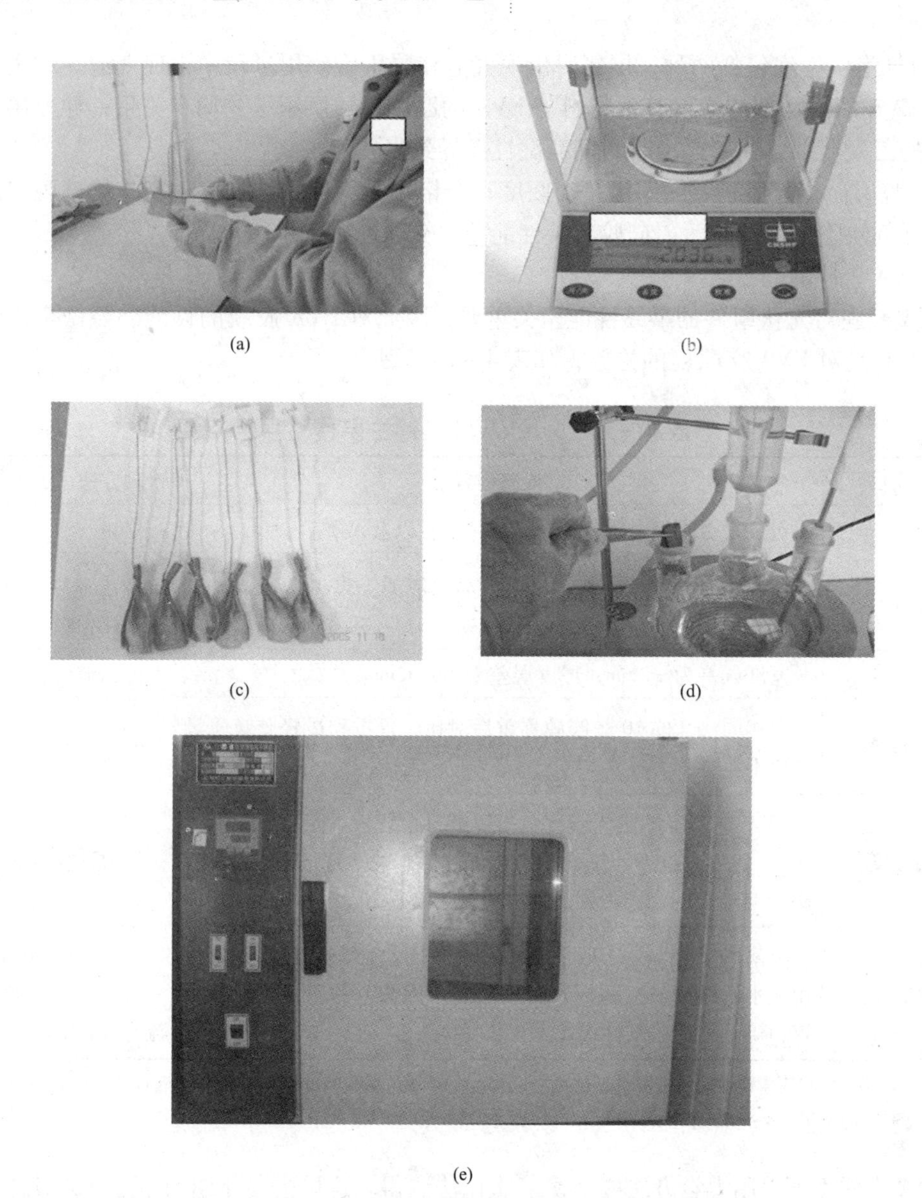

图4－1－8　EVA交联度测试流程图(注：资料来源于网络)
(a)制网；(b)称重；(c)样包；(d)萃取；(e)烘干

4.1.3.3　认识TPT背板

TPT是“Tedlar薄膜—聚酯(Polyster)—Tedlar薄膜”的复合材料的简称。Tedlar是杜邦注册商标，是聚氟乙烯薄膜，用在组件背面，作为背面保护封装材料。

用于封装的TPT至少应该有三层结构：外层保护层PVF具有良好的抗环境侵蚀能力，中间层聚脂薄膜具有良好的绝缘性能，内层PVF经表面处理和EVA具有良好的粘接性能。TPT背板膜及其结构示意图如图4－1－9所示。

太阳能电池的背面覆盖物——氟塑料膜为白色，对入射到组件内部的光进行散射，提高组件吸收光的效率，因此对组件的效率略有提高，并因其具有较高的红外发射率，还可降低组件的工作温度，也有利于提高组件的效率。当然，此氟塑料膜首先满足太阳能电池封装材料所要求的耐老化、耐腐蚀、不透气、抗渗水等基本要求。

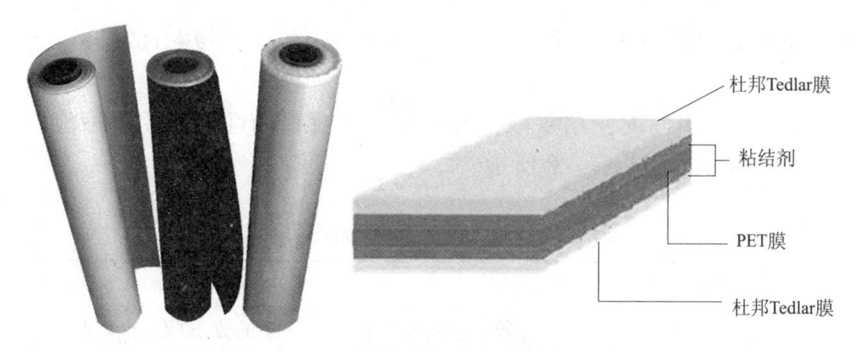

图4－1－9　TPT背板膜及其结构示意图

1. TPT背板膜的性能

TPT背板膜的主要性能包括力学性能、电学性能、耐候性能等，主要性能指标参数如表4－1－7所示。

表4－1－7　TPT背板膜的性能指标参数

性能指标	参考值
厚度/mm	0.18，0.23，0.35
拉伸强度/(N·10mm^{-1})	≥110
拉伸率/%	120～130
撕裂强度/N·mm^{-1}	135～145
层间剥离强度/N·cm^{-1}	≥25
剥离强度/N·cm^{-1}	≥20
失重(24h/150℃)/%	≤3
尺寸稳定性(0.5h/℃)/%	≤3
水蒸气透过性/(g·m^{-2}·d^{-1})	≤2.0
击穿电压/kV	≥17
抗紫外线能力(60℃/1kW紫外氙灯照100h)	不变色，性能稳定
使用寿命	25年以上

2. TPT背板膜的储存与使用要点

(1)避光、避热、防潮，平整堆放，不得使产品弯曲和包装破损。

(2)最佳储存条件：恒温(20℃～25℃)，恒湿(<60%)。避免阳光直射，远离热源，防尘、防火。

(3)背板保质期视不同材料而定，一般保质期为12个月，散装保存期不超过6个月。

3. 常见的背板失效方式

(1)背板自身结构缺陷：使用年限不达标(表现为PET脆化、发黄，背板破裂，如纯PET结构组件一般使用年限不超过10年)。

(2)层间胶黏剂缺陷：背板层间分层(涂胶工艺稳定性问题，或层间胶黏剂黏结强度不够，或层间剥离力老化衰减快)。

(3)EVA黏结层缺陷：脱层(表面处理问题，EVA质量问题，交联度不达标)、发黄(材料不耐老化，如东洋 PVDF + W - PET + V - PET + LE 的 LE 层容易老化发黄）。

4. 背板检测

背板的材质决定了组件的使用年限，需要对 TPT 背板的性能做相关检验，以检测其可靠性，主要的检测项目如表 4-1-8 所示。

表 4-1-8　TPT 背板检测项目

评价指标	检测项目	检测方法
外观	尺寸、瑕疵	符合进料检验作业指导书的要求（目测，尺）
力学性能	抗拉强度/断裂伸长	按照 GB/T 1040 测试要求进行测试（万能试验机）
电学性能	击穿电压	按照 GB/T 1408 测试要求进行测试（电压击穿试验机）
收缩率	二维尺寸稳定性	150℃，30min 测量背板二维尺寸的变化（恒温箱）
透水率	透水率测试	按照 ISO 15106-1 测试要求测试（透水率测试仪）
黏结性能	与 EVA/硅胶剥离强度；层间剥离强度	按照 GB/T 2791 测试要求测试（拉力计、万能试验机）背板间剥离力最薄弱层，要求其达到指标值
可靠性	参考 IEC 相关标准	参考 IEC 相关标准

注：可靠性测试主要是针对材料变更或定期检测；对于所列背板的测试项目，可以根据实际情况选测。

（1）TPT 背板力学性能。材料的力学性能是指材料在不同环境（温度、介质、湿度）下，承受各种外加载荷（拉伸、压缩、弯曲、扭转、冲击、交变应力等）时所表现出的力学特征。应力-应变实验是最广泛、最重要、最实用的材料力学性能测试实验。图 4-1-10、图 4-1-11 为不同情况下的应力-应变曲线。以某一给定的应变速率对试样施加负荷，直到试样断裂。大多采用拉伸方式，采用万能试验机进行试验，如图 4-1-12 所示。

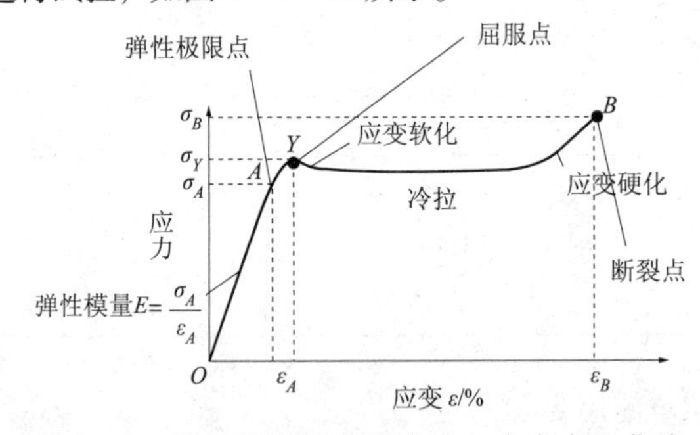

图 4-1-10　某高聚物的应力-应变实验曲线

ε_A - 弹性极限应变；σ_A - 弹性极限应力；ε_R - 断裂伸长率；σ_R - 断裂强度；σ_Y - 屈服应力

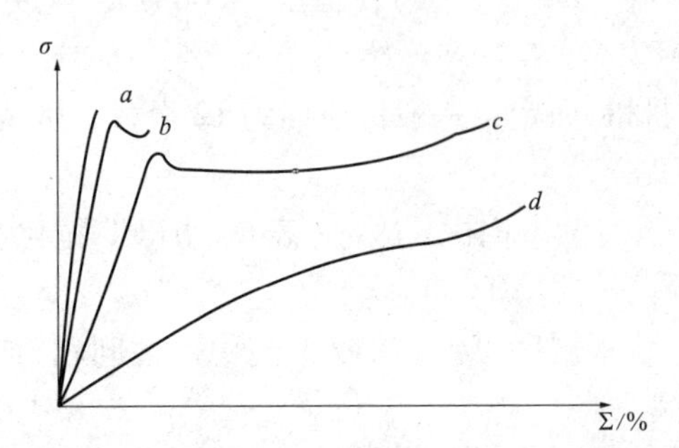

图 4-1-11　不同材质的试样的应力-应变曲线

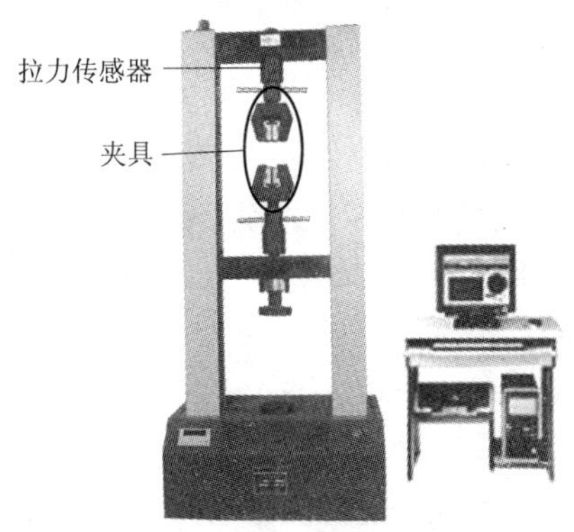

图 4－1－12　万能试验机

(2)层间剥离强度。层间剥离强度测试示意图如图 4－1－13 所示。

① 测试方法。

(a)先将背膜裁成 1cm×50cm 的尺寸。

(b)将背膜各层剥离，然后将上述条状背膜与 EVA 玻璃按照一定的层压工艺粘合在一起，制作小样品。

(c)用拉力计以与玻璃面成 180°的方向，以 30cm/min 的速度用拉力计测量各层之间的拉力。

② 要求：各层的层间黏结力大于 1N/cm。

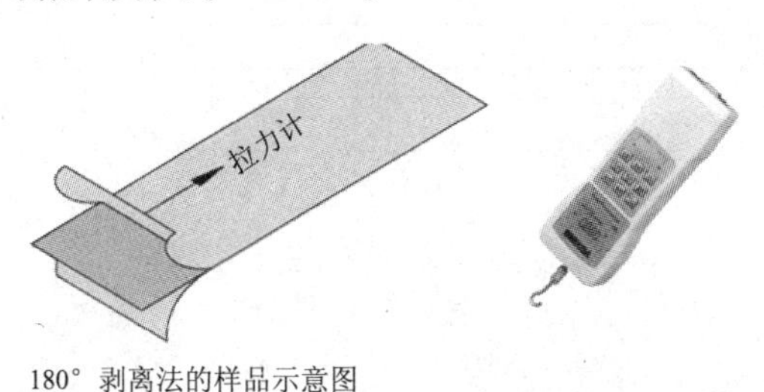

图 4－1－13　层间剥离强度测试示意图

(3)与 EVA 之间的黏结力。TPT 与 EVA 之间的黏结力测试示意图如图 4－1－14 所示。

① 测试方法：

(a)准备两张相同尺寸(大于 300mm×400mm)的 EVA 样品，布纹钢化玻璃一块，目标背膜一张。

(b)按照“玻璃/EVA/EVA/背膜”的叠层顺序和一定的层压工艺进行层压、固化。

(c)将上述样品冷却后用刀片在背膜表面划出两条细槽，间距为 10mm，形成一宽度为 10mm 的背膜条。

(d)用刀片将背膜条一端的端口铲离 EVA 面，然后用拉力计以与玻璃面成 180°的方向，以 30cm/min 的速度拉扯背膜条，记录数据。

② 要求：黏结强度大于 20N/cm。

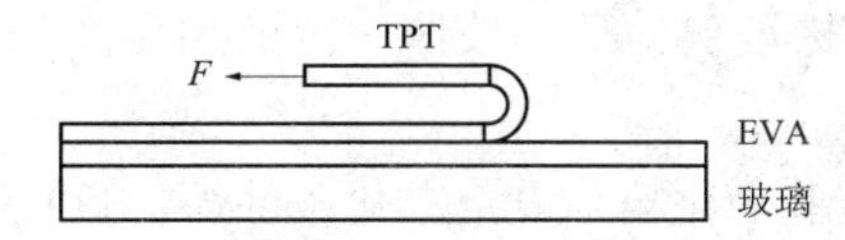

图 4－1－14　TPT 与 EVA 之间的黏结力测试示意图

(4)与硅胶之间的黏结力。

① 测试方法：

(a)在一平板上(如铝合金)涂覆尺寸为1cm×50cm的硅胶。

(b)在硅胶的上表面粘上预先裁剪好的尺寸为1cm×50cm的背膜。

(c)待硅胶完全固化以后，用拉力计以与水平面成180°的角度，以30cm/min的速度拉背膜，记录数据。

② 要求：黏结力大于30N/cm。

(5)收缩率。

① 测试方法：将一片尺寸为300mm×400mm的TPT背板膜放于清洁的平面玻璃上，放入温度为150℃的烘箱中持续烘烤30min。取出冷却后重新测量尺寸，计算收缩率，如图4-1-15所示。

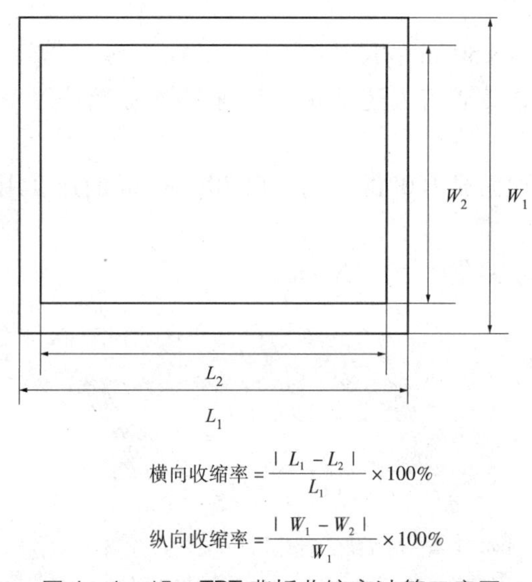

图4-1-15　TPT背板收缩率计算示意图

② 要求：

(a)横向收缩率小于1%。

(b)纵向收缩率小于1.5%。

(6)局部放电电压。

① 测试方法：

(a)用待测背膜按照公司常规工艺制作组件一块。

(b)利用高压测试仪测试上述组件的耐高压特性。

② 要求：耐高压必须大于1 000V。

(7)湿热老化测试。

① 测试方法：

(a)将待测样品背膜与目标玻璃、EVA按照一定的层压固化工艺进行层压固化，制作小样品。

(b)将样品放入高低温试验老化箱，设定老化条件为：85℃、85%RH。

(c)持续老化1 000h，其中，每到500h取出观察一次实验样品的状况并做好记录。

(d)1 000h 后取出，分别检验湿热老化后的外观、与 EVA 间的黏结强度。

② 要求：

(a)外观无黄变，无脆化，无龟裂。

(b)与老化前相比，黏结强度衰减必须小于 50%。

(c)反射率衰减必须小于 10%。

(8)紫外老化测试。

① 测试方法：

(a)用待测背膜样品与目标 EVA、玻璃按照一定的层压固化工艺制作小样品一块。

(b)将样品放入紫外老化箱载物台上。

(c)调节紫外辐照参数：波长为 280 ~ 385nm 的紫外光，强度不超过 $250W/m^2$。

(d)使样品所受的总辐照量不少于 $15kW/(h \cdot m^2)$，其中，280 ~ 320nm 波长的辐射至少为 $5kW/(h \cdot m^2)$

② 要求：所测样品不黄变，不发脆，不龟裂。

4.1.3.4　认识有机硅胶

有机硅胶的全称为有机硅橡胶密封胶，简称硅胶。有机硅胶可以分为中性单组分和双组分两种类型，如图 4－1－16、图 4－1－17 所示。单组分的有机硅胶是一种类似软膏的材料，其固化机理是：接触空气中微量的水分而缩和反应固化成一种坚韧的橡胶类固体材料，同时释放出微量小分子(≤3ppm)。

单组分胶 + 空气中的水汽→固化的胶 + 小分子物质

双组分则是指硅胶分成 A、B 两组，任何一组单独存在都不能形成固化，但两组胶浆一旦混合就发生固化。

A 组分 + B 组分→固化的胶 + 小分子物质

有机硅胶 { 中性单组分
用于组件和铝合金边框及接线合粘接密封
双组分
用于接线盒灌封

图 4－1－16　有机硅胶的种类

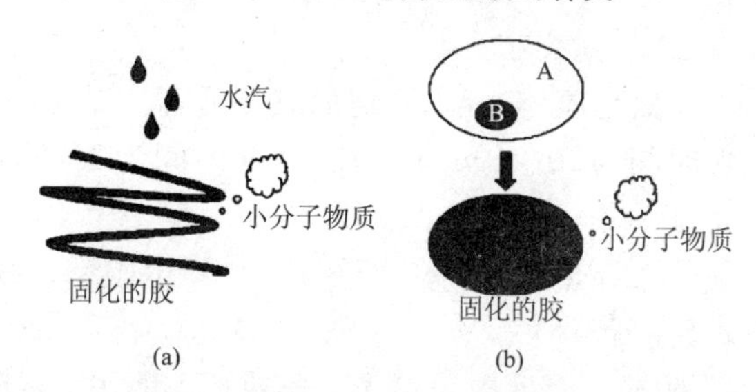

图 4－1－17　单组分和双组分有机硅胶的固化机理

(a)单组分；(b)双组分

单组分和双组分有机硅胶的对比如表 4－1－9 所示。

表4-1-9　单组分和双组分有机硅胶的对比

单组分	双组分
与空气中的水反应固化，需要有足够的与空气接触的表面，太深固化不了	不需与空气中的水反应即可固化，可以在密闭情况下固化，可以深层固化
固化比双组分慢，速度不可调，易受环境温度、湿度影响	固化速度快，速度可调，环境温度对其有一定的影响，但湿度对其影响小
单包装，胶枪施工，不需其他复杂设备	需专门设备才能施工，设备使用不当易出问题

1. 中性单组分有机硅密封胶的性能特点

(1)室温中性固化，深层固化速度快。

(2)密封性好。

(3)耐高温，耐黄变，在高温高湿环境下与各类EVA有良好的相容性。

(4)良好的耐变性能力。

(5)良好的耐候性。

(6)良好的绝缘性能。

2. 中性单组分有机硅密封胶的质量要求

(1)外观要求。

(2)压流黏度。

(3)指干时间。

(4)拉伸强度及伸长度。

(5)剪切强度。

3. 双组分有机硅密封胶的性能特点

(1)室温固化，固化速度快，加热可快速固化，固化时不发热、无腐蚀、收缩小。

(2)在很宽的温度范围内(-60℃~250℃)保持橡胶弹性，电性能优异，导热性能好。

(3)防水防潮，化学性能稳定，耐化学腐蚀，耐变黄，耐气候老化25年以上。

(4)与塑料、橡胶等材料的黏附性好，符合环保要求。

4. 双组分有机硅密封胶的质量要求

(1)固化前的外观要求：白色流体，A、B组分黏度适宜。

(2)操作性能：可操作时间为20~60min，初步固化时间为3~5h，完全固化时间不超过24h。

(3)固化后的指标：硬度、导热系数、介电强度、体积电阻率、线膨胀系数。

5. 有机硅胶的储存以及注意事项

应储存在干燥、通风、阴凉的仓库内，避光、避热(温度20℃~25℃)、防潮。在25℃以下的储存期约为1年。

注意事项：

(1)长期浸水的地方不宜施工。

(2)不与会渗出油脂、增塑剂或溶剂的材料相溶。

(3)结霜或潮湿的表面不能粘合。

(4)完全密闭处无法固化(单组份，需空气中的水分固化)。

(5)基材表面不干净。

6. 有机硅胶检验

有机硅胶检验项目如表4-1-10所示。

表4-1-10 有机硅胶检验项目

检验项目	检验内容	检测方法(使用工具)
包装	包装是否完好；确认厂家、规格型号以及保质期	目测
外观	在明亮的环境下，将产品挤成细条状进行目测，产品应为细腻、均匀的膏状物或黏稠液体，无结块、凝胶、气泡；颜色一般为白色或乳白色，无刺激性气味	目测
表干时间	将有机硅胶用胶枪挤在实验板上成细条状，立即开始计时，直到用手指轻触胶条而不粘手指时，从挤出到不粘手所用的时间为10~30min	胶枪、实验板、计时表
延伸率	在实验板上挤出一条硅胶，待其完全固化后(记录固化时间、硅胶粗细、原始长度、拉伸后的长度)进行拉伸，测试结果，拉伸值应不小于300%	直尺
粘接强度	在不同的背板上各挤出3条硅胶，固化后观察黏结情况(用拉力计检测)，拉力应大于10N	拉力计
流动性	在一定的压力下挤出硅胶所需时间	计时器
固化时间	在实验板上挤出一条硅胶，通过观察其横截面的情况，判定硅胶全干时所需的时间	计时器，目测

(1)流动性。

① 测试方法：

(a)将产品在标准试验条件下放置4h以上。标准试验条件：温度为23℃±2℃，相对湿度为50±5%。

(b)在0.3MP的气源压力的推动下，用孔径为3.00mm的胶嘴挤出硅胶。

(c)记录挤出20g产品所用的时间(s)。

(d)取3次实验数据的平均值作为试验结果。

② 要求：试验结果不小于7s/20g

(2)固化时间。

① 测试方法：

(a)将待测样品用硅胶枪挤出在一平板上。

(b)挤出硅胶条状物的宽度约为1cm，厚度约为1cm，长度任意。

(c)挤好硅胶后立即计时，每隔2h用小刀将胶条切断。

(d)观察横截面的情况，核查硅胶是否已经全干。

(e)从挤出到胶条横截面全干的时间即为固化时间。

② 要求：$T_{固化}$≤24h。

(3)抗拉强度。

① 测试方法：

(a)将待测样品用硅胶枪挤出在一平板上。

(b)挤出硅胶条状物的宽度约为1cm，厚度约为0.5cm，长度大于20cm。

(c)待上述硅胶完全固化后从平板上脱离硅胶，然后用拉力计测试硅胶的抗拉强度。

② 要求：抗拉强度不小于0.7MPa。

(4)伸长率。

① 测试方法。

(a)将待测样品用硅胶枪挤出在一平板上。

(b)挤出硅胶的条状物宽度约为1cm，厚度约为0.5cm，长度大于20cm。

(c)待上述硅胶完全固化后从平板上脱离硅胶，然后测量硅胶的初始长度。

(d)将胶条紧靠直尺，双手从硅胶条的两端缓慢拉动胶条，直到将胶条拉断。

(e)在拉断的瞬间记录胶条被拉伸的长度。

(f)利用公式计算：伸长率 $=(|L_2-L_1|)/L_1\times100\%$

② 要求：伸长率不小于250%。

(5)黏结力。

① 测试方法：

(a)用硅胶枪将硅胶挤出在需要测试的黏结面，如太阳能玻璃、铝合金框、背膜等。硅胶的尺寸约为20cm×1cm×0.5cm。

(b)在硅胶的上表面粘贴一张尺寸约为1cm宽的背膜材料。

(c)待硅胶全部固化后测试硅胶与各黏结面的黏结力。

② 要求：黏结力不小于20N/cm。

(6)湿热老化测试。

① 测试方法：

(a)将待测硅胶样品涂覆在目标玻璃、背膜和铝合金框上，硅胶的尺寸约为20cm×1cm×0.5cm。

(b)待上述硅胶样品完全固化后将之放入高低温试验老化箱，设定老化条件为：85℃、85%RH。

(c)持续老化1 000h，其中，每到500h取出观察一次实验样品的状况并做好记录。

(d)1 000h后取出，分别检验样品湿热老化后的外观，以及其与玻璃、背膜及铝合金之间的黏结强度。

② 要求：外观无黄变，无脆化，无龟裂；与老化前相比，黏结强度衰减必须小于50%。

(7)紫外老化测试。

① 测试方法：

(a)将待测硅胶样品涂覆在一平板上，硅胶的尺寸约为20cm×1cm×0.5cm。

(b)将样品放入紫外老化箱载物台上。

(c)调节紫外辐照参数：波长为280～385nm的紫外光，强度不超过250W/m^2。

(d)使样品所受的总辐照量不少于15kW/(h·m^2)，其中，280～320nm波长的辐射至少为5kW/(h·m^2)。

② 要求：所测样品不黄变，不发脆，不龟裂等。

4.1.4　相关知识

4.1.4.1　面板玻璃的制备工艺

目前光伏玻璃的主流产品为低铁钢化压花玻璃(亦称为钢化绒面玻璃)，厚度为3.2mm或4mm，在太阳能电池光谱响应的波长范围内(380～1 100nm)，透光率可达91%以上，对于波长大于1 200nm的红外光有较高的反射率。它是采用特制的压花辊，在超白玻璃表面压制特制的金字塔形花纹而制成的，如图4-1-18所示。

图4-1-18　超白压花玻璃的表面形态

光伏面板玻璃的生产及应用示意图如图4-1-19所示。目前光伏用玻璃主要有以下两种生产工艺。

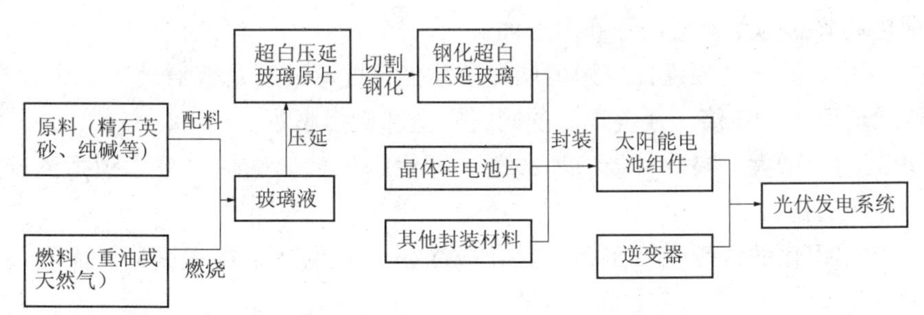

图4-1-19　光伏面板玻璃的生产及应用示意图

(1)格法玻璃生产工艺，是比利时格拉维伯尔制造公司在1961年发明的。格法工艺将无槽法和平拉法工艺有机结合起来，采用无槽法的成型池和平拉法的转向，达到从自由液面拉制平板玻璃的目的，可以顺利地拉制厚度为0.8～12mm的玻璃，其最大特点是可以长期稳定生产3mm以下的薄玻璃，并且平整度好，厚度差小，产品质量优异。

(2)浮法玻璃生产工艺，是在通入保护气体(N_2及H_2)的锡槽中完成制作过程的。熔融玻璃从池窑中连续流入并漂浮在相对密度较大的锡液表面上，在重力和表面张力的作用下，玻璃液在锡液面上铺开、摊平，形成上下表面，平整、硬化、冷却后被引上过渡辊台。辊台的辊子转动，把玻璃带拉出锡槽进入退火窑，经退火、切裁，就得到平板玻璃产品。

钢化玻璃分为物理钢化玻璃(淬火钢化玻璃)和化学钢化玻璃两种。

(1)物理钢化玻璃是将普通退火玻璃先切割成要求尺寸，然后将之加热到接近软化点的700℃左右，再进行快速均匀的冷却而得到的(通常5～6mm的玻璃在700℃高温下加热240s左右，降温150s左右。8～10mm玻璃在700℃高温下加热500s左右，降温300s左右。总之，根据玻璃厚度不同，选择加热降温的时间也不同)。钢化处理后玻璃表面形成均匀压应力，而内部则形成张应力，玻璃的抗弯和抗冲击强度得以提高，其强度约是普通退火玻璃的4倍以上。对于已钢化处理好的钢化玻璃，不能再作任何加工或使其遭受破损，否则其就会“粉身碎骨”。

物理钢化玻璃的缺点包括以下几个方面：

① 对物理钢化后的玻璃不能再进行切割或加工，只能在钢化前对玻璃进行加工至需要形状，再进行钢化处理。

② 物理钢化玻璃的强度虽然比普通玻璃强，但钢化玻璃在温差变化大时可能发生自爆，而普通玻璃则不会自爆。钢化玻璃在无直接机械外力作用下发生的自动性炸裂叫做钢化玻璃的自爆。

③ 物理钢化玻璃还存在光学畸变。由于玻璃在钢化的过程中要经过720℃左右急冷的风压，玻璃表面会存在风斑，同时玻璃的表面会存在凹凸不平现象，严重程度由设备的好坏来决定，因此物理钢化后的玻璃不能做镜面。

(2)化学钢化玻璃是根据离子扩散机理，依据外部作用因素来改变玻璃的表层结构，使其形成一定厚度的应力层，从而使玻璃表面的强度大幅度提高。

具体做法是将普通浮法玻璃放入硝酸钾熔盐液体中，在450℃～500℃的温度下，玻璃中的Na^+离子由于加热发生热振动，而原有玻璃表层中的半径较小的Na^+离子与硝酸钾熔盐介质中半径较大的K^+离子交换，离子半径小的Na^+离子占有的空间被离子半径大的K^+离子占据，玻璃表层产生“挤塞”膨胀，体积增大，冷却后表面产生的压应力得以明显增强。

化学钢化玻璃的特点包括以下几个方面：

① 化学钢化后的玻璃强度比普通玻璃提高数倍，抗弯强度是普通玻璃的3～5倍，抗冲击强度是普通玻璃5～10倍，强度提高的同时安全性也提高了。

② 其承载能力增大，易碎性质有所改善，即使钢化玻璃破坏也呈无锐角的碎片，极大地降低了对人体的伤害。

③ 由于化学钢化的特殊生产工艺，其在成品率方面也高于物理钢化，而且无自爆、无应力斑。

④ 化学钢化玻璃具有良好的热稳定性，可承受200℃的温差变化，对防止热炸裂有明显的效果。

⑤ 其高透光性、平整度均保证与原片玻璃一致且可以切割，适用于各种厚度的玻璃、不受几何形状限制的异形玻璃及各类工艺玻璃的表面强度增强。

4.1.4.2　面板玻璃的减反膜

为了减小封装后光伏组件表面的反射损失，提高转换效率，可以在面板玻璃表面上制备减反膜，如图4-1-20所示。这层减反膜可以是单层膜，也可以是多层膜。单层膜比较简单，但减反射效果一般，而多层膜可以在较宽的光谱区达到较好的减反射效果。其原理是当减反膜层的厚度是某一波长的1/4时，这时入射到面板玻璃表面的两束光干涉相消，从而抵消了反射光，达到了减反效果。光在减反膜上的反射机理如图4－1－21所示。

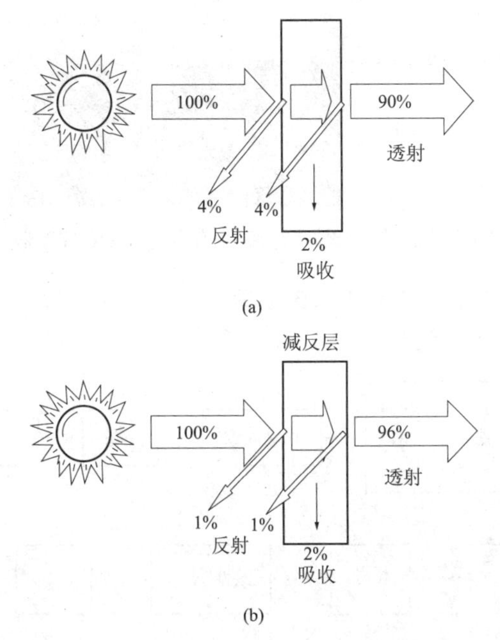

图4－1－20　有无减反膜的面板玻璃的光吸收和光反射示意图

(a)无减反膜；(b)有减反膜

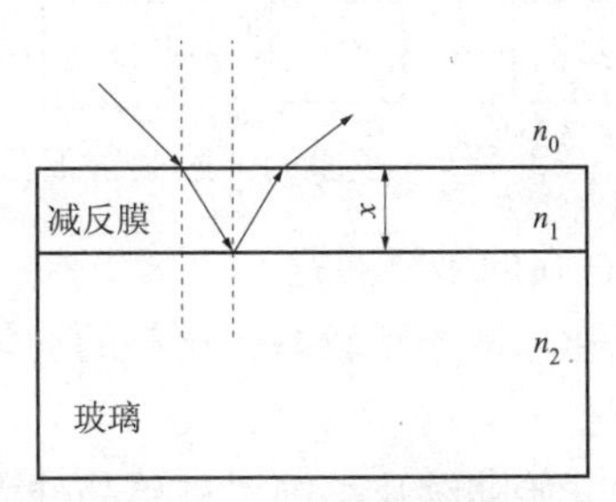

图4－1－21　光在减反膜上的反射机理示意图(x为减反膜厚度，n_0、n_1、n_2分别是空气、减反膜和面板玻璃的折射率)

多孔SiO_2薄膜因具有较高的透光率和较高的热阻而成为光伏组件减反膜的理想材料。其常用的镀膜方法有磁控溅射、化学气相沉积、物理气相沉积、溶胶－凝胶等。磁控溅射和气相沉积法所用设备昂贵，生产成本高，不适合大面积镀膜。减反射镀膜光伏玻璃主要采用溶胶－凝胶法生产。该方法生产工艺简单，设备价格低廉，膜层折光指数可以在1.15～1.45范围内进行调节，非常适合工业生产。多孔SiO_2减反膜如图4－1－22所示，除此之外，MgF_2、TiO_2、Al_2O_3、ZrO_2等薄膜也常常用于太阳能玻璃减反膜。

尽管减反膜可以有效提高光伏组件的转换效率，但是由于减反射镀膜玻璃在光伏行业的使用时间较短，对其可靠性所进行的研究仍较少，因此减反射镀膜玻璃在使用一段时间后会出现透光率下降，表面出现彩虹斑纹等现象。如何避免减反膜失效，延长其使用寿命，是未来光伏组件发展的一个重要研究课题。

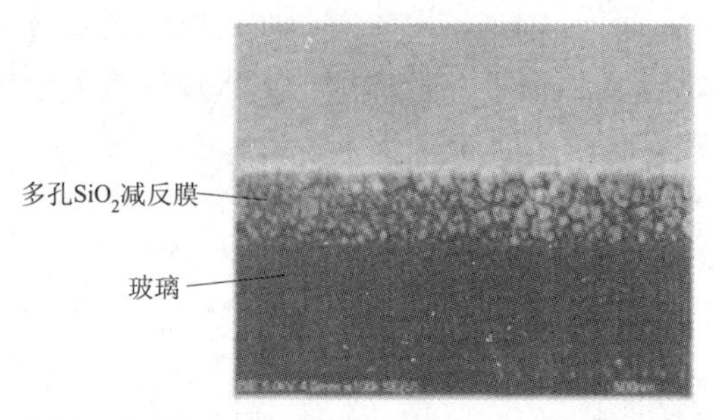

图4-1-22　玻璃衬底上的多孔SiO_2减反膜

4.1.4.3　EVA胶膜的制备工艺及相关研究

EVA胶膜的一般制备工艺流程如图4-1-23所示。

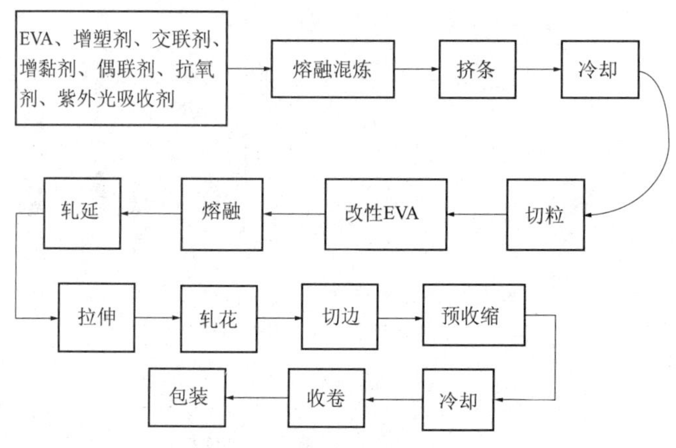

图4-1-23　EVA胶膜的一般制备工艺流程图

1. 国产太阳能电池用EVA存在的主要问题

其主要问题耐湿热、紫外老化、透光率较差；材料的均匀性、稳定性以及一致性差，要用不同的工艺参数匹配。

我国于20世纪80年代中期开始陆续从美国引进单晶硅太阳能电池生产线7条，并从美国进口EVA胶膜。国家科学技术委员会将EVA胶膜国产化列入"八五"攻关计划。浙江化工研究院于20世纪80年代后期着手研究，1998年研制成功JM-E型EVA胶膜，其透光率、粘接强度、交联度等性能指标基本达到进口产品水平，随后建成了国内第1条自控程度较高、年产30万m^2、幅宽达1m以上的EVA胶膜生产线。后其又将第2代快速固化胶膜推向市场，现年产能力为100余万m^2。杭州福斯特热熔膜有限公司、诸暨市枫华塑胶科技有限公司、深圳市斯威克科技有限公司等也拥有一定太阳能电池胶膜生产能力。

针对PV组件用EVA胶膜，胶膜除了粘接作用外，还有增透作用，以玻璃/空气/玻璃、玻璃/EVA/玻璃作比较，胶层有利于太阳能电池光电转换效率的提高；在波长350nm的紫外光辐射下，玻璃的透光率大于80%，而在玻璃/EVA/玻璃粘合层中的透光率仅为22%，这说明EVA胶层可吸收大量紫外光。中国科学院广州能源研究所的徐雪青等从力学性能、红外光谱分析、EVA胶膜黄变原因、热氧老化和寿命估算等几个方面，对PV组件用EVA的耐老化性能进行评价。结果表明，目前的国产EVA与进口EVA性能相当。

尽管如此，目前使用的国产EVA封装胶膜仍有不尽如人意的地方。我国在西藏安装并工作了6年及10年的光伏电站中的组件出现了EVA黄变现象，特别是低倍聚光会加速EVA黄变，甚至使其开裂脱胶，造成短路使组件报废。所以提高PV组件密封剂的耐老化性能、导热性，以及改进封装技术，是太阳能光伏发电行业亟需解决的问题。黄变的原因为：抗氧剂的加入有利于提高EVA的抗热氧老化性能。紫外光吸收剂(UV531)和光稳定剂的加入则对抗紫外性能有很大提高。紫外光吸收剂具有截止紫外光的功能，但很多紫外光吸收剂和自由基反应，生成生色基团，这些自由基来自多余交联剂的降解产物。

2. EVA胶膜导热性能研究

现在市场上出售的EVA胶膜的使用温度一般在80℃左右，其在120℃以下是稳定的，但当温度上升到150℃或者更高时，EVA胶膜的热性能迅速下降，并且在潮湿的条件下可能发生热降解，胶膜出现严重黄变，极大影响电池的使用寿命。因此，如何提高EVA胶膜的导热性成为聚光光伏系统能否正常运转的关键因素之一。目前，提高聚合物的导热性主要有两种途径：①合成具有高热导率的结构塑料，主要是通过电子导热机制实现导热，但使用这种方法的制造工艺比较复杂，成本较高；②用高导热填料对塑料进行填充。这种方法价格低廉、易加工成型，对填充型导热塑料来讲，材料的热导率取决于塑料和填料的协同作用。分散于基体中填料的形状有粒状、片状、球状、纤维状等，填料用量较小时，虽均匀分散于基体中，但彼此间未能相互接触，导热性提高得不明显；当填料用量提高到某一临界值时，填料相互接触，形成导热网链，当导热网链的取向与热流方向一致时，材料的导热性能提高得很快。体系内部在热流方向上未形成导热网链时，热阻就会很大，导热性能很差。因此，为获得高导热聚合物，在材料内部最大程度地形成热流方向上的导热网链是关键。在具有一定粘接性能和耐热性的基体树脂中添加某些导热性填料(如氧化铝、氮化铝、氧化铍等)，可以有效提高聚合物的热导率。

4.1.5　可练习项目

(1)设计试验，按照面板玻璃检验项目对面板玻璃进行检测。

(2)设计试验，按照EVA胶膜检验项目对EVA胶膜进行检测；思考EVA固化时间与交联度之间关系。

(3)设计试验，按照TPT背膜检验项目对TPT背膜进行检测。

(4)设计试验，按照铝合金边框检验项目对铝合金边框进行检测。

(5)设计试验，按照有机硅胶检验项目对有机硅胶进行检测。

任务4.2　叠层铺设工艺及中测工艺

4.2.1　任务目标

掌握叠层铺设工艺技术规程。

4.2.2　任务描述

叠层铺设工序就是将背面串接好且检验合格的太阳能电池串，与面板玻璃和切割好的EVA、背板按照一定的层次铺设好，按照设计工艺的要求焊好汇流带和引出电极的过程。叠层铺设时要保证电池串与玻璃等材料的相对位置，调整好电池间的距离。本任务主要是让学生掌握光伏组件封装材料的制备方法和叠层铺设工艺，为以后学习层压工艺打下基础。

4.2.3　任务实施

4.2.3.1　认识叠层铺设台

叠层铺设台用于光伏组件叠层工序的操作平台以及叠层后光伏组件基本电性能的检查平台，这里简单介绍常州源光叠层铺设台，如图4-2-1所示。

图4-2-1　叠层铺设台(常州源光)

(1)铝合金型材框架和铝塑采用平板设置。

(2)人性化的台面高度，高度可调(0~40mm)，使每一位操作工人处于最佳工作状态。

(3)一键操作可完成在统一照度下的光电流、电压检测，不合格动向报警，及时在层压前发现各种质量隐患。

(4)焊台、剪刀、互联条、汇流条及其他工具有专用工具盒安放。

(5)钢化玻璃表面与电池玻璃表面采用无划痕接触技术。

(6)采用12盏300W碘钨灯及5盏30W荧光灯，电流表测量范围为0~100A，电压表测量范围为0~100V，精度为1%。

4.2.3.2　认识裁切台

裁切台是一种可以根据工艺要求对EVA胶膜和TPT背板膜进行裁切的设备，可分为手动、半自动和全自动三种类型。图4-2-2所示是手动裁切台。

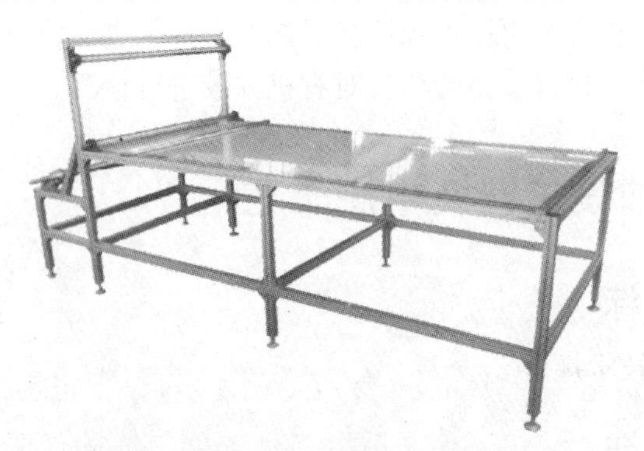

图4-2-2　手动裁切台(常州源光)

4.2.3.3　叠层铺设前的检查

(1)在叠层铺设台放置清洗好的玻璃(绒面朝上)，玻璃的四角和铺设台上的定位角对齐，用清洁的无尘布对玻璃进行清洁，如图4-2-3所示。

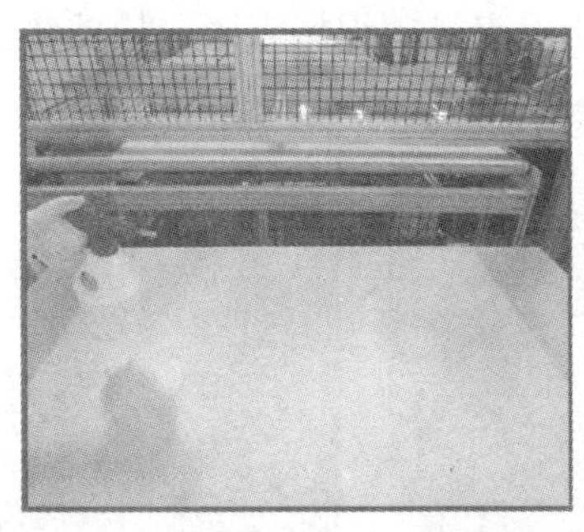

图4-2-3　叠层铺设前进行面板玻璃的清洁

(2)在玻璃上平铺一块裁切好的EVA胶膜(EVA光面朝向玻璃绒面，不得裸手拿取EVA)，与玻璃对齐，EVA长宽边缘比玻璃各大5mm左右。

(3)将焊接好的电池串依次缓缓平放在铺好的EVA胶膜上，打开铺设台的工作灯，开始检查。

(4)检查电池片是否有裂片(若有裂片，开裂处会透光)。检查发现裂片后，做好返工标识，退回串焊返修。

(5)检查电池片是否有虚焊(依次提起电池片，若有虚焊，焊带会脱落)。检查发现有虚焊后，做好返工标识，退回串焊返修。

(6)检查电池片排列是否有偏移，偏移尺寸大于0.5mm以上时，将电池串退回串焊返修。

(7)检查电池片是否黏结有杂物(焊珠、焊带、毛发等)，不论大小，只要肉眼容易辨出，一律清除。

(8)检查电池串正负极引线是否太短、缺损或焊错，若有则将电池串退回串焊返修。

(9)检查电池片正负极(正面引出线为负极，反面引出线为正极)是否排列正确，无相同极性焊在一起。电池片的排列方式为“正负正负正负”排列，如图4-2-4所示。制作小功率组件时，还要检查各电池串中的电池片排列图案是否与设计图纸一致，如不一致将电池串退回串焊返修。

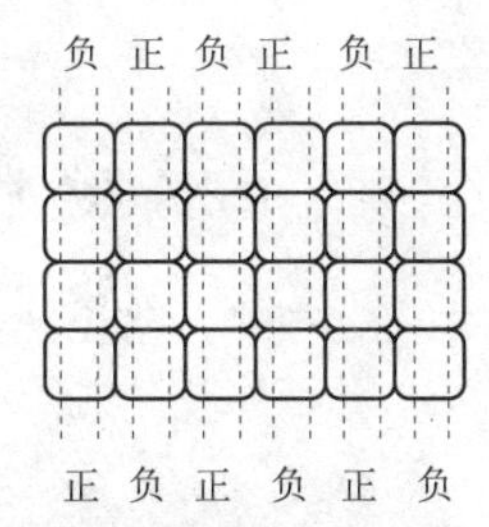

图4-2-4　叠层铺设前检查电池片的排列方式

4.2.3.4　叠层铺设的操作

(1)将电池片减反膜面朝下，按设计要求，用钢直尺调整电池串前后左右的间距，用高温胶带固定串与串之间的距离。

(2)用高温胶带将各汇流条固定，汇流条间距保持在2~3mm，把汇流条和各电池串的串接焊带焊接起来；焊接汇流条时左手用镊子夹住焊点边缘并轻轻提起，防止EVA融化，影响层压质量(见图4-2-5)。右手用电烙铁焊接焊点(焊接单个焊点的时间控制在1s)，锡融化后先拿开烙铁，待冷却1s后拿开镊子，检查是否焊接牢固。最后剪去多余的焊带。

  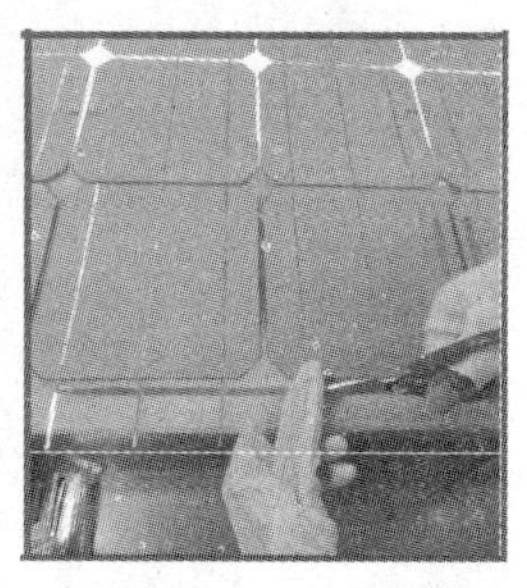

图4-2-5　叠层铺设过程中光伏组件头部和尾部汇流条的焊接和裁剪

(3)取长条形的EVA胶膜，将其卡入长短汇流条之间，边缘与电池片平齐；取TPT绝缘条将长引出线和短引出线隔开(视情况而定)，如图4-2-6所示。

  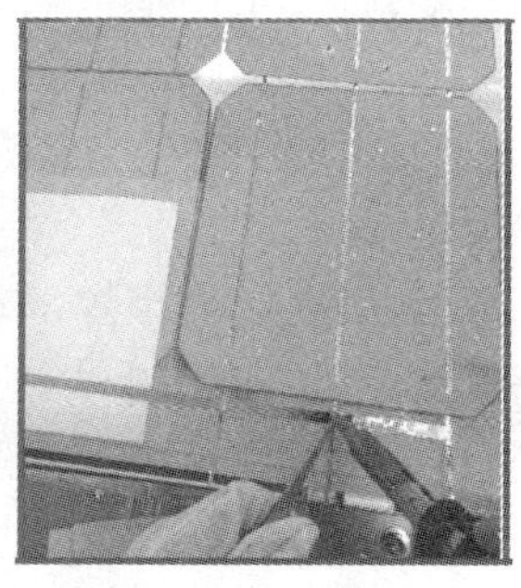

图4-2-6　用EVA胶膜和TPT绝缘条将长引出线和短引出线隔开

(4)在组件准备出引线的部位焊上正、负引出线汇流条；引线间距为45~50mm，长度为50~60mm，出线口与近端玻璃边缘的距离根据接线盒尺寸及铝合金边框高度而定。焊引出线之前垫上高温布，焊完后把所有多余的涂锡焊带修整干净；撕取4根长20mm的胶带固定两根长直汇流条，如图4-2-7所示。

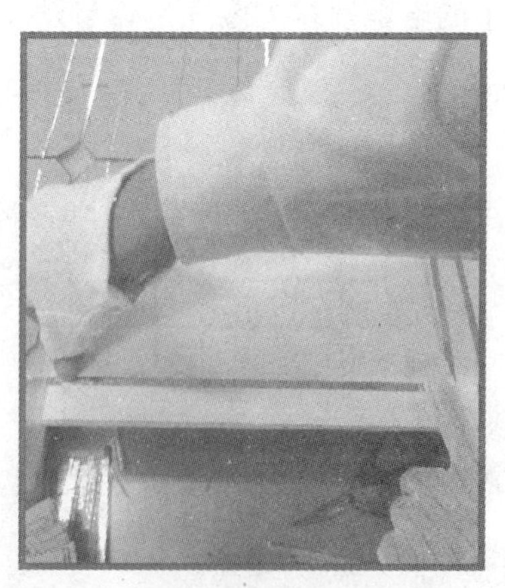

图4-2-7　用胶带固定汇流条

(5)在拼接好的电池组上放第二层EVA胶膜(光面朝上)，摆放时EVA使其左右上下距边缘位置均匀。

(6)按设计要求在EVA胶膜出引线的位置开一条小缝。

(7)在出引线位置将组件的正负极引线通过剪开的小缝引出到EVA上。

(8)在 EVA 上铺放 TPT 背板膜，白色无光泽一面朝下，有光泽一面朝上，摆放 TPT 背板膜时使其左右上下距边缘位置均匀。

(9)按设计要求在 TPT 背板膜上出引线的位置剪开一条小缝，将组件的正负极引线引出在 TPT 背板上，如图 4－2－8 所示。

图 4－2－8 光伏组件的正负极引线从 EVA 和 TPT 背板中引出

(10)用透明胶带压住正负极引线，再用透明胶带将 TPT 与玻璃固定，在长边粘两条透明胶带，在宽边粘一条透明胶带，以免 TPT 背板移位。

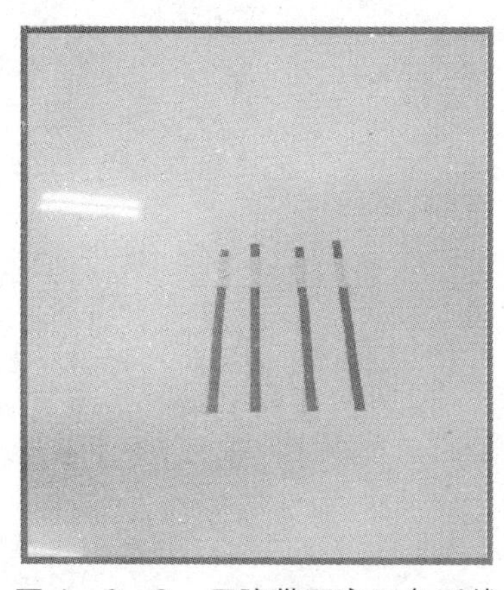

图 4－2－9 用胶带固定正负引线

(11)铺设好后，将铺设台的正负极测试引线和组件引出线的正负极连接；打开测试光源开关，检测组件电性能是否合格；通过电压电流测试数据判断组件是否良好。

4.2.3.5 叠层铺设工艺规程

(1)EVA 胶膜裁切尺寸：长、宽应分别比玻璃尺寸多出 20mm。

(2)TPT 背板裁切尺寸：长、宽应分别比玻璃尺寸多出 10mm。

(3)EVA 胶膜裁切尺寸误差：±2mm。

(4)TPT 背板裁切尺寸误差：±1mm。

(5)叠层焊接温度：350℃～370℃。

(6)电池串与电池串之间的最小距离：(2±0.5)mm。

4.2.3.6 叠层铺设后的外观检查

(1)检查光伏组件的极性是否接反。

(2)检查组件表面有无杂物，是否缺角、隐裂，组件串间距是否排列整齐，距玻璃边缘的尺寸是否一致。

(3)检查组件 EVA 和 TPT 是否完全盖住玻璃，并超出玻璃边缘 5mm 以上。

(4)TPT 面应无褶皱，无划伤，表面清洁、干净。

4.2.3.7 叠层铺设过程中的注意事项

(1)电烙铁在使用过程中处于高温状态，注意不要伤及自己和他人，不用时应将之放在烙铁架上，不能随意乱放，以免引起火灾，烫坏物品。电烙铁长时间不用时要断电。

(2)工作台一定要清洁干净，以免有杂物掉进组件内。

(3)汇流条的焊接方法要正确，以免影响组件的功率及汇流条的平整度和外观。

(4)同一组件内电池片应无色差。

(5)组件的正负极引出线的位置要正确，符合设计要求。

(6)在贴胶带的过程中要戴指套操作，其余过程中应戴手套操作。

(7)搬移组件进行检验时，要注意轻拿轻放。

(8)不同厂家的 EVA 不能混用。

4.2.4 可练习项目

(1)按工艺要求对 EVA 和 TPT 进行裁切。

(2)将尺寸为 125mm×125mm 的单晶硅电池片 4 等分；按设计图纸焊接；叠层铺设后测量电池串的开路电压和短路电流。

模块5

光伏组件层压工艺

任务5.1　层压设备

5.1.1　任务目标

了解常用光伏组件层压设备的性能；掌握层压设备的操作方法和规程。

5.1.2　任务描述

层压设备包括层压机、空气压缩机、机械泵等，是实施光伏组件层压封装工艺的相关设备。本任务主要是让学生了解常用光伏组件层压设备的性能，掌握层压设备的操作方法和规程，为以后学习层压任务打下基础。

5.1.3　任务实施

5.1.3.1　认识和使用层压设备

层压机是光伏组件生产的关键设备，该设备的性能直接关系到光伏组件的质量。常见的层压机分为手动层压机和自动层压机两种，这里主要介绍手动层压设备，以TDCT-Z-1型层压机为例，如图5-1-1所示，该设备的主要参数如下：

图5-1-1　TDCT-Z-1型层压机

外形尺寸：750mm×830mm×1 160mm。

层压面积：500mm×500mm。

设备重量：300kg。

层压高度：25mm。

开盖高度：350mm。

需要的压缩空气压力：0.6～1.0MPa。

需要的压缩空气流量：25L/min。

设备总功率：6.5kW。

运行能耗：6kW。

加热方式：电加热。

温控方式：温控器控制。

工作区温度均匀性：±3℃。

温控精度：±1℃。

温控范围：30℃～160℃。

抽气速率：8L/s。

层压时间：2～10min。

抽空时间：5～6min。

作业真空度：200～20Pa。

使用环境：环境温度为10℃～50℃；相对湿度小于90%。

车间电源需求：AC380V 三相五线。

层压机工作气压需求：0.6～1.0MPa。

真空系统：①主真空管路及气路采用日本 SMC 产品；②真空泵采用四川南光产品；③管路连接密封良好，充分保证设备的真空度。

温度控制模式：加热板多点测温。

工作性能：可连续24h高温作业，适应普通工业环境和实验室环境。

备件：汇流条、EVA 胶膜、TPT、太阳能电池玻璃及铝框、各部位专用胶水硅胶等、配套的各种功率接线盒、MC3 及 MC4 电缆接头、MC3 及 MC4 并联分支连接器、层压机专用高温布4块、铝框专用裁切工具等。

5.1.3.2　组件层压的操作（TDCT－Z－1 型层压机）

（1）打开设备电源开关。

（2）选择触摸屏工作方式界面，进入温度参数设置界面，设置好参数，然后返回触摸屏工作方式界面，进入手动工作界面。

（3）设定好工艺温度，打开加热开关（设置工作温度为130℃）。

（4）温度到达设定值后，按下真空泵开关。

（5）在手动状态下将上盖打开到位。

（6）将已经叠层好的待压组件放入层压机。

（7）按下合盖按钮直到合盖到位。

（8）开始手动层压作业过程。

① 分别点动上室真空和下室真空，按钮指示灯亮表示上下室开始同时抽真空，此时抽真空计时器开始工作计时（此过程大约需要2min）。

② 点动上室充气按钮，指示灯亮，设备处于上室充气状态，并将上室真空按钮弹回，下室真空按钮保持，进入层压状态。此时层压计时器和调压计时器同时开始工作，

调压计时器到达手动调压计时器定时参数后，断掉上室充气电磁阀，然后保持当前压力进行层压过程。观察层压计时器显示值到达层压工艺所需要的时间(此过程大约需要8min)。

③ 分别点动上室真空和下室充气，并将上室充气和下室真空按钮弹回，按钮指示灯亮表示上室开始抽空，下室开始充气，下室真空回到大气状态(下室真空表回到原位，此过程大约需要40s)。

④ 点动开盖按钮，按钮指示灯亮表示设备处于开盖工作状态，到此层压过程完毕。

5.1.3.3　层压设备的日常保养和维护

1. 日常维护

(1)检查并确保真空泵油位在规定的范围之内，油位要尽可能高，只使用真空泵制造商建议型号的油(导热油在1/2油位以上，真空泵在1/3油位以上)。

(2)每日检查加热板和橡胶板上堆积的灰尘和层压板上的材料，使其保持在冷却状态，用棉布擦拭干净。

(3)将加热板上的残液酒精擦除。切勿用利器擦除加热板上的EVA残余胶膜，以免损坏其表面平整度，影响组件质量。

(4)下室加热板及下室其余空间要用高压空气吹除残留物，吹除时一定要关闭真空泵，防止异物进入。

(5)试运行时注意设备是否正常工作，查看空压机的压力及机械泵抽空是否正常，如有问题及时解决。

(6)循环水每天换一次。

2. 每周维护

(1)检查顶盖O形环密封表面是否有灰尘和划痕。

(2)检查硅胶板是否有破损并及时擦洗。

(3)检查真空泵四角的灰尘和堆积的残余颗粒。

(4)检查所有的真空连管和固定铰链是否有松动。

3. 其他

(1)定期检查电磁阀。

(2)需有全年的大修。

(3)检查相关电路。

(4)清洗真空泵。

(5)零部件的老化问题。

(6)更换导热油。

(7)更换真空泵油时，只能使用厂家规定的优质真空泵油(需根据设备的使用状况制定更换真空泵油的计划)。

5.1.3.4　设备常见故障及解决方法

在检查、维修和维护光伏组件层压机之前，务必将电源切断。常用的层压机设备的故障原因以及解决方法如表5-1-1所示。

表5－1－1 层压机常见故障表

序号	故障现象	可能原因	排除方法
1	上盖合盖后，上下室不能抽真空	真空泵不运转	使真空泵正常运转
		真空泵运转方向与泵体箭头标志方向不一致	调换接线相序，使真空泵的运转方向与箭头一致
		压缩空气压力不正常	调整压缩空气压力
		上、下室手动充气阀关阀不严	关闭上、下室手动充气阀
		限位开关工作不正常	调整或更换限位开关
2	合盖后下室能抽真空，上室不能抽真空	上室管道漏气	找到漏气处并修复
		上室真空电磁阀不能启动	使压缩空气的压力达到要求或者更换电磁阀
3	打开上盖后上室不能抽真空	上室管道漏气	找到漏气处并修复
		上室真空电磁阀不能启动	使压缩空气的压力达到要求或者更换电磁阀
		胶皮破损	更换胶皮
		压条框螺丝没有拧紧	重新拧紧螺丝
4	合盖后上室能抽真空，下室不能抽真空	限位开关工作不正常	调整或更换限位开关
		下室手动充气阀关闭不严	关严手动充气阀
		下室真空阀工作不正常	调整压缩空气的压力或更换真空阀
		下室充气电磁阀松动漏气	重新拧紧或更换下室充气电磁阀
5	上室不能充气	上室充气电磁阀不能启动	检查线路或更换上室充气电磁阀
		上室真空阀启运不正常或关闭不严	修复或更换阀
6	上室能充气，而上室真空表指针不能回到零位	真空表损坏	更换
		连接真空表的塑料管有死弯	理顺使之变直
		上室真空阀关闭不严	关严或者更换
7	下室不能充气	下室充气电磁阀损坏，不能启动	更换电磁阀
		下室充气/下室真空开关损坏	更换开关
8	下室能充气，而下室真空表指针不能回到零位	下室真空阀关闭不严	调整下室真空阀
9	在上下室真空状态下，上室充气的同时下室的压力随之同步减小	胶皮破损	更换胶皮

续表

序号	故障现象	可能原因	排除方法
10	在上下室真空状态下，下室充气的同时上室的压力随之同步减小	下室真空阀关闭不严	调整下室真空阀
11	上盖不能打开	空气压缩机的压缩空气压力不正常	调整压缩空气的压力
		气缸的连接管路漏气	检查电路，排除故障
		开盖电磁阀损坏	更换
12	真空度不高	上盖硅胶密封圈接头裂开；密封圈严重磨损、老化或撕裂	重新接好接头；更换密封圈
		真空泵油中杂质过多	更换真空泵油
		下室真空阀漏气	更换或修复
		真空泵弯头的固定螺丝松动	拧紧螺丝
		真空泵的皮带过松	调整皮带的松紧度
13	上盖不能关闭	压缩空气问题	检查压缩空气
		开关盖电磁阀损坏	修复或更换
14	自动运行状态下出现混乱	PLC 的连接线路松动	拧紧 PLC 上的固定螺丝
15	层压时真空度降低	胶皮破损	更换胶皮
		上室真空阀关闭不严	修复或更换
16	下室真空时真空度偏低	密封条接头裂开	修复或更换
		上室充气、下室充气电磁阀接头松动	卸下后加 704 胶拧紧
		真空泵油过少	添加真空泵油
		真空泵的皮带松动	调整皮带松紧
		真空泵与弯头固定螺丝松动	拧紧螺丝
		下室真空阀的密封圈需要更换	更换密封圈
		真空计金属规管或真空计表头损坏	更换真空计
		真空泵与层压机的连接管道没有插紧	重新插紧连接管道
17	自动或手动状态下，电磁阀与控制器的运行状态不稳定	线路的固线螺丝松动	检查并拧紧
		电磁阀受损	更换电磁阀
		电源电压不正常	检查电源电压

续表

序号	故障现象	可能原因	排除方法
18	工作温度达不到设定值	电热管断路	更换电热管
		380V 交流电源输入缺相	重新接电源
		温度控制仪损坏	更换温度控制仪
19	温度控制仪不显示温度	温度传感器(热电偶)开路损坏	更换相应温度传感器
		温度控制仪损坏	更换温度控制仪

5.1.4　相关知识

层压设备的工作原理如下。

层压机的上下气囊如图 5-1-2 所示。层压机工作过程中工作腔内的工作如图 5-1-3 所示。

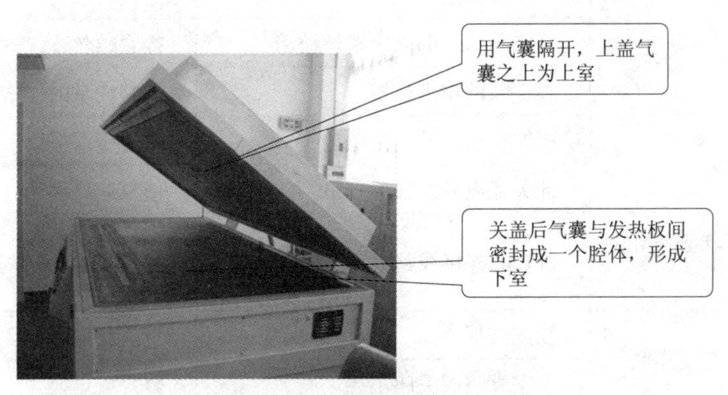

图5-1-2　层压机的上下气囊

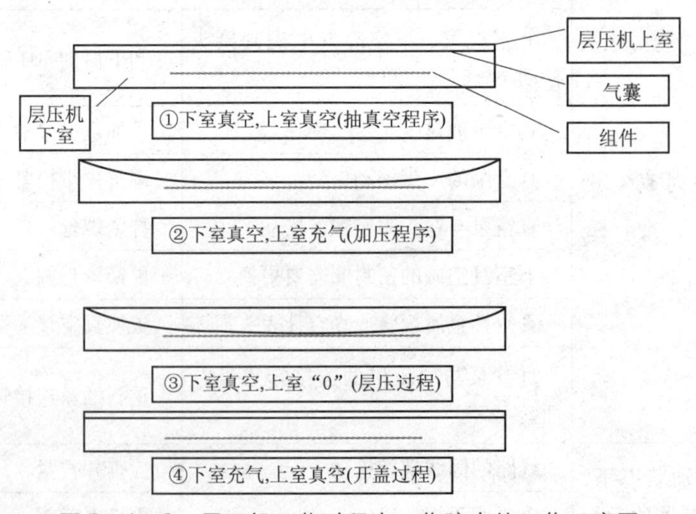

图5-1-3　层压机工作过程中工作腔内的工作示意图

在关闭层压机上盖后，后面的过程如下：

(1)抽真空程序：下室真空，上室真空。

(2)加压程序：下室真空，上室充气。

(3)层压过程：下室真空，上室“0”。

(4)开盖过程：下室充气，上室真空。

5.1.5　可练习项目

(1)实际操作一下层压设备，画出其功能结构图。

(2)谈谈如何进行层压设备的日常保养和维护工作。

任务5.2　层压工艺

5.2.1　任务目标

掌握层压工艺、层压不良品的返修方法。

5.2.2　任务描述

光伏组件的层压工序就是将叠层铺设好的光伏组件放入层压机内，通过抽真空将组件内的空气抽出，然后加热使EVA熔化并加压使熔化的EVA流动，充满玻璃、太阳能电池片和TPT背板之间的间隙，同时通过挤压排出中间的气泡，将太阳能电池片、面板玻璃和背板膜紧密粘合在一起，最后降温固化的工艺过程。本任务主要是让学生了解层压工艺的原理、层压工艺的操作以及层压不良品的返修方法。

5.2.3　任务实施

5.2.3.1　了解层压工艺

常见的层压工艺分为一步法和两步法，如图5-2-1所示。

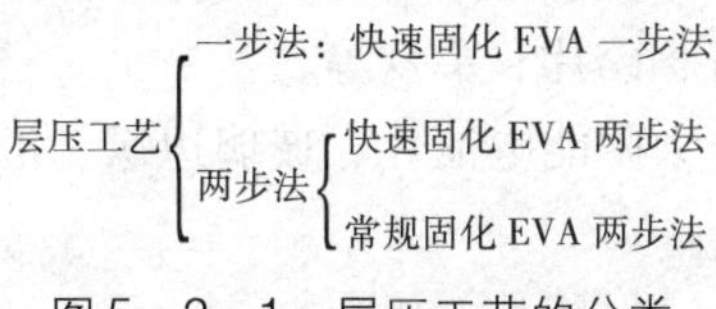

图5-2-1　层压工艺的分类

1. 快速固化EVA一步法

层压机加热至100℃~120℃→放入组件→抽气5~8min→加压3min，升温至135℃~140℃→恒温固化15~20min→放气后即刻取出冷却。

2. 快速固化EVA两步法

层压机加热至100℃~120℃→放入组件→抽气5~8min→加压3min→放气后即刻取出冷却→将组件放入固化烘箱，升温至135℃~140℃，恒温固化15~20min。

3. 常规固化EVA两步法

层压机加热至100℃~120℃→放入组件→抽气5~8min→加压3min→放气后即刻取出冷却→将组件放入固化烘箱，升温至145℃~150℃，恒温固化30min。

层压的主要目的是对叠层铺设后的光伏组件进行封装，层压过程中工艺参数的设置对层压后光伏组件的质量有很大的影响。主要组件层压工艺参数包括以下几个方面：

(1)层压温度：其取决于所使用的EVA的特性(熔化温度、固化速度)、组件生产时的实际温度，最后通过层压实验，测试其胶凝度、拉力值，综合这些方面确定层压温度。

(2)固化温度：EVA 固化。

(3)升温速率：升温速率过慢，EVA 加热固化时间太长，由于交联剂受热分解，EVA 不能固化；升温速率过快，容易产生气泡。

(4)抽真空时间：一是排出封装材料间隙的空气和层压过程中产生的气体，消除组件内的气泡；二是在层压机内部造成一个压力差，产生层压程序中所需要的压力。EVA 完全溶化时的温度是 80℃，所以必须等到 EVA 完全溶化，达到最佳的熔融态后，气囊才能下压，这是最有利于排出组件内气体的，可以减少气泡的产生。根据测试温度的数据分析，在抽真空 5min 左右时组件上的温度即可达到 80℃(因设备及工作状态而异)，而这时 EVA 的流动性较大，气囊在这时下压，容易造成组件的移位，为避免产生移位，可将抽真空时间延长至 6min。

(5)充气时间：其对应于层压时施加在组件上的压力，充气时间越长，压力越大。因为 EVA 交联后形成的这种高分子一般结构比较疏松，压力的存在可以使 EVA 胶膜固化后更加致密，具有更好的力学性能，同时也可以增强 EVA 与其他材料的粘合力。

(6)层压时间：其是施加在组件上的压力的保持时间。气囊开始下压的过程是将组件内部残存的气体排出的过程，并对组件施加一定的压力，使 EVA 胶膜固化后分子结构更加致密，具有更好的力学性能，增强 EVA 与其他材料的粘合力。根据拉力测试和胶凝度的测试结果，将加压和层压时间设定为 9min 即可使胶凝度达到 65% ~95%。

5.2.3.2 层压工艺的实施

1. 层压前的检查

(1)组件正负极引出线用胶带贴在 TPT 上，使其平整不弯折；长度不能过短。

(2)TPT 背板膜没有明显褶皱、划伤，能完全覆盖玻璃。

(3)组件内无异物，如锡渣、碎片、头发等。

(4)用组件镜面观察架检查太阳能电池片、玻璃边缘、汇流条之间的距离是否符合工艺要求。

2. 组件层压工艺规程

(1)层压工艺技术参数的确定：根据组件产品的规格、EVA 胶膜的交联度及组件质量要求等确定工艺参数。

(2)层压工艺调整范围(依设备和封装材料性能而定)

层压温度：136℃ ~145℃(参考)。

抽真空时间：5 ~7min(参考)。

层压工作压力：0.02 ~0.03MPa(参考)。

层压时间：13 ~17min(参考)。

(3)层压工艺调整范围依设备和封装材料而定。60s 后真空度达到 -20 ~200Pa(参考)。

(4)EVA 的交联度：不小于 80%。

(5)压缩空气压力：不小于 0.8MPa。

(6)层压机设定温度校准：使用经过计量监测机构定期校准的点温计在达到设定温度后进行校准。温度偏差不超过设定温度 ±5℃即为合格。

3. 组件层压后的外观检查

(1)检查组件内的电池片是否有破裂(裂纹、碎片等)。

(2)检查组件是否有气泡，背板是否平整。

(3)检查组件内是否有异物。

(4)检查组件内的电池片、玻璃、汇流条之间的位置是否发生偏移。

(5)检查组件电池片是否有色差，涂锡焊带是否发黄。

4. 组件层压操作注意事项

(1)对于层压参数要根据EVA性能要求进行调整，不可随意更改。

(2)层压机内放入组件后要迅速层压，层压完成开盖后要迅速取出组件。

(3)随时清理高温布及上室气囊、下室加热板上残留的EVA或其他杂质。

(4)经常检查冷却水、行程开关和真空泵的运行情况，定期检查加热温度，对层压机进行保养。

(5)每天第一次开机或更改层压参数后，都必须让层压机空运转一次，以保证机器正常运行。

(6)开盖前必须检查下室充气是否完成，否则不允许开盖，以免损坏设备。

5.2.3.3　层压不良品的返修方法

下面给出某公司的光伏组件层压返修作业指导书的内容以供参考。

一、人员要求

1. 生产员工在正式生产作业前须熟悉本工序的整个作业流程。

2. 生产员工在作业前需严格穿戴好工作服、工作帽、高温手套，没有穿戴规范，不允许作业，更不得用手直接接触电池片。

3. 生产员工在作业时应集中精神，小心操作。不得嬉戏、打闹、闲聊，不得做与工作无关的事情。

4. 按要求填好返修单，并填好返修用料和返修原因。

二、生产环境要求

1. 生产环境温度要求为23℃ ±1℃，湿度不大于75%。

2. 应保持修复台干净整洁，上面无灰尘、残余EVA及其他杂物。

3. 修复区域卫生要打扫干净。

4. 准备好工作用的钢尺、高温胶带、无尘布、酒精喷壶、焊台、剪刀、美工刀、助焊笔、美工胶、保鲜膜、镊子、老虎钳、尖嘴钳、铲刀、记号笔、橡皮、气枪。焊台温度正常无误(350℃ ±5℃)。

三、操作程序

1. 外观检验，EL测试后，确定要返修的电池片的位置，并做好记录。

2. 打开修复台电源，设置好温度(130℃ ~135℃)，进行预热升温。

3. 待温度升到设定好的温度后。在修复台下面放置好一块高温布边角成圆角，再在高温布上面放置一块待返修组件，有钢化玻璃的一面朝下，组件上面再盖一块高温布边角成直角。待返修组件应先放到叠层测试电压的工作台上，打开电源开关，拿美工刀沿组件透光处匀速划动，将背板裁成条状。盖上返修台上盖，加热10min后，取下上盖与组件上方的盖布。

4. 用老虎钳夹住组件背板一角匀速向前拖动，直到背板完全脱落。重复上述步骤，直到剩余背板都完全脱落。注意：在电池片边角处应放慢速度，防止电池片由于拖动背板用力过猛而损坏。

5. 关闭修复台电源，用刀片沿电池片裂片边缘匀速滑动，将损坏的电池片及粘在上面的EVA划出，再用铲刀沿电池片边角将损坏的电池片铲掉。注意将相连的涂锡带完好留下，再用橡皮、无尘布将钢化玻璃上多余的EVA清理干净，将EVA上的赃物清理干净，将有空胶、余胶的地方清理平整。将弯曲的汇流条换下并检查其是否贴有条形码。

6. 在损坏的电池片区域内，按区域大小裁剪好两块EVA，底下放置好一块EVA，然后将焊接涂锡带用的高温布铺在上面，取好电池片，检查无误后，将其放置在高温布上，先用烙铁将待返修电池片需焊接部分涂锡带上的EVA清理掉，然后在涂锡带上涂上助焊剂，按串焊工艺开始焊接。重复以上步骤，将其余电池片也修补好(EVA、电池片、背板、涂锡带、美工胶、高温胶带与组件原材料的型号尺寸规格相同)。

7. 在电池片上盖上裁剪好的另一块EVA，将其余空胶部分补充上裁剪适当的EVA，在贴有高温胶带的地方也补充好EVA，再盖上一整块EVA，然后盖上背板，用美工胶固定好。

8. 检验外观，EL测试后若需要更换电池片，则重复上述步骤修补好，然后将其放入层压机中层压。层压后若外观检验无误，即进行下一块返修板的层压(层压参数参考：台面温度为135℃，抽真空时间为420s，层压时间为660s，加压压力为0.01～0.02MPa)。

四、注意事项

1. 组件返修拔背板后，若当天未返修完，应用保鲜膜覆盖待返修组件。防止灰尘、脏物粘在组件上。

2. 清除待返修组件的EVA时，将边角清理成圆角。

3. 在返修组件中，防止钢化玻璃边角碰撞到硬物而导致组件报废。

组件需要EL测试、外观检验时，应用周转车周转。

5.2.4　相关知识

5.2.4.1　层压生产工序中的品质控制

(1)统计焊接生产工序中出现的缺陷种类。

层压生产工序中常见的问题包括气泡，碎片，电池片上有碎角、缺口，电池片有隐裂，组件中电池片上有异物(非毛发和垃圾)，组件中有毛发和垃圾，汇流条发生变形，组件背面出现凸点(凹凸不平)，电池片出现移位，超出工艺要求范围等。

① 气泡。层压参数设置不当，封装材料被污染等原因都会造成层压后光伏组件气泡的出现，其情形包括：电池片及间隙间的满板气泡、组件中间的部分气泡、涂锡焊带上的气泡、互联带上的气泡和绝缘位置的气泡等。

情形1：电池片及间隙间的满板气泡，如图5-2-2所示。

产生原因：层压机未抽真空，属于层压机的操作方法不当，未关盖到位或真空泵未打开或层压机本身有故障。

图5-2-2　电池片及间隙间的满板气泡

情形2：组件中间的部分气泡，如图5-2-3所示。

产生原因：此气泡为抽真空较晚造成的。

图5-2-3　组件中间的部分气泡

情形3：涂锡带上的气泡，如图5-2-4所示。

产生原因：EVA的湿度太大是主要原因。

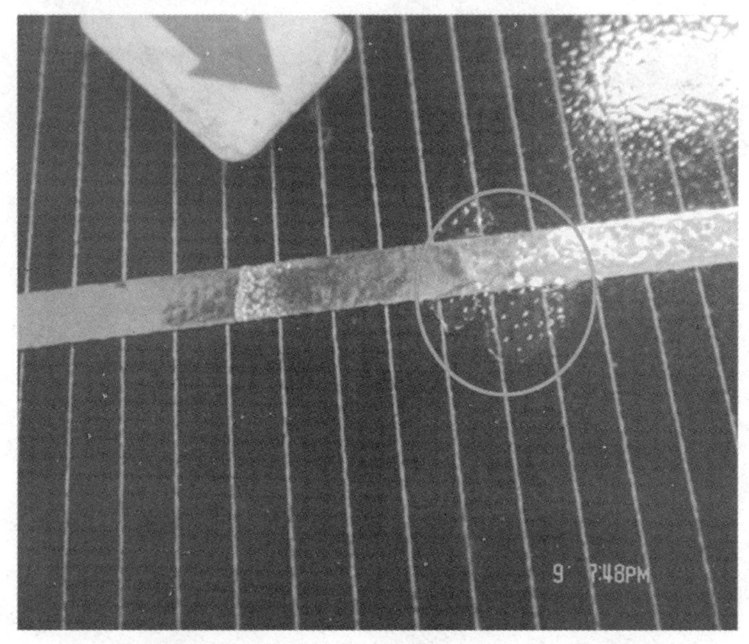

图 5 -2 -4　涂锡带上的气泡

情形 4：互联带上的气泡，如图 5 - 2 - 5 所示。

产生原因：互联涂锡带上的气泡与焊接“L”形涂锡焊带时助焊剂的用量及模具的清洁有关。

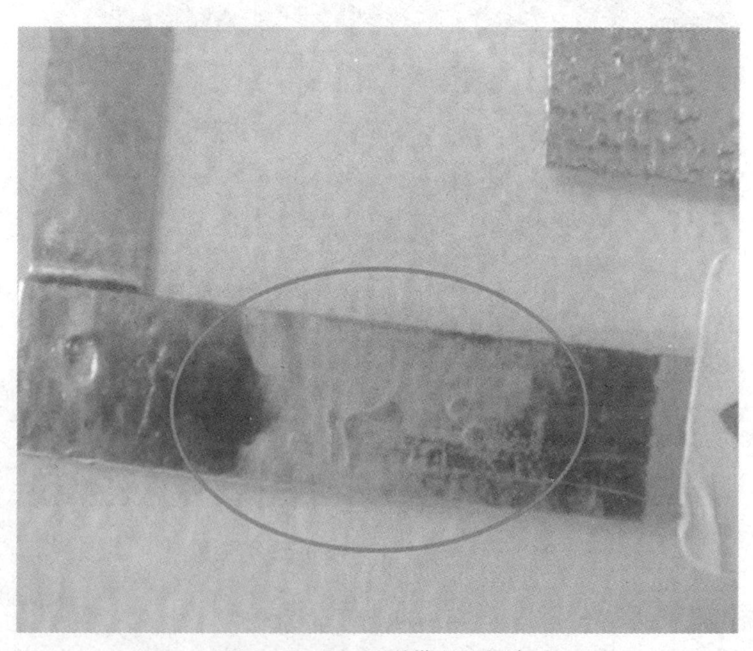

图 5 -2 -5　互联带上的气泡

② 移位。光伏组件在层压过程中产生的移位缺陷包括所有电池串整体移位、不同串 - 串间间隙移位以及同串 - 片间间隙移位等情形。

情形 1：组件所有电池串整体移位，导致电池片到玻璃边缘的距离小于 10mm，如图 5 - 2 - 6

所示。

产生原因：排板时的尺寸没有完全按要求做，或在周转过程中造成偏移。层压不会造成整体的偏移。

图5－2－6 组件所有电池串整体移位

情形2：不同串－串间间隙移位，导致不同电池串间间隙小于1mm，如图5－2－7所示。

产生原因：未贴固定胶纸；EVA在熔化时流动性大，收缩率太大，气囊下压时间过早，真空泵抽气速度过快。

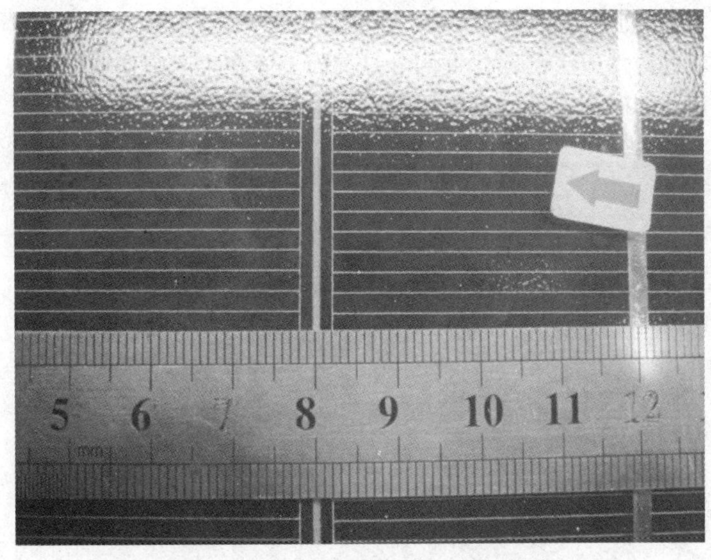

图5－2－7 不同串－串间间隙移位

情形3：同串－片间间隙移位，导致同一电池串内，电池片间间隙小于1mm，如图5－2－8所示。

产生原因：串带时的间隙过小，可能是串带模板损坏或操作时电池片没有完全顶住两边的柱子；来料电池片尺寸偏大会也导致片间间隙过小。

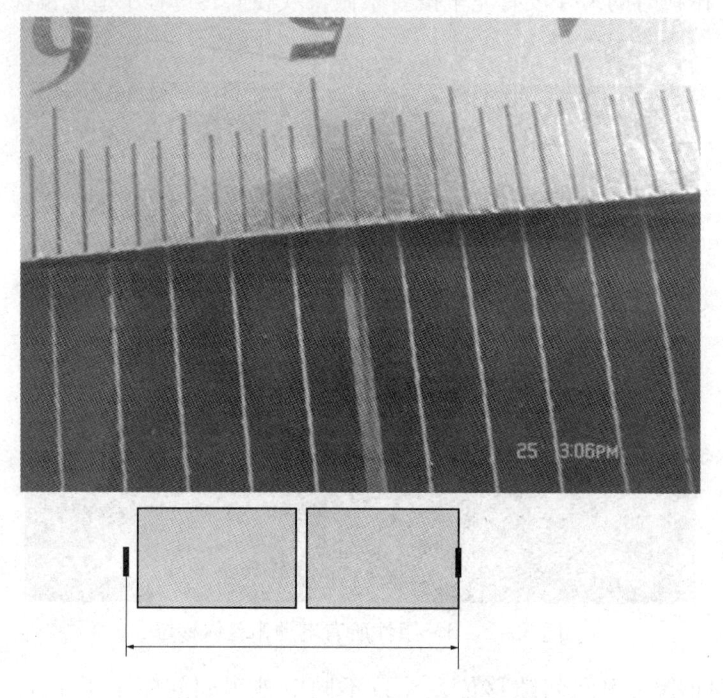

图5－2－8　同串－片间间隙移位及其示意图

③ 碎片。层压过程中出现碎片的情况包括组件边缘处碎片、组件引出线处碎片以及其他位置的碎片。

情形1：组件边缘处碎片，如图5－2－9所示。

产生原因：靠近组件边缘的碎片大部分是前面工序在生产中造成的暗裂或是来料引起的暗裂纹；组件边角处的碎片大部分是层压组人为操作造成的。

图5－2－9　组件边缘处碎片

情形2：组件引出线处碎片，如图5－2－10所示。

产生原因：产生引出线处碎片的最主要的原因是气囊充气下压时间过短，对组件引出线的冲击力太大，造成碎片；引出线与电池片上的引出线距离太近，气囊下压时对电池片的压力过大，造成碎片。

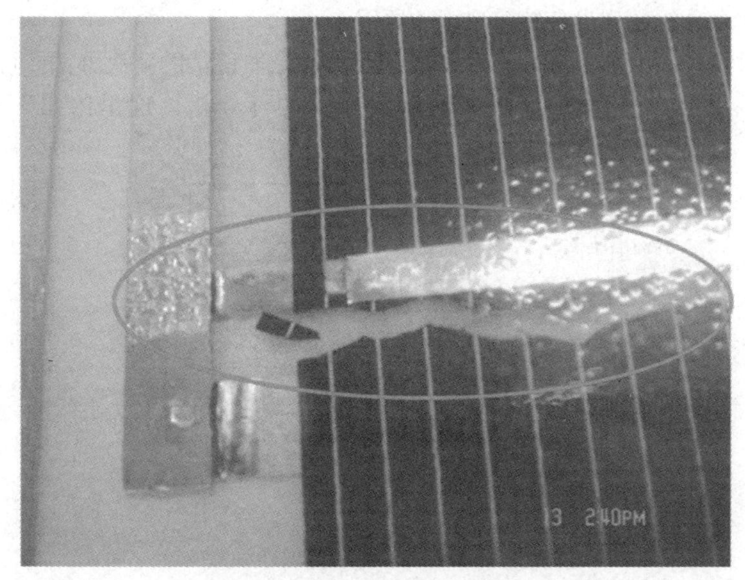

图5-2-10　组件引出线处碎片

情形3：其他位置的碎片，如图5-2-11所示。

产生原因：组件中间处电池片的碎片一般为层压前的碎片，人为操作造成的暗裂纹和周转过程造成碎片的可能性最大。

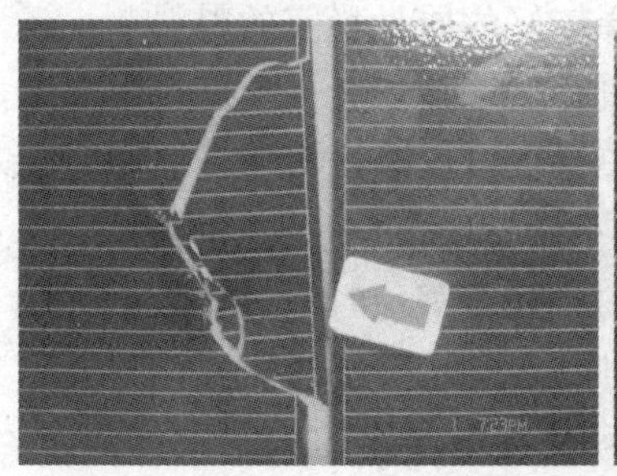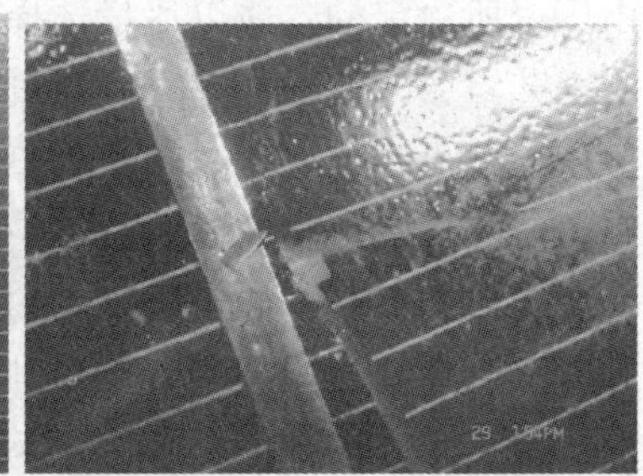

图5-2-11　其他位置的碎片

(2)采用品质管理工具中的Pareto图、鱼骨图等分析方式，对统计出的各种缺陷数量做相应的分析图表，如表5-2-1所示。

表5-2-1　某公司层压生产工序中的质量问题统计表

缺陷总数	缺陷种类	数　量	百分比/%	累计百分比/%
14	电池片碎角	8	57.14	57.14
14	电池片碎片	3	21.43	78.57
14	电池片缺口	1	7.14	85.71
14	电池片隐裂	1	7.14	92.86
14	电池片上有异物	1	7.14	100.00
14	其他	0	0.00	100.00

(3)从图表中分析并列出各缺陷出现的原因。

(4)通过对各种原因的分析，针对一个原因找到合理科学的解决办法。可以从产品生产过程的5要素，即人、机、料、法、环5个方面进行分析，这里给出一个例子，如图5-2-12所示。

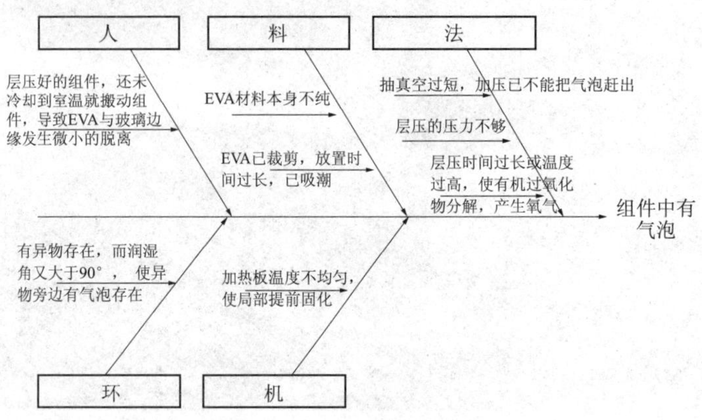

图5-2-12　光伏组件层压过程中气泡产生原因鱼骨图

(5)制定合理科学的措施并有力地执行。

① 控制好每天所用的EVA的数量，要让每个员工了解每天的生产任务。

② 做到当天裁，当天用完。

③ 材料是由厂家所决定的，所以尽量选择较好的质量稳定的材料。

④ 调整层压工艺参数，使抽真空时间适量。

⑤ 增大层压压力。可通过层压时间来调整，也可以通过再垫一层高温布来实现。

⑥ 垫高温布，使组件受热均匀(最大温差小于4℃)。

⑦ 根据厂家所提供的参数，确定层压总的时间，避免时间过长。

⑧ 应注重6S管理，尤其是在叠层这道工序，尽量避免异物掉入。

⑨ 员工应该严格按工艺文件中对各个手势及各个动作的规定进行操作，不到时间坚决不碰组件。

5.2.4.2　滴胶工艺

在光伏组件的封装工艺中，2W以下太阳能电池板通常采用滴胶工艺进行封装。滴胶组件制作工艺流程如图5-2-13所示。封装胶采用环氧树脂水晶滴胶，它由高纯度环氧树脂、固化剂及其他成分组成。其固化产物具有耐水、耐化学腐蚀、无色透明、防尘、不易变质发黄的特点。使用该水晶滴胶除了对工艺制品表面有良好的保护作用外，还可增加其表面光泽与亮度，进一步增加表面装饰效果。滴胶工艺还可用于由金属、陶瓷、玻璃、有机玻璃等材料制作的工艺品的表面装饰与保护。

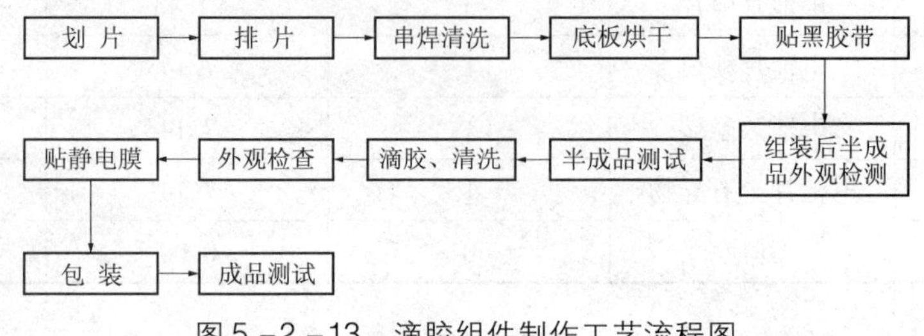

图5-2-13　滴胶组件制作工艺流程图

图5－2－13所示具体工艺如图5－2－14～图5－2－25所示。

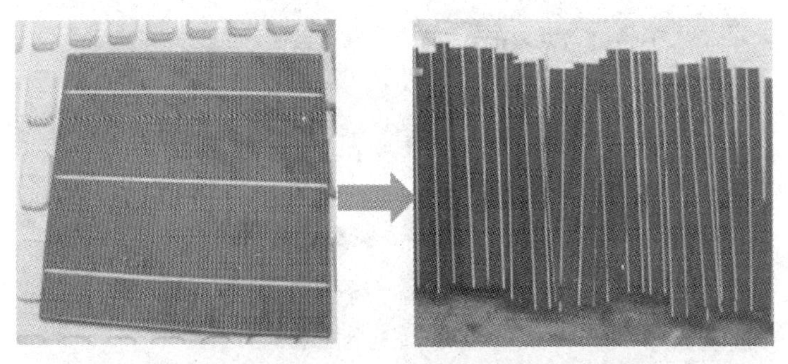

图5－2－14 太阳能电池划片（激光划片机）

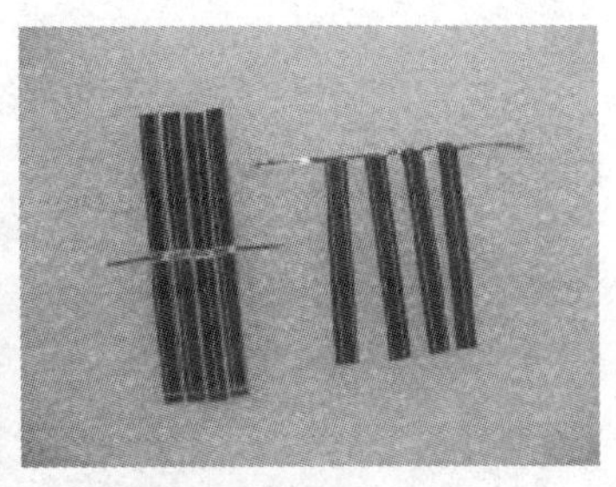

图5－2－15 排片焊接

图5－2－16 底板烘干（真空干燥箱）

先在底板贴一条双面胶，如图5－2－17所示，以粘贴固定晶体硅片。底板以尼龙材质较好。很多生产商为了节约成本会用塑料纸板作为底板，这种底板在大自然的环境下，因温度和湿度的变化会产生胀缩，致使晶硅片断裂。

图5－2－17　贴黑胶带

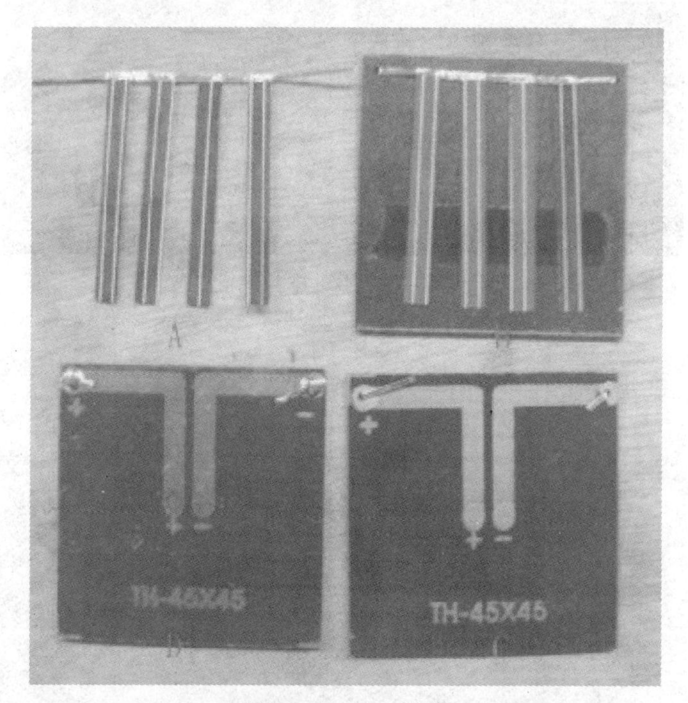

图5－2－18　组装

将焊接好的太阳能电池条两头的锡条穿过底板上的两个孔并与底板上的双面胶粘住（底板正面）；晶体硅两头的锡条穿过底板上的两个孔（底板背面）；晶体硅两头的锡条用电烙铁焊接在底板的正负极点上。

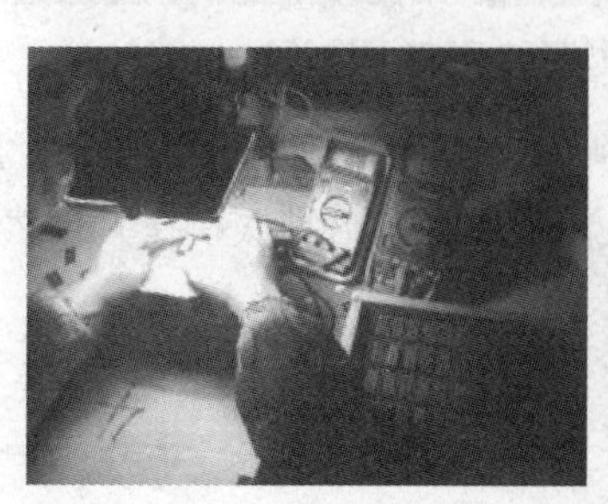

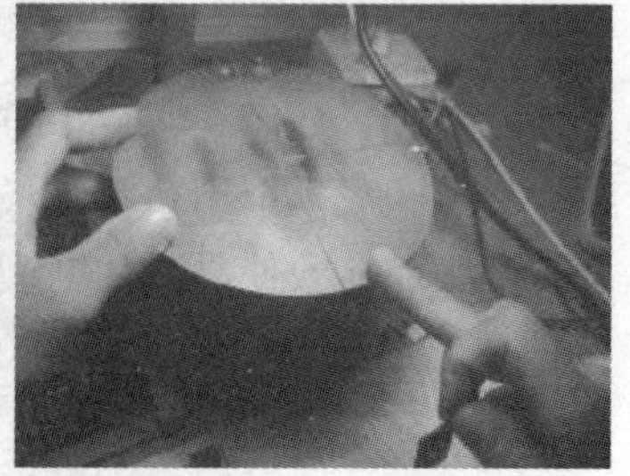

图5－2－19　组装后的检测

把已经检测好的晶体硅太阳能板排放在特制的架子上，往板上滴胶(环氧树脂)。一般所滴的胶不能完全覆盖在太阳能板上，要手工调均，如图5－2－20所示。

图5－2－20　滴胶、清洗

图5－2－21　抽真空(约5min)

抽真空的作用是使胶水与底板完全贴合，防止产生气泡。

图5－2－22　烘烤(60℃、2h)

烘烤的作用是使胶水融化并粘合在底板上。

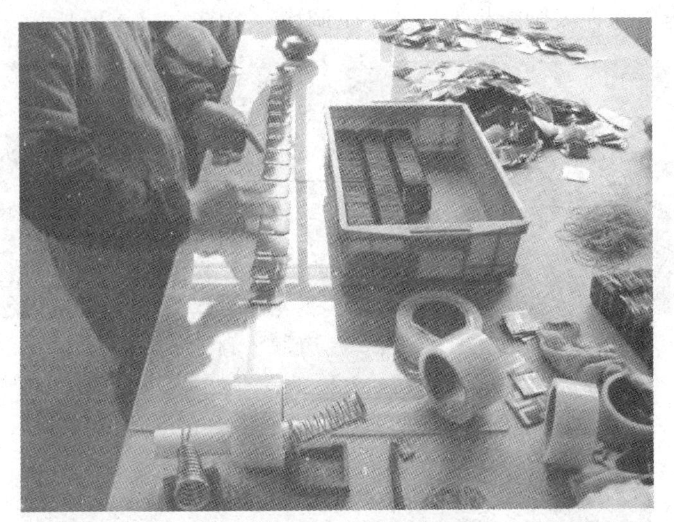

图5－2－23 贴静电膜

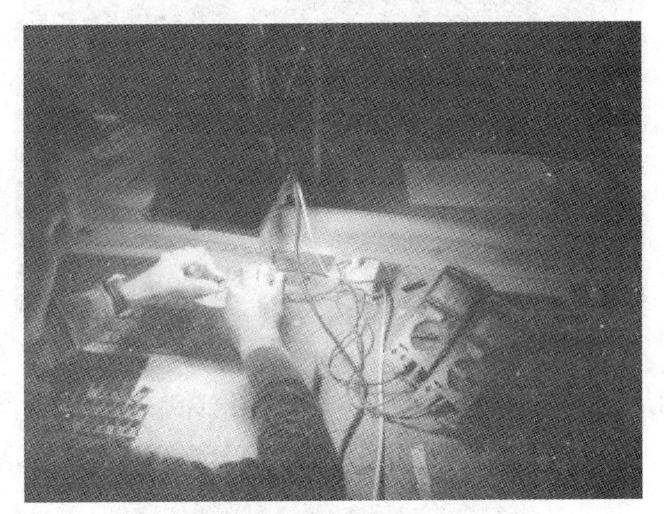

图5－2－24 最终检测

图5－2－25 包装、成品组装

1. 滴胶工艺器具准备

称量器具：电子天平。

调胶器具：广口平底杯、圆玻璃棒。

作业物载具：方形玻璃板、载具分隔垫块。

干燥设备：烘箱。

2. 滴胶工艺的操作步骤

(1)先将称量器具、调胶器具、作业物载具、干燥设备等必要的器具和设备以及待滴胶作业物准备到位。

(2)将电子天平、烘箱、作业物载具、工作台面放置好并调整水平。

(3)用干爽、洁净的广口平底容器(具)称量好 A 胶，同时按比例称好 B 胶(一般为 3:1 重量比)。

(4)用圆玻璃棒将 AB 混合物左、右或顺、逆时针方向搅拌，同时容器(具)最好倾斜 45°角并不停转动，持续搅拌 1 ~2min 即可。

(5)将搅拌好的 AB 混合胶水装入带尖嘴的软塑胶瓶内进行滴胶。

(6)滴胶面积稍大或滴胶水的数量较多时，为加速消除胶水中的气泡，可采用以液化气为燃料的火枪来催火消泡。消泡时火枪的火焰要被调整到完全燃烧状态，且火焰离作业物表面最好保持 25cm 左右的距离，火枪的行走速度也不能太快或太慢，保持适当速度即可。

(7)待气泡完全消除掉以后就可将作业物以水平方式移入烤箱加温固化，温度调节应先以 40℃左右烤 30min 再升高到 60℃ ~70℃，直到胶水完全固化。

(8)如果对滴胶效果要求严格的话，建议尽量让滴过胶水的作业物自然水平待干。

3. 滴胶工艺的注意事项

(1)电子天平、烘箱、工作台面或作业物载具等器具要务必放置水平，否则会影响称量的准确性或会使刚滴上胶水的作业物发生溢胶。

(2)用电子天平称量胶水时一定要除去容器重量，以免称量不准。

(3)所用容器具务必干爽、清洁、无尘，否则会影响胶水固化后的表面效果，导致波纹、水纹以及麻点等不良现象出现。

(4)胶水务必按重量比称量准确，比例失调会使胶水长时间不干或硬胶变软胶。

(5)务必将胶水搅拌均匀，否则胶水固化后表面会出现龟壳纹即树脂纹路，或者胶水会固化不完全。

(6)操作现场和工作环境须空气流通，并且务必做到无灰尘、杂物，否则会影响胶体的透明度或使胶水固化后表面出现斑点效果。

(7)工作环境的空气相对湿度建议控制在 68% 以内，现场温度以 23℃ ~25℃为宜。工作环境湿气太重，则胶水表面会被氧化成雾状或气泡难消。温度过低或者过高都会影响胶水固化和使用的时间。

(8)滴过胶水的作业物要在集中区域待干，待干温度应该掌握在 28℃ ~40℃。

(9)如需加快速度，可以采用加温固化的方式，但必须要在集中待干区域待干 90min 以上才能进行加温，加温温度应该控制在 65℃以内，具体干燥时间要根据胶水本身来定。E－07AB和 E－08AB 型胶水在 65℃温度下可以在 8h 内完全固化。常规操作采用 28℃ ~35℃的常温固化，时间应该在 20h 左右，这样可以最大限度地保证滴胶质量。

(10)胶桶开盖倒出胶水后需马上盖好，避免其与空气长时间接触导致胶水氧化结晶。

4. 滴胶工艺设备(见图5-2-26)

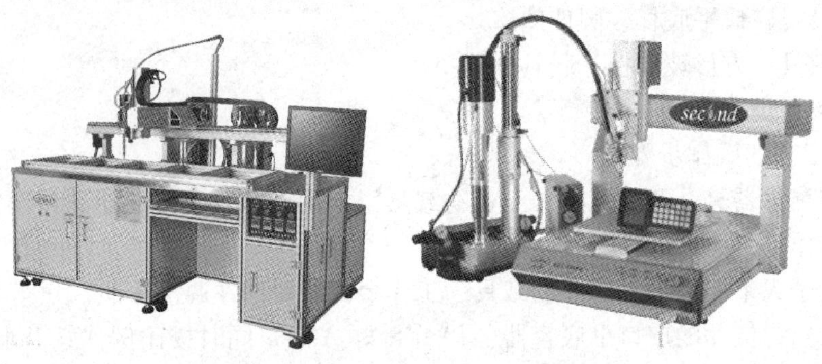

图5-2-26　全自动点胶机装置

除了手动滴胶外，也可以使用全自动点胶机装置进行滴胶工艺。全自动点胶机装置广泛应用于半导体、电子零部件、LCD制造等领域。它的原理是通过压缩空气将胶压进与活塞相连的进给管中，当活塞上冲时，活塞室中填满胶，当活塞下推时胶从点胶头压出。全自动点胶机适用于流体点胶，在自动化程度上远远高于手动点胶机。从点胶的效果来看，其产品的品质级别会更高。

全自动点胶机装置具有空间三维功能，不但可以走平面上的任意图表，还可以走空间(多个平面)三维图；其具有USB接口，各机台之间能以程序传输；具真空回吸功能，确保不漏胶，不拉丝。可配点胶阀和大容量的压力桶使用(当要点的胶量较大时)。

5.2.5　可练习项目

(1)设计实验，研究层压参数(抽气时间、层压时间、层压温度等)对光伏组件最终性能的影响。

(2)分析层压生产工序中光伏组件内部出现碎片的原因，并参照层压生产工序中光伏组件中出现气泡的鱼骨图，画出出现碎片的鱼骨图，并试着给出解决问题的办法。

(3)从网上收集尽可能多的关于层压组件返修的资料，并进行总结，将返修的原因和返修方法列表显示。

(4)发挥想象，设计一个光伏组件的外型，并采用滴胶工艺将设计好的组件制作出来。

模块6 修边、装边框、安装接线盒和清洗工艺

任务6.1 认识铝合金边框和装边框设备

6.1.1 任务目标

了解铝合金边框的作用；了解铝合金边框的成分构成、表面氧化处理方法；了解铝合金边框的常用规格；了解铝合金边框的储存方法；掌握装边框设备的使用方法。

6.1.2 任务描述

层压后的光伏组件需要在其四周装上铝合金边框以包括面板玻璃，同时提高光伏组件的机械性能。本任务主要是让学生了解铝合金边框的基本知识，掌握装边框设备的使用方法。

6.1.3 任务实施

6.1.3.1 认识铝合金边框

铝合金边框是对铝棒进行热熔、挤压而得到的具有不同截面形状的铝型材。根据铝型材中各种金属成分配比的不同，其可以分为1024、2011、6063、6061、6082、7075等合金牌号的铝型材，其中6系列的最为常见。

铝合金在各个领域的要求、技术、材质等方面都有所不同，在太阳能光伏产业有专门的铝合金材料，根据光伏组件要求的机械强度及其他要求，参照GB/T 3190—1996《变形铝及铝合金化学成分》，采用国际通用牌号为6063T5铝合金材料。其化学成分如表6-1-1所示。

表6-1-1 牌号为6063T5的铝合金材料的化学成分

硅Si	铁Fe	铜Cu	锰Mn	镁Mg	铬Cr	锌Zn	钛Ti	钙Ga	钒Va	铝Al
0.2%~0.6%	0.35%	0.1%	0.1%	0.45%~0.9%	0.1%	0.1%	0.1%	0.05%	0.15%	剩余

铝合金边框在光伏组件中的主要作用包括以下几个方面：

(1)保护玻璃边缘。

(2)铝合金结合硅胶打边加强组件的密封性能。

(3)大大提高组件整体的机械强度。

(4)便于组件的安装、运输。

因此，对铝合金边框的性能要求包括以下几个方面：

(1)高硬度：维氏硬度大于10。

(2)抗腐蚀性(抗酸雨、抗盐雾、抗紫外线等)。

(3)抗冲击性(抗风吹、抗雪压等)。

(4)扭曲性能(安装使用时间在20年以上)。

6.1.3.2　铝合金边框的检验

铝合金边框的检验项目如表6-1-2所示。

表6-1-2　铝合金边框的检验项目

检验项目	检验内容	检测方法(使用工具)
包装	包装是否完好；确认厂家、规格型号以及保质期	目测
外观	目视铝合金表面是否有氧化斑；整根上0~0.5cm的划痕数量不得超过2个；0.5~1cm的划痕数量不得超过1个；不允许出现大于1cm的划痕	目测
尺寸	长度和宽度允许偏差为±1mm；厚度允许偏差不大于0.5mm	游标卡尺、卷尺
弯曲度	放置在平台上的铝合金型材与台面的最大距离应不超过边长的0.2%	平台、塞尺、游标卡尺
型材与角码的匹配性	取一套型材组装好，缝隙小于1mm为合格	直尺
直角度		量角器
表面硬度和氧化膜厚度	供货方需提供表面硬度、氧化膜厚度和材质质量的测试数据报告	膜厚测试仪、维氏硬度计

(1)铝合金边框的包装检验如图6-1-1所示。

图6-1-1　铝合金边框的包装检验

(2)铝合金边框的外观检验如图6-1-2所示。

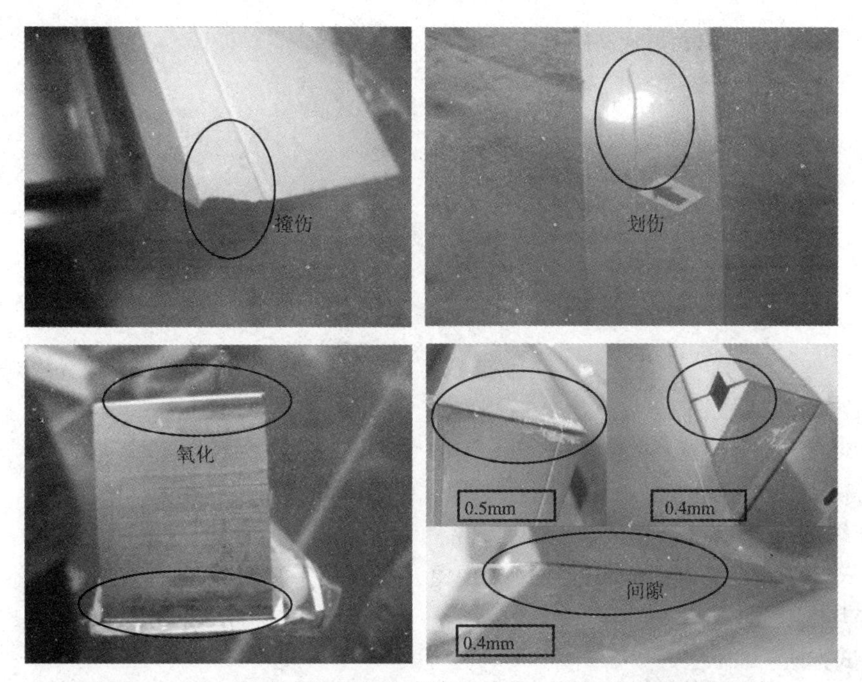

图6－1－2　铝合金边框的外观出现撞伤、划伤、氧化斑等缺陷

(3)表面硬度测试。

① 测试方法：用维氏硬度计。

② 要求：表面硬度不小于10HV(kgf/mm^2)。

(4)氧化膜厚度测试。

① 测试方法：用膜厚测试仪，如图6－1－3所示。

② 要求：膜厚为15～25μm。

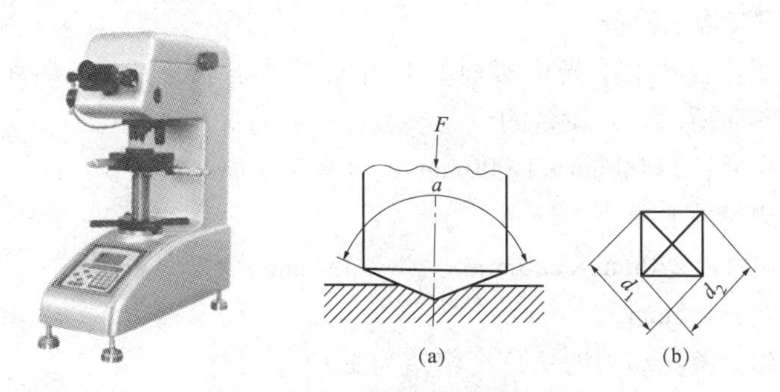

图6－1－3　膜厚测试仪及压头

(a)压头(金钢石镀体)；(b)维氏硬度压痕

(5)弯曲度测试。

① 测试方法：

(a)将待测铝合金样品放在一个干净水平的工作台面上。

(b)用塞尺从各个方向测量铝合金样品与工作台面缝隙的大小。

② 要求：缝隙不大于1mm(针对切割后的型材)。

(6)直角度测试。

① 测试方法：用量角器，如图6－1－4所示。

② 要求：角度不大于5′或24′(旭格)。

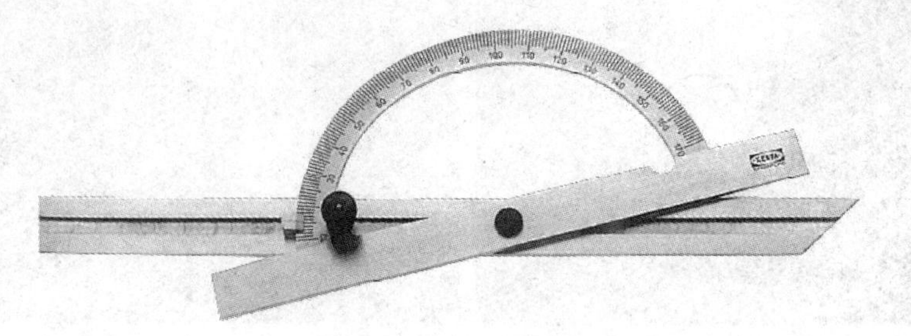

图6－1－4　量角器

(7)盐雾腐蚀试验。

① 测试方法：

(a)将待测铝合金小样品直接放置在盐雾试验箱内并开启试验箱。

(b)连续测试1 000h后取出待测焊带样品。

② 要求：待测样品表面无腐蚀或色斑现象，氧化膜完好。

(8)湿热老化试验。

① 测试方法：

(a)将待测铝合金小样品直接放入湿热老化箱内。

(b)在85℃、85% RH的条件下持续1 000h后取出，用肉眼观察样品状况。

② 要求：待测样品无变形、无开裂，氧化膜完好。

6.1.3.3　铝合金边框的储存

(1)恒温(20℃～30℃)；恒湿(小于60%)。

(2)避免阳光直射或风吹。

(3)保存时间不超过1年。

6.1.3.4　认识装边框设备

这里结合佛山职业技术学院光伏实训室的情况，详细介绍一下秦皇岛利阳光电ZK－4组框机，如图6－1－5所示。该设备的设备参数如下：

最大组框外形尺寸：2 000mm×1 000mm×(18～35)mm。

组框精度：对边尺寸之差为±1mm。

最小组框外形尺寸：220mm×220mm×(18～35)mm。

对角线尺寸之差：1.5mm。

组框动力：气动、液压动力四角角度偏差为±0.5。

组框气缸规格：50×25，4只；80×20，3只。

工作气压：0.4～0.7MPa

液压压力：1.0～15.0MPa

刹紧气缸规格：50×15，2只。

操作方式：人工。

最大外形尺寸：2 400mm×1 500mm×950mm。

重量：1 200kg

备件：硅胶导线、组件用肖特基二极管等。

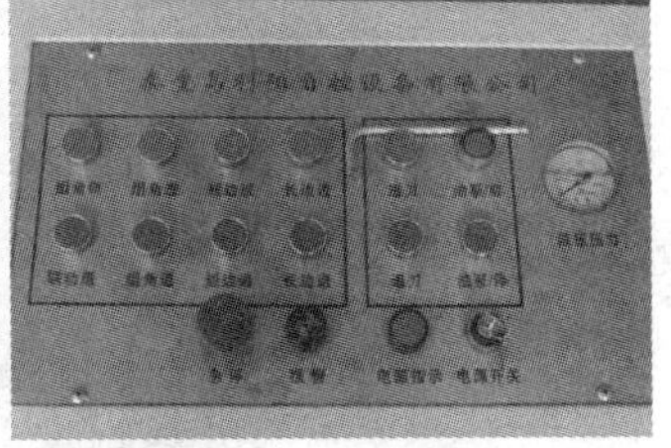

图6－1－5 秦皇岛利阳光电ZK－4组框机

6.1.4 相关知识——铝合金边框的表面氧化处理

1. 表面氧化处理过程

挤压好的铝合金型材，其表面耐蚀性不强，须通过氧化进行表面处理以增加其抗蚀性、耐磨性及外表的美观度。其主要过程包括以下几个方面：

(1)表面预处理：用化学或物理的方法对型材表面进行清洗，使其裸露出纯净的基体，以利于获得完整、致密的人工氧化膜。此外，也可以通过机械的方法获得镜面或无光(亚光)表面。

(2)氧化：在一定的工艺条件下，使预处理的型材表面发生氧化，生成一层致密、多孔、附着力强的 Al_2O_3 膜层。

(3)封孔：将氧化后生成的多孔氧化膜的空隙封闭，使氧化膜防污染、抗腐蚀和耐磨性能增强。氧化膜是无色透明的，利用封孔前氧化膜的强吸附性，在膜孔内吸附沉积一些金属盐，可使铝合金型材表面显示本色(银白色)以外的颜色，如黑色、黄色等。

2. 氧化种类

(1)阳极氧化(电化学氧化)。

阳极氧化是指将铝合金的型材作为阳极置于相应电解液中，在特定条件和外加电流的作用下，进行电解。所用简易设备如图6－1－6所示。阳极的铝合金被氧化后，表面上形成氧化铝薄膜层，其化学式如下，其厚度为5～20μm，硬质阳极氧化层的厚度可达60～200μm。

$$2Al + 3H_2O \rightarrow Al_2O_3 + 6H^+ + 6e^-$$

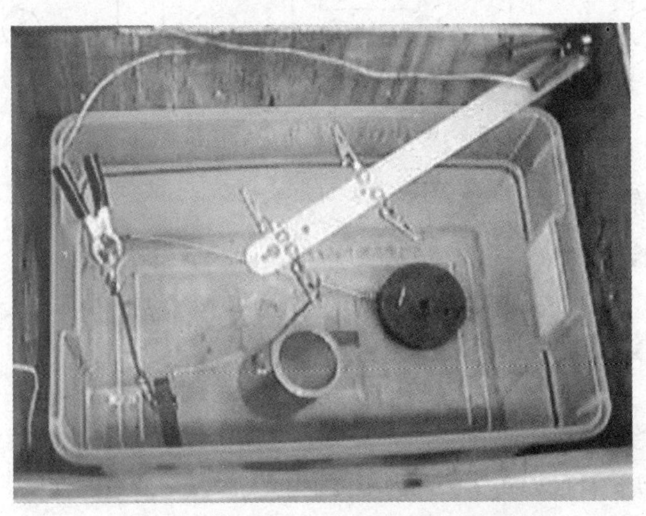

图6－1－6 铝合金阳极氧化的简易设备

(2)喷砂氧化。

喷砂氧化是指对铝合金型材经喷砂处理后，其表面的氧化物全部得到处理，且其经过喷砂撞击后，表面层金属被压迫形成致密排列形式，而且金属晶体变化小，在铝合金表面形成牢固致密、硬度较高的氧化层。铝合金喷砂氧化设备如图6-1-7所示。

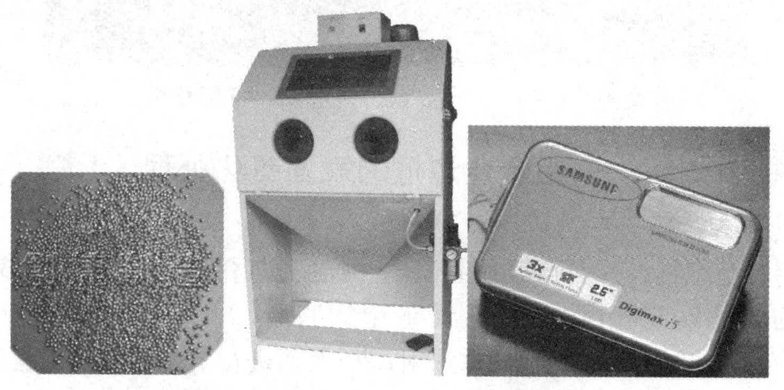

图6-1-7　铝合金喷砂氧化设备

(3)电泳氧化。

电泳氧化是指利用电解原理在铝合金表面镀上一薄层其他金属或合金的过程，电镀时，镀层金属作为阳极，阳极被氧化后形成阳离子进入电镀液中；待镀铝合金制品作为阴极，镀层金属的阳离子在铝合金表面被还原成金属镀层，如图6-1-8所示。

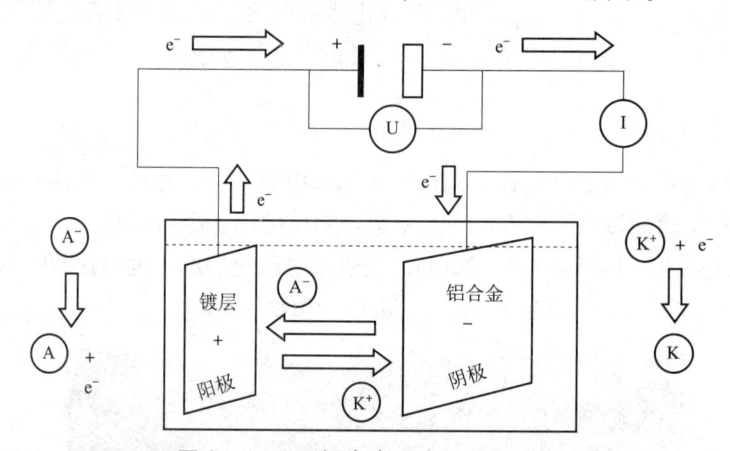

图6-1-8　铝合金电泳氧化示意图

6.1.5　可练习项目

铝合金边框的检验。

任务6.2　修边和装边框工艺

6.2.1　任务目标

掌握层压后光伏组件的修边工艺和装边框工艺。

6.2.2　任务描述

修边工艺是将层压时EVA熔化后由于压力而向外延伸固化形成毛边切除的过程，而装边框工序则是给层压好的组件装上铝合金边框，以增加组件的机械强度，进一步密封光伏组件，从而延长太阳能电池的使用寿命。本任务主要是让学生掌握修边工艺和装边框工艺。

6.2.3　任务实施

6.2.3.1　了解修边工艺

修边操作应在层压后光伏组件的温度降低后进行，否则容易使TPT背板脱落。在进行修边操作之前，应将修边台和刀片擦拭干净，要及时更换钝的刀片。修边时，将层压好的电池板背面向上平放在切边台上，并使电池板边缘超出切边台50～60mm，操作员戴好手套，左手按住电池板背面，并与电池板边缘保持70～90mm的距离，右手拿刀具，刀口要高于电池板并与电池板边缘成45°角。刀片要与玻璃表面垂直，以防止划伤组件背板。从玻璃边缘的多余EVA和背板上先划开一道切口，然后沿玻璃边匀速向前推动，削掉玻璃边缘的EVA和背板。图6-2-1所示为修边操作演示。

图6-2-1　修边操作演示

6.2.3.2　了解装边框工艺

装边框是将层压好的光伏组件装上铝合金边框以增强组件的机械强度、密封性和可安装性，以便组件的安装和使用。

1. 装边框的工艺要求

(1)铝合金边框及接线盒底部与组件的交接处的硅胶应均匀溢出，无可视缝隙。

(2)涂槽内的打胶量要占涂槽总容积的50%，最多不超过涂槽的2/3。

(3)一次打胶的边框最多不超过20套，并及时进行组框，防止放置时间过长，硅胶表面固化，影响密封质量。

(4)装边框后，组件两个对角线的长度相差应小于4mm，边框四角缝隙应不大于0.3mm，正面相邻边框角的高应低不大于0.5mm。

(5)边框安装应平整、挺直、无划伤。装边框的过程中不得损坏铝边框的表面钝化膜。

(6)铝边框与硅胶结合处必须用硅胶填注密封，无可视缝隙。

2. 装边框的操作步骤

(1)按规格准备铝合金边框，在铝合金边框涂槽内打密封硅胶。图6-2-2所示为装边框打胶用的手动胶枪。

(2)打完硅胶后，用角码将四根铝合金(长边两根，短边两根)边框组合连接起来。组合时应注意使组件玻璃进入边框槽内。

(3)将组件 TPT 面朝下放到组框机上，并再次确认已把组件玻璃放入铝合金边框槽内，开启启动装置把铝合金边框压紧并撞角。

(4)在组件背板与铝合金交接处边缘四周补上适量密封硅胶。

(5)将光伏组件放在架上，在室温下固化 8h 以上。

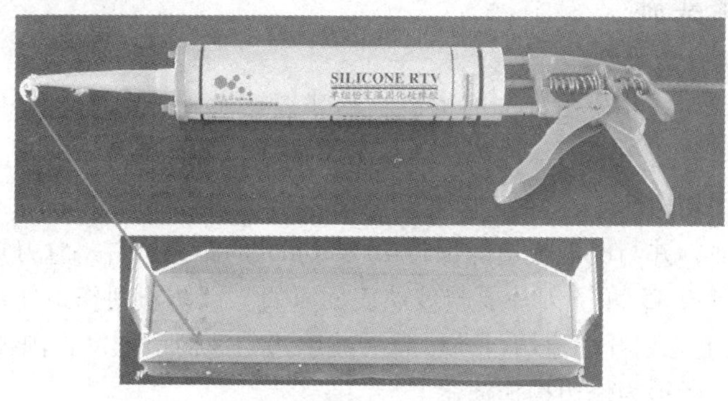

图6-2-2 装边框打胶用的手动胶枪

6.2.4 可练习项目

对层压后的光伏组件进行修边和装边框操作。

任务6.3 认识接线盒和安装接线盒

6.3.1 任务目标

了解光伏组件接线盒的结构、材料、选用原则；了解接线盒中常用二极管的性能参数及作用；了解接线盒的检验项目和检验方法。

6.3.2 任务描述

光伏组件接线盒是光伏组件的重要部件。装接线盒工序就是将光伏组件引出的汇流条的正负极引线用焊锡与接线盒中相应的引线柱焊接或插接。本任务主要是让学生掌握接线盒的检验方法、安装接线盒的方法以及接线盒的选用方法。

6.3.3 任务实施

6.3.3.1 认识接线盒

接线盒是光伏组件内部输出线路与外部线路(负载)连接的部件，由盒盖、盒体、接线端子、二极管、连接器组成，如图6-3-1、图6-3-2所示。

1. 接线盒的构成及分类

(1)光伏接线盒通常由盒体、线缆及连接器三部分构成，其中盒体包括盒底(含铜接线柱或塑料接线柱)、盒盖、二极管；线缆分为 1.5mm^2、2.5mm^2、4mm^2 及 6mm^2 等几种；连接器分为 MC3 与 MC4 两种；二极管的型号有 10A10、10SQ050、12SQ045、PV1545、PV1645、SR20200 等；二极管封装有 R-6、SR 263 两种。

(2)太阳能光伏接线盒分晶体硅接线盒、非晶硅接线盒、幕墙接线盒、防爆接线盒四种

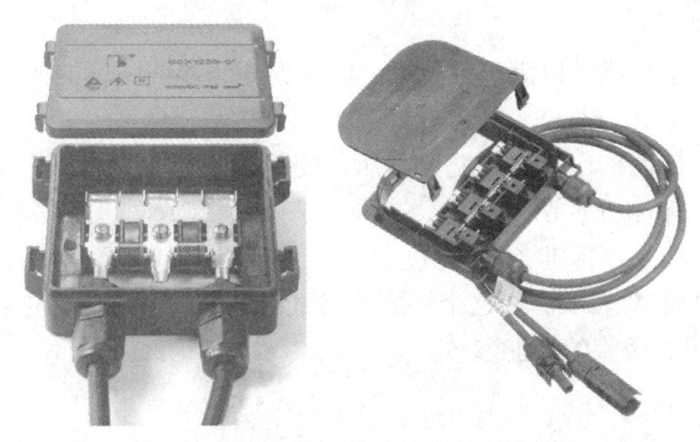

图6－3－1　常见的光伏组件用接线盒

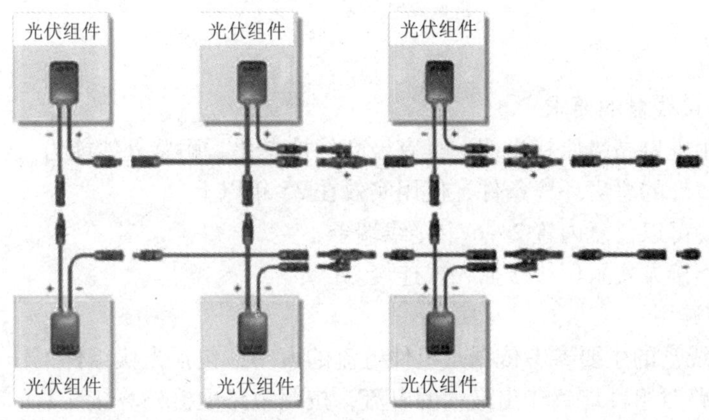

图6－3－2　光伏接线盒在光伏发电系统中的作用示意图

类型。

2. 接线盒的作用

(1)电极引出后一般仅为两条镀锡条，不方便与负载之间的电气连接，需要将电极焊接在成型的便于使用的电接口上。

(2)引出电极时密封性能被破坏，这时需涂有机硅胶弥补，接线盒同时起到了增加连接强度、美观的作用。

(3)通过接线盒内的电导线引出电源正负极，避免电极与外界直接接触而老化。

(4)接线盒内的旁路二极管对光伏组件进行旁路保护。

3. 接线盒的材料选用

接线盒应由ABS或PPO工程塑料注塑制成，并加有防老化和抗紫外辐射剂，其能确保组件在室外使用25年以上不出现老化破裂现象。接线柱应由外镀镍层的高导电解铜制成，其能确保电气导通及电气连接的可靠。接线盒应用硅橡胶粘接在TPT表面，并用螺丝固定在铝边框上。

4. 接线盒的IP等级

组件用接线盒IP等级最低要求为IP65。IP表示进入防护(Ingress Protection)。等级的第一标记数字如“IP6_ ”表示防尘保护等级(“6”表示无灰尘进入)，第二标记数字如“IP_ 5”表示防水保护等级(“5”表示防护水的喷射)。

5. 接线盒的外接导线

导线用标准绝缘铜导线，以满足载流量、电压损耗和导线强度的要求。

6. 光伏接线盒的技术指标

主要技术规格：最大工作电流、最大耐压、使用温度、最大工作湿度、(无凝结)防水等级、连接线规格、标称功率等。

光伏接线盒的功率是在标准条件(温度25℃，AM1.5、1 000W/m^2)下测试出来的，一般用WP表示，也可以用W表示。在这个标准下测试出来的功率称为标称功率。

7. 接线盒中常用二极管的性能参数

(1)最大工作电流。

(2)反向峰值击穿电压。

(3)正向压降。

(4)反向漏电流。

(5)结点温度。

8. 光伏组件接线盒的要求

(1)外壳采用进口高级原料生产，具有极高的抗老化、耐紫外线能力。

(2)适用于室外的恶劣环境条件，使用实效在25年以上。

(3)根据需要可以任意内置2~6个接线端子。

(4)所有的连接方式采用快接插入式连接。

9. 接线盒的选用

选择光伏接线盒的主要参考依据是组件电流的大小，包括光伏组件工作的最大电流和短路电流，当然短路时组件能够输出最大的电流，按照短路电流核算接线盒的额定电流应该是安全系数比较大的，按照最大工作电流核算的话安全系数就小一点。

最科学的选择应该根据电池片的电流电压随光照强度的变化规律，你必须了解此时所生产的组件用在哪个地区，在这个区域内的光照最强的时候是多大，然后对照电池片的电流随光照强度的变化曲线，查出可能的最大电流，然后选择接线盒的额定电流，这样比较科学。最重要的一点是查明短路电流的大小。对于这个测试，选择二极管要看以下几个量：

电流(大的好)，最大结温(大的好)，热阻(小的好)，压降(小的好)，反向击穿电压(一般40V就远远够了)。

(1)接线盒的接触电阻。

光伏组件的引线和接线盒的连接以及旁路二极管与接线盒的连接方式最好采用焊接方式，而不采用压接方式。

(2)接线盒旁路二极管的导通压降。

旁路二极管工作时产生的功耗与导通压降成正比。

(3)接线盒旁路二极管的结点温度。

结点温度越高，二极管的工作温度就越高，其安全性和可靠性越高。

6.3.3.2 接线盒的检验

接线盒是光伏组件与负载之间的电气连接，接线盒的自身质量和安装质量对光伏组件的使用寿命有直接的影响。接线盒的质量检验项目如表6-3-1所示。

表6-3-1　接线盒的质量检验项目

检验项目	检验内容	检测方法(使用工具)
包装	包装是否完好；确认厂家、规格、型号以及保质期	目测
外观	检查接线盒外观有无缺陷，标识(应是不可擦拭的)是否符合要求，二极管数量是否正确，接线盒内部有无缺陷	目测
抗拉力	将连接器接到接线盒上，然后夹住接线盒，用拉力器测试，拉力大于10N为合格	拉力计
引线卡口交合力	将汇流带装进卡口，用拉力计夹住卡口，施加拉力大于40N为合格	拉力计
二极管压降和结温测试	用万用表测量导通电压	万用表及恒流源、热电偶
接触电阻	用直流电阻测试仪测试接触电阻	直流电阻测试仪
湿绝缘强度测试	将接线盒浸入水中，用500V兆欧表测量表引出线和介质水间的电阻值	兆欧表/绝缘电阻表
高压测试	将高压测试仪器连接接线盒引出线和铝箔，施加高压进行测试	高压测试仪
黏结牢固度测试	使用指定的粘接胶将待测接线盒样品与试验用模拟组件粘接，在导线的下端挂10kg重的重物进行测试	10kg哑铃
老化测试	盐雾腐蚀、湿热老化等	老化测试设备

1. 二极管压降

(1)测试方法：

① 将万用表调至二极管挡。

② 将待测接线盒样品的正负极与恒流源的正负极进行串联连接。

③ 开启恒流源，将电流升至0.5A。

④ 将万用表的两个接触头分别放在二极管的两端，测量导通电压。

(2)要求：压降 $U \leqslant 2.4$V。

2. 二极管结温测试

(1)测试方法：

① 从车间随意选取一块常规组件，且获取该组件的短路电流 I_{SC}。

② 把上述组件放在温度为75℃的烘箱中至热稳定。

③ 将恒流源的正负极与接线盒的正负极进行串联连接，且将恒流源的电流调至组件实际的 I_{SC}。

④ 热稳定后(例如1h)，用热电偶测量二极管的表面温度。

⑤ 根据以下公式计算实际结温：

$$T_j = T_{case} + RUI$$

式中：R 为热阻系数，由二极管厂家给出；T_{case} 为二极管的表面温度(用热电偶测出)；U 为二极管两端的压降(实测值)；I 为组件的短路电流。

(2)要求：计算出的 T_j 不能超过二极管规格书上的结温范围。

3. 接触电阻

(1)测试方法：

① 在待测样品上安装上一定长度、一定规格的汇流条(汇流条的电阻 R_1 已知)。

② 用万用表测量待测样品上一个二极管的电阻 R_2。

③ 将待测接线盒样品的正负极与恒流源的正负极进行串联连接，开启恒流源，使电流升至10A。

④ 用直流电阻测试仪的两个接触头分别连接汇流带和二极管管脚，测量汇流带与二极管管脚之间的电阻 R_3。可计算出回流带与接线盒连接处的接触电阻 $R=R_3-R_1-R_2$。

(2)要求：$R \leqslant 5\text{m}\Omega$。

4. 导线拉力测试

导线拉力测试如图6-3-3所示。

(1)测试方法：

① 首先将接线盒固定在工作台上。

② 将10kg的重物悬挂在接线盒的导线上。

③ 持续1min，观察导线情况。

(2)要求：若导线与接线盒之间无任何裂缝或裂口，判定为合格。

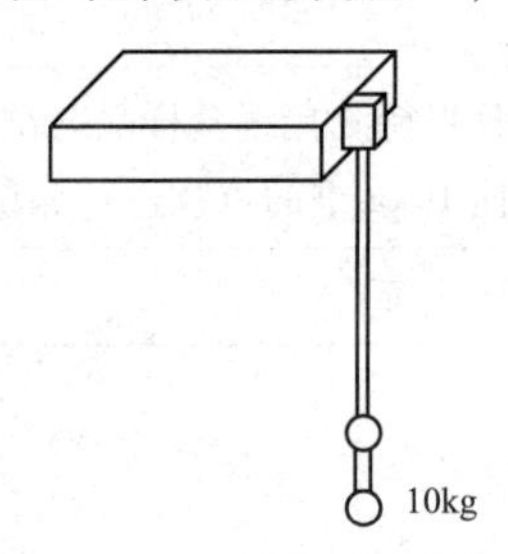

图6-3-3　导线拉力测试示意图

5. 湿绝缘测试

(1)测试方法：

① 首先将待测样品粘在一块小的层压样品上。

② 按图6-3-4所示的方法将接线盒浸入水中，两条引出线高于水面且不粘湿。

③ 用500V兆欧表测量引出线和介质水间的电阻值。

(2)要求：电阻值大于50MΩ。

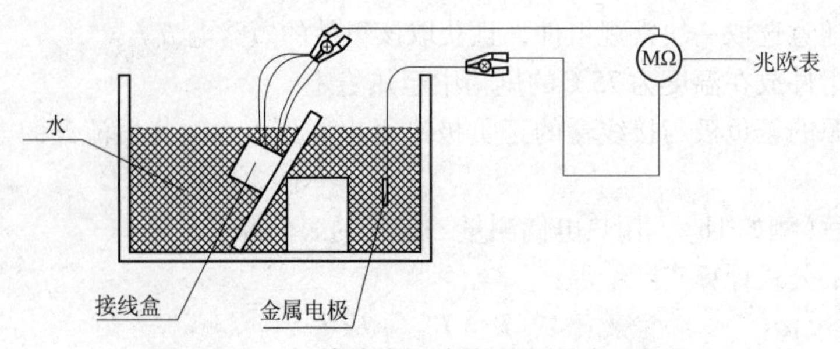

图6-3-4　接线盒湿绝缘电阻测试示意图

6. 高压测试

接线盒高压测试如图6－3－5所示。

(1)测试方法：

① 首先将待测样品粘在一块小的层压样品上。

② 用单面粘接的铝箔包裹在接线盒外部。

③ 将高压测试仪器的两个接头按图6－3－5所示的方式连接接线盒引出线和铝箔。

④ 将高压测试仪器的电压升至6 000Vd. c. 。

⑤ 观察高压测试仪上的电流增长值。

(2)要求：漏电流增长值不大于50μA。

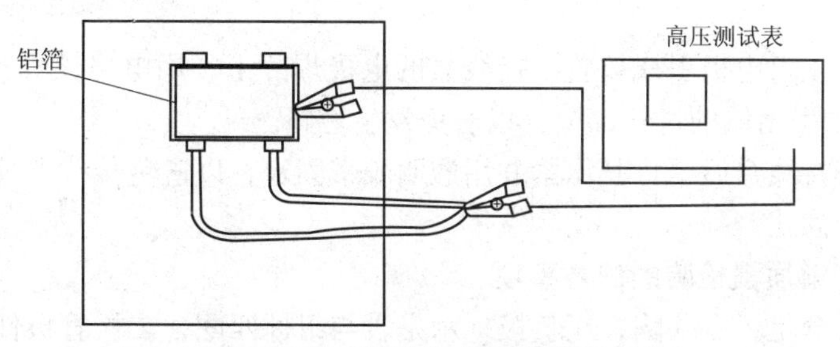

图6－3－5　接线盒高压测试示意图

7. 黏结牢固度测试

(1)测试方法：

① 使用指定的粘接胶将待测接线盒样品与试验用模拟组件粘接(用灌封胶灌封)。

② 黏结好后在室温下放置48h。

③ 按图6－3－6所示的方式放置，在导线的下端挂10kg重的重物，持续1min。

(2)要求：接线盒无脱落或损坏为合格。

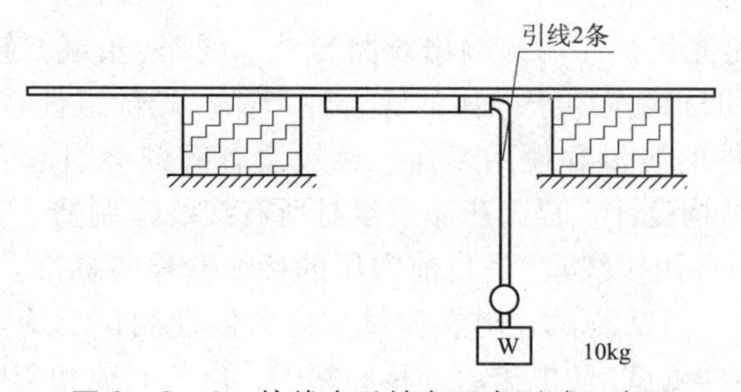

图6－3－6　接线盒黏结牢固度测试示意图

8. 盐雾腐蚀试验

(1)测试方法：

① 将待测接线盒样品直接放置在盐雾试验箱内并开启试验箱。

② 连续测试1 000h后取出待测焊带样品。

(2)要求：待测样品表面无腐蚀或色斑现象，且能正常使用。

9. 湿热老化试验

(1)测试方法：

① 将待测接线盒样品直接放入湿热老化箱内。

② 在85℃、85%RH的条件下持续1 000h后将之取出，用肉眼观察样品状况。

(2)要求：待测样品表面无变形，无黄变、脆裂、龟裂现象，且能正常使用。

6.3.3.3　了解装接线盒工序的要求

(1)引出线必须与接线盒的电极极性连接正确，焊点光滑饱满，无虚焊、漏焊。

(2)接线盒与TPT背板之间的硅胶必须完全密封，无缝隙，溢出的胶条均匀。

(3)接插引线时，将其接插到接线插孔内时必须到位，无松动现象。

6.3.3.4　了解装接线盒的操作步骤

(1)按工艺要求准备接线盒，打开接线盒的上盖，在接线盒背面四周打上密封胶。

(2)将接线盒放置在有正负电极的引出线上，固定位置并压紧，将引出线从接线盒中穿出。

(3)将引出的正负电极引线放置在接线盒的电极焊片上，用电烙铁焊接，并检查焊接点的牢固度。要剪去引出线的过长部分，以避免发生短路。

(4)安装完毕接线盒后要将其压紧并用透明胶带固定，以避免接线盒移位。

(5)等待硅胶固化。

6.3.3.5　了解质量检验的注意事项

(1)检查接线盒是否有缺陷，正负极标示是否与组件匹配，二极管极性是否正确。

(2)检查接线盒是否安装到位，是否倾斜或位置不正确。

(3)检查接线盒与TPT背板粘接处四周的硅胶是否溢出、饱满。

(4)注意电烙铁不能碰到接线盒的塑料部分。

(5)检查组件时轻拿轻放。

6.3.4　相关知识

6.3.4.1　光伏组件用接线盒的认证测试

1. 光伏接线盒的检验标准

光伏组件接线盒是光伏组件内部输出线路与外部线路(负载)连接的重要部件，是集电气设计、机械设计和材料应用于一体的综合性产品。光伏组件接线盒的质量在很大程度上也决定了光伏组件的质量和使用寿命。接线盒有问题会引起光伏组件故障的出现，因此，优化接线盒的结构设计，提高产品质量是所有接线盒制造企业的首要任务。《VDE 0126－5：2008光伏组件用接线盒》是目前常用的接线盒检验标准。其主要内容包括材料测试(标识耐久性测试、防锈测试、阻燃测试、抗气候性测试、灼热丝试验、球压试验、抗老化性测试等)、结构测试(防电击、连接和端子、电气间隙和爬电距离测试等)、机械测试(连接和端子试验、固线器测试、低温下的机械强度测试、罩盖的固定和接线盒与背板的固定测试等)以及序列试验(IP测试、耐压试验、湿漏电试验、热循环试验、旁路二极管试验)等。

常州华阳光伏检测技术有限公司成吉等人依据VDE标准，并结合光伏组件户外使用的实际情况，对目前接线盒的常见失败项目进行了总结，如图6－3－7所示。接线盒测试常见失败项目包括IP65防冲水测试、结构检查、拉扭力试验、湿漏电试验、二极管温升试验等。接线盒的失效会对光伏组件产生严重的影响，如图6－3－8所示。

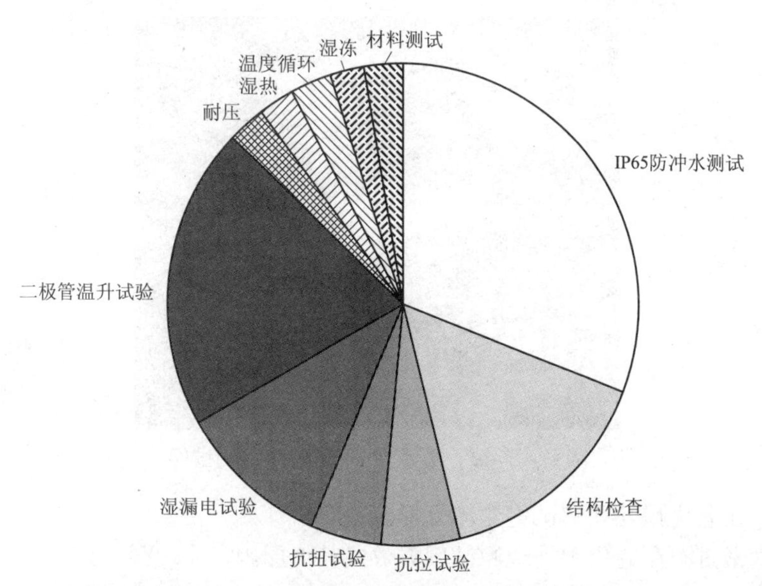

图6-3-7　接线盒测试常见失败项目统计图

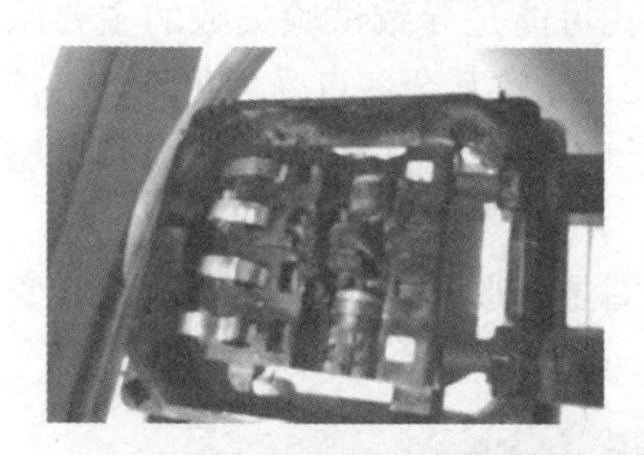

接线盒引线端子烧毁

接线盒烧毁 ——→ 引起组件背板烧焦 ——→ 组件碎裂

图6-3-8　户外组件因接线盒问题引起的光伏组件故障

2. 接线盒在认证测试中的常见失败项目及原因分析

(1)接线盒 IP65 防冲水测试。防水性能是接线盒性能的重要指标，防水性能的优劣取决于接线盒的密封保护程度，它直接影响成品组件的防触电保护和漏电防护的等级。在认证测试中，先进行老化预处理测试，然后进行防冲水测试，如图6-3-9所示，再通过外观结构检查和工频耐压测试进行评判。就目前常规构造的接线盒而言，其设计和材料的缺陷很容易在认证测试中显露出来。

接线盒防冲水测试失败大致有以下几种情形：

① 接线盒密封盒体内大量积水。

② 接线盒盒体与背板材料不匹配。

③ 接线盒的密封螺母开裂失效。

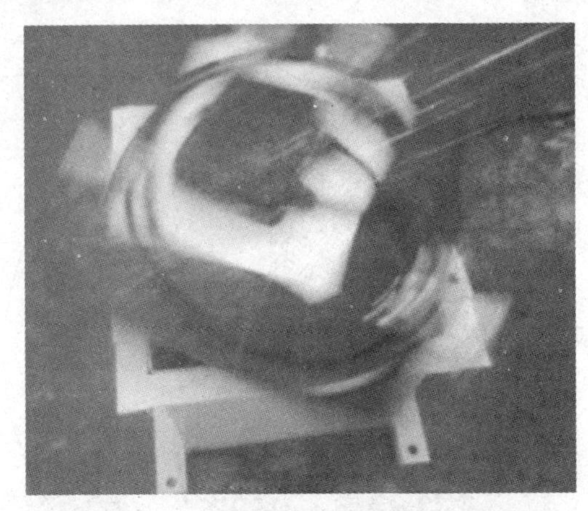

图 6-3-9　接线盒 IP65 防冲水测试图

④ 接线盒在老化预处理测试中盒体变形。

⑤ 接线盒密封圈在老化预处理测试后失效或其他原因。

接线盒认证测试失败的原因包括以下几个方面：

① 盒体的锁扣设计：锁扣被设计成两扣模式可能是导致试验失败的主要原因。两扣模式使得盒盖受力集中在两点，加上盒盖面积较大，导致其余各点受力很不均匀。特别在高温时，其余各点受密封圈热胀、材料受热变软的影响，接线盒龇口，影响盒体的密封性，从而使 IP65 防水测试失败，如图 6-3-10 所示。

另外，接线盒经过 240h 老化试验后，密封圈虽未脱落，但盒体、盒盖有变型，这也会影响盒体的密封性，如图 6-3-11 所示。

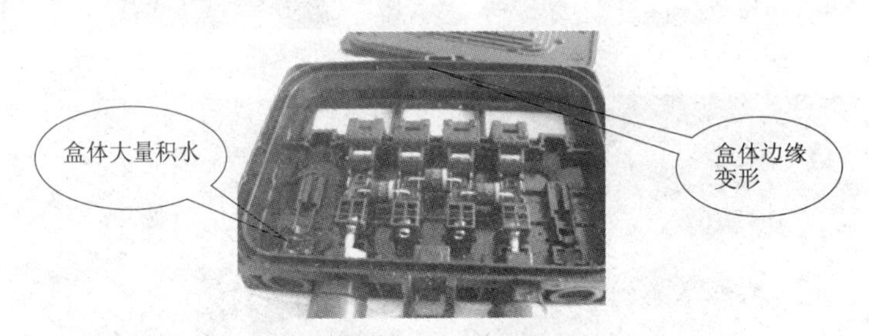

图 6-3-10　防水测试后接线盒变形、大量积水

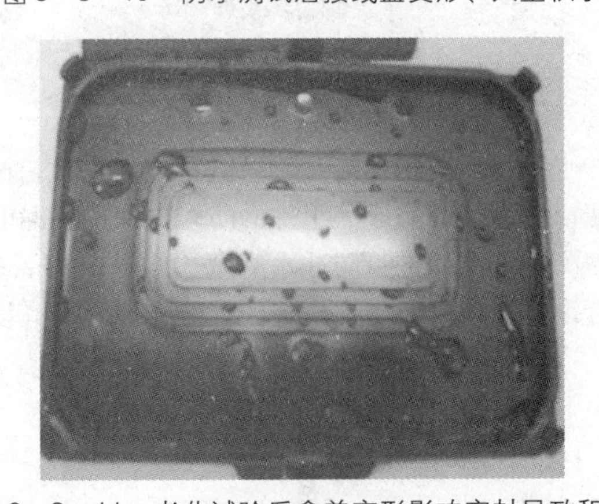

图 6-3-11　老化试验后盒盖变形影响密封导致积水

② 接线盒密封圈的橡胶材料选择不当。由于密封圈材料的选择不当，在接线盒经过240h老化预处理测试后，其延伸率和收缩率降低，密封圈材质的硬度增大，降低了盒体与盒盖的密封性能，导致密封圈不能完全密封盒体和盒盖的槽口，致使水流渗入，防冲水测试失败，如图6－3－12所示。

图6－3－12　密封圈老化试验后密封不到位，水流渗入

③ 接线盒盒体塑料与太阳能组件密封胶在老化预处理测试后粘合性失效，如图6－3－13所示。

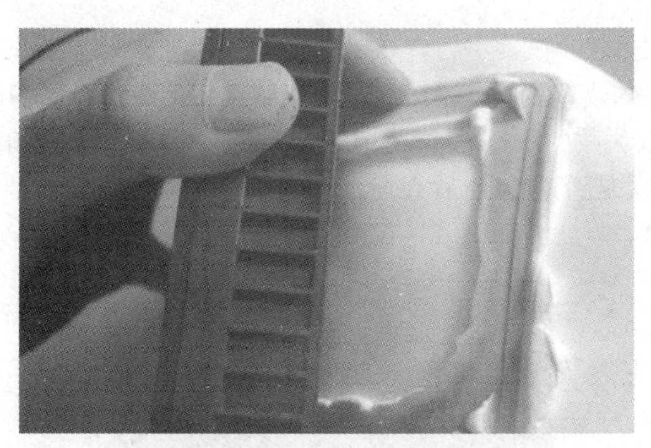

图6－3－13　接线盒与硅胶黏结失败

④ 密封螺母材质选择不当。接线盒在老化预处理测试后，密封螺母发生断裂，这也是造成接线盒防冲水测试失败的原因。

（2）接线盒湿热试验。湿热试验对于接线盒来说是一个相当严酷的环境试验，接线盒湿热试验失败主要有以下几种情形：

① 湿热试验后接线盒盒体碎裂失效。

② 湿热试验后接线盒盒体和盒盖密封变形，如图6－3－14所示。

图6－3－14　湿热试验后接线盒变形

③ 湿热试验后接线盒与背板脱落，如图 6－3－15 所示。

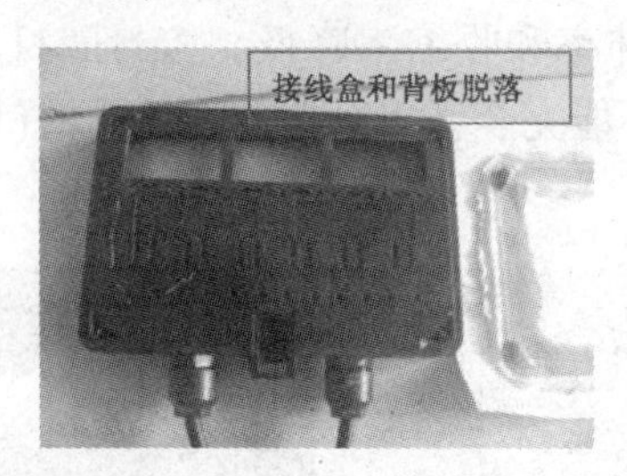

图 6－3－15 湿热试验后接线盒与背板脱落

④ 湿热试验后电气连接不可靠。

⑤ 湿热试验后接线盒电缆的抗拉扭性能变差，爬电距离、电气间隙减小。

⑥ 其他现象。

湿热试验失败可能的原因大致有以下几点：

① 盒体 PPO 材料选择不当或用料不纯。

② 密封螺母开裂导致在湿热试验之后电缆的抗拉扭性能变弱，或者直接开裂。

③ 接线盒盒体与硅胶不匹配，长时间高温高湿后接线盒与硅胶脱落。

④ 其他原因。

(3) 接线盒盒体灼热丝测试。

接线盒盒体 750℃灼热丝测试，是接线盒生产商选用接线盒材质的重要测试项目，也是接线盒认证测试中较易失败的项目之一。测试中，根据盒体材料从开始燃烧到火焰熄灭的时间长短，判定该接线盒是否适合今后在户外使用。其主要试验过程如图 6－3－16～图 6－3－18所示。

图 6－3－16 接线盒支撑带电体部分开始燃烧

图 6－3－17 接线盒支撑带电体部分继续燃烧

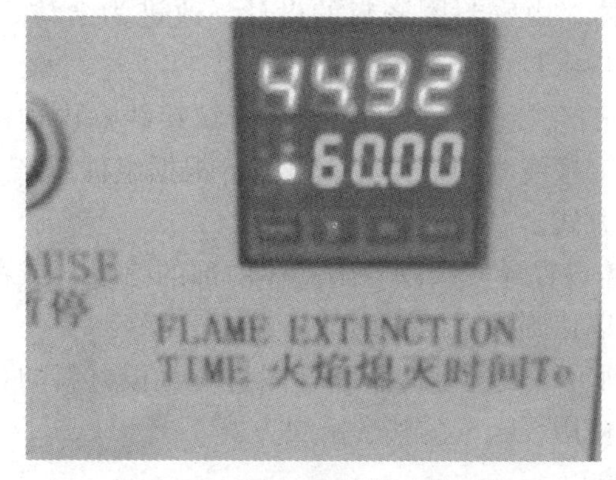

图6－3－18　火焰熄灭的时间

如图6－3－16～图6－3－18所示，接线盒支撑带电体部分在进行750℃灼热丝测试时，火焰熄灭时间 T_e 为44.92s，不符合接线盒标准对灼热丝测试的要求。测试失败的主要原因是，接线盒材质无法承受灼热丝元件在短时间内所形成的热应力，不符合灼热丝测试的要求（没有火焰或火焰可以在30s内自动熄灭）。

(4)接线盒常规测试的其他失败项目(部分)。

① 工频耐压测试失败，如图6－3－19所示。其失败原因主要为爬电距离/电气间隙不足，环境试验之后绝缘性能受到损害(由于材料方面的原因)。

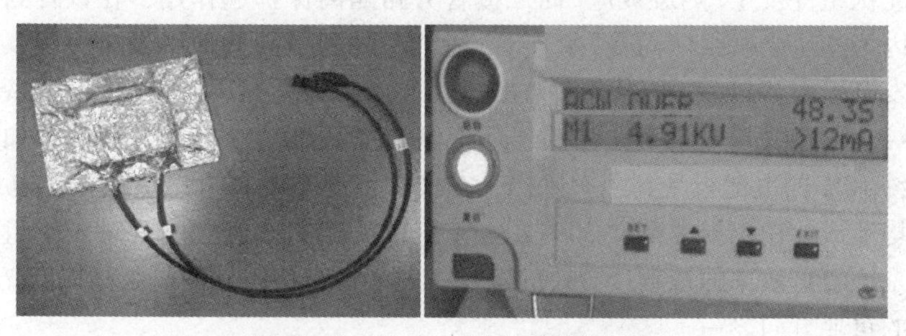

图6－3－19　工频耐压测试失败

② 接线盒带电部件抗腐蚀强度不足，其原因为金属件铜质选型和表面处理不当，如图6－3－20所示。

图6－3－20　带电部件抗二氧化硫腐蚀能力不足

3. 光伏组件接线盒的质量改进建议

作为光伏组件的配套产品，接线盒所占成本不及电池成本的1/10，但却是决定光伏组件最终能否正常工作的重要部件。常州华阳光伏检测技术有限公司成吉等人提出了接线盒质量改进的以下几点建议：

(1)将盒体、盒盖分体，由密封圈密封的设计，改进为盒体、盒盖压接一体式密封处理，加强整个接线盒的结构密封性和密封强度。

(2)根据目前组件认证、制造、使用的需要，建议接线盒内预留扩展连接座；装配不同规格的二极管可以随时改变接线盒的最大工作电流；根据组件生产工艺在接线盒装配中保留密封胶和灌封胶两种安装方式。

(3)考虑在接线盒盒盖设置导气阀以导出盒体内部的热量，或在接线盒内部采用薄片状金属端子，增加散热片，以达到降温的作用。

(4)通过系列测试，研究不同类型硅胶和不同材质背板材料的相互匹配性，为光伏组件制造商提供接线盒安装、使用、匹配的整套解决方案。

6.3.4.2　智能接线盒

接线盒实现了光伏组件与负载之间的电气连接。一般的光伏组件为了防止发生“热斑效应”都会在接线盒内安装旁路反偏二极管。该二极管的作用是，当电池片发生阴影遮挡时，该串电池片的电效应由“电源特性”变为“电阻特性”，这时二极管启动，将该“阴影电池串”从整个系统中隔离，起到电气保护作用，同时在一定程度上降低光伏组件的功率损失，如图6－3－21所示。如果没有安装旁路二极管，则受遮挡的电池片会快速发热并可能烧坏电池片、EVA，融化互联带焊锡而造成整块光伏组件的不可恢复性损坏。目前全球绝大多数光伏组件都采用了这种旁路隔离保护技术，该技术的优点是原理简单、制造方便、成本低，缺点是如果个别光伏组件发生“热斑效应”而二极管旁路隔离保护起作用，在该阵列串上的其他光伏组件会因为这块光伏组件而受“牵连”，使整个阵列串同其他串发生失配，而大大降低光伏电站的发电效率。目前，光伏组件在日常工作中因为受到乌云、灰尘、鸟粪、树木、烟囱等因素的综合影响，发电效率往往低于理论值15%～20%。有研究表明，如果一个太阳能电站中大约10%的电池板受到阴影遮挡，在极端情况下，其可以造成光伏电站60%的功率损失。平均造成的功率损失都在30%左右，所以消除阴影遮挡因素对光伏组件及系统的影响是提高系统发电效率的最直接有效的途径。智能型光伏组件的研制是提高光伏阵列的整体发电效率的重要方向之一。

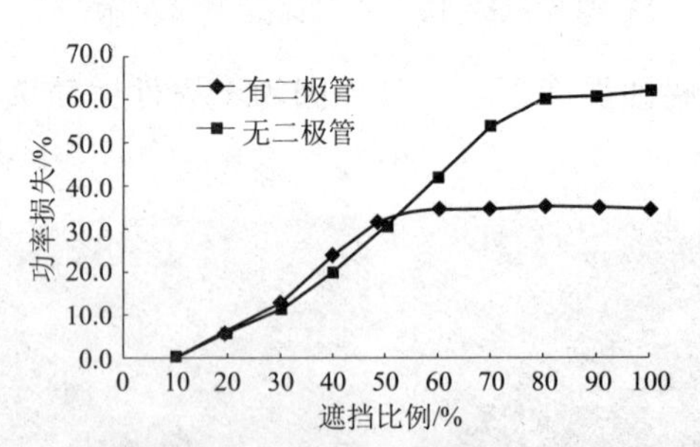

图6－3－21　光伏组件功率损耗随遮光比例变化的关系

目前智能光伏组件的研究主要集中在智能控制电路的研究上，简单说就是智能控制接线盒的研究。近两年来，几家国际知名的模拟电路芯片供应商、电池板制造商、光伏接线盒与连接系统供应商联合开发了一系列智能接线盒系统，安装了这种智能接线盒的电池板被称为“智能型光伏组件“，如表6－3－2所示。

表6-3-2 智能光伏组件的类型、原理、技术现状以及代表公司

类 型	原 理	技术现状	代表公司
MOS集成电路基础的智能光伏组件(见图6-3-22)	使用MOS集成电路代替传统二极管，降低组件被遮挡时二极管的发热能耗，同时减少组件正常工作时晶体管的反向漏电流，提高组件的发电效率	目前意法半导体(ST)公司已研发出这种集成芯片，该芯片已经集成在苏州快可光伏(QCSOLAR)，德国KOSTA公司的接线盒，在电流小于8A时，表现较好	ST、QC SOLAR、KOSTAL
二极管旁路电路集成无线发射接受数据系统	接线盒内集成了无线收发模块，可以实时监测并传输电池板数据(电压、电流、功率、温度等)	苏州快可光伏(QCSOLAR)已开发成功该智能型接线盒，目前在测试阶段	苏州快可光伏(QCSOLAR)(见图6-3-23~图6-3-26、表6-3-3)
MPPT+DC/DC电路	通过对阵列中每块电池板分布式安装最大功率跟踪模块，使电站方阵中每块板始终工作在最大功率输出点	(1)美国国家半导体公司提供成熟模块SOLAR-MAGIC，该模块可以直接集成安装进入组件接线盒内，也可以单独外挂式安装在系统电站中，目前该公司同QC SOLAR，H+S，SHOALS三家接线盒厂家合作量产向社会提供智能接线盒，无锡尚德等电池板厂家同其合作； (2)意法半导体公司已可以提供高度集成的MPPT电路芯片，该芯片可以同旁路二极管电路集成在同一块电路板上，目前的问题是输入电压还需要提高以满足大功率组件的需求； (3)TIGOENERGY公司可以提供集成式和外挂式两种接线盒，已量产； (4)以色列公司SOLAREDGE已量产该产品直接集成于接线盒	NS，ST，TIGOENERGY，SOLAREDGEQC SOLAR，H+S，SHOALS，SUNTECHPOWER，GESOLAR
MPPT+DC TO DC+MICRO-INVERTER INTEGRATED	在每块电池板上安装MPPT和微型逆变器，在电池板端完成DC/AC变换	ENPHASE ENERGY已量产该产品，但为外挂式，没有集成在接线盒内	ENPHASE ENERGY

各种类型的智能型接线盒构成了"智能型光伏组件"，其技术均较为成熟，但因为光伏组件的使用环境为户外，智能型接线盒否能够使用25年还不得而知。在应用方面因为安装了智能接线盒的成本比普通接线盒高出几倍，故其在成本方面不占优势，需要进一步优化电路设计以降低成本。

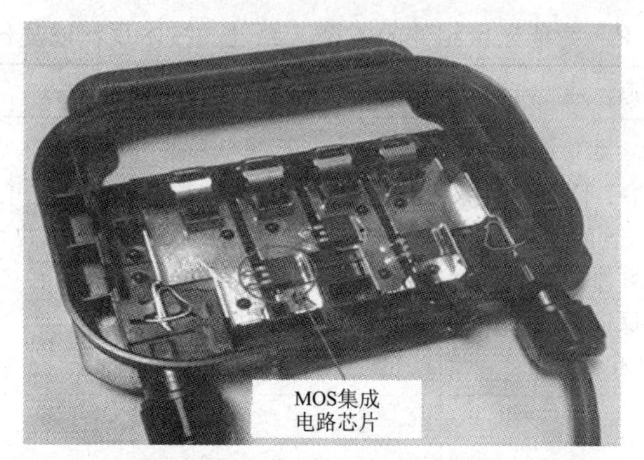

图6-3-22　MOS集成电路基础的智能光伏组件

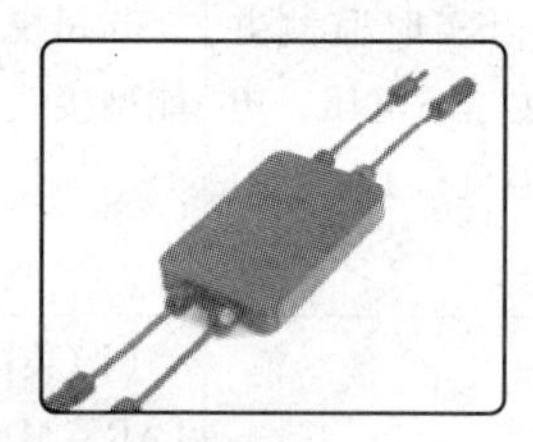

图6-3-23　苏州快可光伏(QCSOLAR)智能接线盒(采用Solarmagic芯片)

表6-3-3　苏州快可光伏(QCSOLAR)智能接线盒技术参数

型号 ST102643、ST102443		
符号	电学参数	最大值
U_{sys}	UL系统组串电压 IEC系统组串电压	600V直流电压 1 000V直流电压
$U_{Input,Max}$ $U_{Output,Max}$	最大输入电压 最大输出电压	50V直流电压 50V直流电压
$I_{String,Max}$	最大组串电流	11A
η T_A	效率 工作温度	99.5% -40℃~90℃

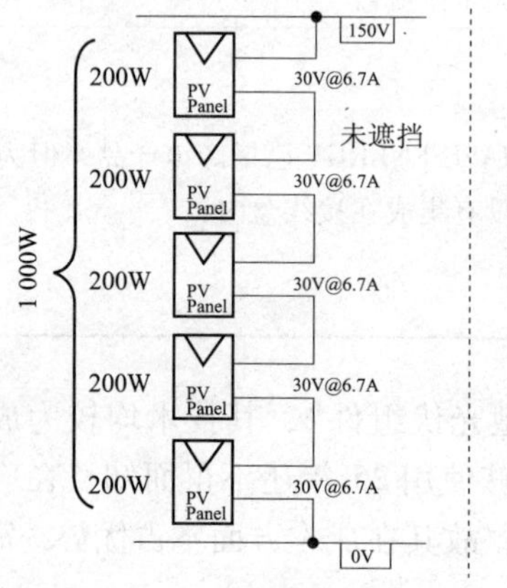

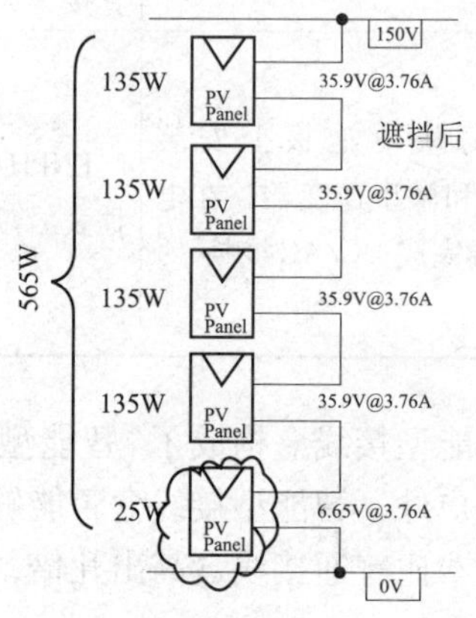

图6-3-24　没有安装苏州快可光伏智能接线盒时阴影遮挡造成的功率损失

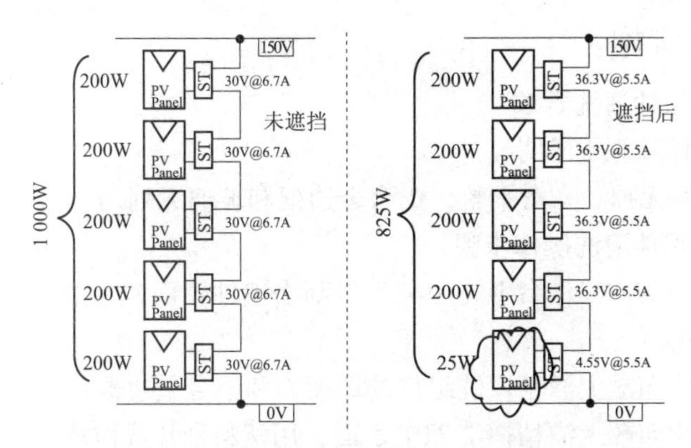

图6-3-25　安装苏州快可光伏智能接线盒时阴影遮挡造成的功率损失

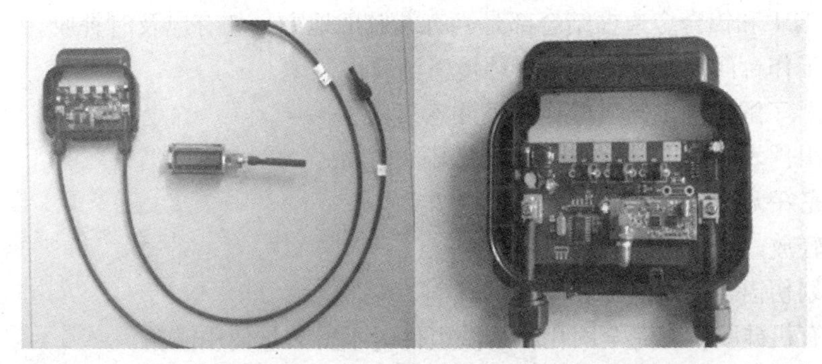

图6-3-26　二极管旁路电路集成无线发射接受数据系统的智能接线盒

6.3.5　可练习项目

(1)依据《VDE 0126-5：2008 光伏组件用接线盒》检验标准对实训室内的光伏组件接线盒的各个检测项目进行检验。

(2)设计试验验证智能接线盒在提升光伏组件发电功率上的作用。

(3)根据光伏组件的功率、短路电流等参数选取合适的光伏接线盒，并按照工艺要求安装接线盒。

任务6.4　清洗工艺

6.4.1　任务目标

了解光伏组件的清洗工艺要求，熟练掌握光伏组件的清洗流程。

6.4.2　任务描述

组件的清洗过程也是对组件外观进行一次全面检查的过程，检查组件有无瑕疵，打胶不足的地方要补胶，保证组件外观干净整洁，使玻璃透光率最大，以增加光伏组件的电性能输出；同时，清除组件表面残留的EVA或硅胶等附着物，可以减轻组件在户外使用时灰尘等杂质的粘附，从而避免热斑效应。

6.4.3 任务实施

6.4.3.1 了解组件清洗要求

(1)光伏组件整体外观干净明亮。

(2)TPT 背板完好无损、光滑平整，铝合金边框和玻璃无划伤。

6.4.3.2 了解组件清洗操作步骤

(1)将组件置于清洁的工作台上，用美工刀刮去组件正面残余的 EVA 和硅胶(注意不要损伤铝合金边框和玻璃)。

(2)用干净的无尘布蘸上酒精擦洗组件的玻璃面和铝合金边框。

(3)用干净的无尘布蘸上酒精擦洗 TPT 表面；用塑料刮片或橡皮去除 TPT 上残余的 EVA 和多余的硅胶。

(4)检查 TPT 和铝合金边框结合部是否有漏胶的地方，如有应及时补胶。

(5)清理工作台面，保证清洗工序环境清洁有序。

6.4.3.3 了解清洗工艺质量检查及注意事项

(1)检查组件表面，不得有硅胶残余及其他污物。

(2)TPT 完好无损。

(3)轻拿轻放，双手搬运光伏组件。

(4)不要划伤铝合金边框和玻璃。

(5)如果有机硅胶没有完全固化，清洗组件时不得大量使用酒精。

6.4.4 相关知识

有关光伏电站组件清洗的知识介绍如下。

光伏电站的系统效率(光伏电站系统的总效率 = 太阳能电池阵列效率 × 逆变器转换效率 × 并网效率)是衡量系统运行情况最直接的标准，在太阳辐照资源确定的情况下，系统效率决定了一个光伏电站的发电量。发电量是光伏电站至关重要的指标之一。影响太阳能电站发电量的十大影响因素：(a)太阳辐射量；(b)太阳能电池组件的倾斜角度；(c)太阳能电池组件的效率；(d)组件损失；(e)温度特性；(f)灰尘损失；(g)最大输出功率跟踪(MPPT)；(h)线路损失；(i)控制器、逆变器效率；(j)蓄电池的效率。

光伏组件表面污浊物是影响光伏电站系统效率、降低发电量的重要因素之一。一方面光伏组件表面的污浊物(如粉尘颗粒、积灰等)降低了太阳光的透射率，从而降低光伏组件表面接收到的太阳辐射量，这种情况在干旱缺水、风沙很大的西北地区尤为严重；另一方面是组件表面的污浊物(如树叶、泥土、鸟粪等)因为距离电池片的距离很近，会形成阴影，产生热斑效应，降低组件的发电效率，甚至烧毁组件。

光伏组件表面污浊物对发电效率的影响的研究已经非常多，然而迄今为止，市场上仍没有非常有效的清洁方法。尽管如此，通过光伏组件清洗来提升光伏电站发电量的方法远比太阳能电池技术研发所带来的发电量的提升更为简单、经济和实用。下面简单介绍一些光伏组件的清洗方法以及效果。

首先，用干燥的掸子或干净的无尘布将光伏组件表面的附着物(如积灰、树叶等)掸去；然后，用硬度适中的塑料刮刀或纱球将硬度较大的附着物(如泥土、鸟粪等)去除，在此过程中要注意避免对光伏玻璃表面的破坏；最后，用清水去除光伏组件表面依旧残留的附着物，如图6－4－1、图6－4－2所示。对于光伏组件表面所附着的油性物质可选用酒精、汽油等非碱性的有机溶剂进行擦拭，以去除残留的有机溶剂。

图6－4－1　工作人员在用刮水器清洗光伏组件

图6－4－2　工作人员在用水车、水枪清洗光伏组件

用清水冲洗光伏组件是比较有效的清洗方法，但是在缺水干旱地区，对其经济性需要仔细分析，在提高发电量和清洗成本上找到平衡点。此外，在光伏组件清洗过程中要注意以下几个方面。

1. 防止刮伤面板玻璃

在对光伏组件进行清洁操作时，不要踩在玻璃面板上，以免对玻璃面板造成损伤。对于光伏组件表面难以除掉的附着物，不要用硬物（如金属）去剐蹭。冬季清洗时间应选在阳光充足时，以防气温过低而结冰，造成污垢堆积；同理也不要在玻璃面板很热的时候将冷水喷在玻璃面板上，防止因热胀冷缩造成组件损坏。

2. 防止漏电工作

光伏电站由光伏阵列（串并联后的光伏组件阵列）、电气元件等组成，在发电过程中光伏阵列往外带有几百伏特电压和安培级的电流。尽管光伏组件清洗时间一般安排在阳光较弱的情况下，但是光伏组件电池阵列经过一系列的串并联后仍有很高的电压，加上逆变器及监控器内有控制电路，任何和电缆连接的器件都有漏电的隐患。此外，光伏组件在正常工作时，其对大地的偏压通过铝合金边框形成漏电流接向大地，漏电流过大会导致光伏组件出现极化功率衰减和电化学腐蚀现象，漏电流严重时会直接危害到光伏发电系统和人身安全。清洗组件会直接增加光伏组件的漏电流。封装材料如玻璃和背板通常具有较好的绝缘性能，而密封较好的晶体硅组件会由于硅胶老化导致边缘密封性能下降；光伏组件边缘往往由于密封不良而导致边缘处的EVA长期直接暴露于高温高湿环境，光伏组件的漏电流大幅增大；有些厂家为追求光伏组件的高效率，把带电体和组件边缘的距离做到最小；有些有特殊应用的组件甚至不使用硅胶密封组件边缘。清洗组件会导致这些产品出现氧化腐蚀、漏电现象。因此在进行组件清洗前，应考察监控记录中是否有电量输出异常的记载，并检查组件的连接线和相关电气元件有无破损，用试电笔检测光伏组件的边框、支架和面板玻璃是否漏电，同时在喷射清洗过程中还应注意不要将水喷到跟踪器的接线盒、控制箱或其他可能引起漏电、短路的元器件上。

3. 防止热斑产生

不要在太阳直射的情况下清洗光伏组件，由人员或车辆的走动会形成阴影，进而产生热斑效应，导致组件的发电效率降低，并会引起被遮挡部位的温度快速升高，甚至会导致光伏组件局部烧毁或老化加速。

4. 防止人身伤害

光伏组件多是铝合金边框，四周一般会形成许多锋利的尖角，因此进行组件清洗的工作人员应穿着相应的防护服装并佩戴安全帽以避免造成人员的剐蹭伤。应禁止衣服或者工具上出现钩子、带子、线头等容易引起牵绊的部件。

6.4.5 可练习项目

(1)按照工艺要求对光伏组件进行清洗操作。

(2)采用不同的光伏组件清洗方法对楼顶光伏电站进行清洗，对比不同清洗方法的效果，提出改善措施。

(3)请思考不同类型光伏电站的光伏组件(如玻璃封装非晶硅光伏组件、柔性组件、跟踪系统的组件等)的清洗方法。

模块7

光伏组件的检测

任务7.1　光伏组件检测设备

7.1.1　任务目标

了解常用的光伏组件检测设备；掌握光伏组件检测设备的使用方法和操作规程。

7.1.2　任务描述

光伏组件作为光伏发电系统最重要的部件，其性能和可靠性一直是被关注的重点。光伏检测设备可以有效地表征光伏组件的性能和可靠性。本任务主要是让学生了解常用的光伏组件检测设备的基本知识，掌握其使用方法，为以后学习光伏组件检测工艺打下基础。

7.1.3　任务实施

7.1.3.1　了解光伏组件的检测项目以及相关检测设备

光伏组件的检测项目主要依据IEC、VDE、UL、EN等系列国内及国际标准开展。光伏组件检测设备也依据这些标准进行研发，主要包括光伏组件冰雹冲击试验机、光伏组件引出端强度试验装置、光伏组件抗划伤试验机、光伏组件破裂试验机、紫外预处理实验机、落球冲击试验机、高低温实验箱、盐雾腐蚀实验箱、绝缘电阻测试仪、湿漏电流试验仪等。下面对其中几种检测设备做详细介绍。

7.1.3.2　认识光伏组件测试仪

光伏组件测试仪是专门用于太阳能单晶硅、多晶硅、非晶硅光伏组件的电性能测试的设备。这里以武汉三工光电设备制造有限公司研制生产的光伏组件测试仪为例进行介绍。

1. 技术特点

武汉三工光伏组件测试仪采用大功率、长寿命的进口脉冲氙灯作为模拟器光源，进口超高精度四通道同步数据采集卡进行测试数据采集，专业的超线性电子负载保证测试结果精确。其技术特点包括以下几个方面：

(1)恒定光强，在测试区间保证光强恒定，确保测试数据真实可靠。闪灯脉宽为0～100ms且连续可调，步进1ms，可适应不同的电池组件测量。

(2)数字化控制保证测试精度；可编程控制硬件参数，简化了设备调试和维护。采用2M×4路高速同步采集卡，更多还原测试曲线细节，准确反映被测电池片的实际工作情况。

(3)采用红外测温，真实反映电池片的温度变化，并自动完成温度补偿。

(4)自动控制，在整个测试区间实时侦测电池片和主要单元电路的工作状态，并提供软/硬件保护，保证设备可靠运行。

通常光伏组件测试仪都是由组件测试箱、脉冲光源设备、电子负载设备、控制计算机(控制和测试软件)等组成，其关键的技术参数包括太阳模拟器的等级、测试面积、光源的均匀度、重复测试的准确度以及测试速度等。武汉三工光伏组件测试仪如图7－1－1所示，其主要技术参数如表7－1－1所示，其操作面板如图7－1－2所示。

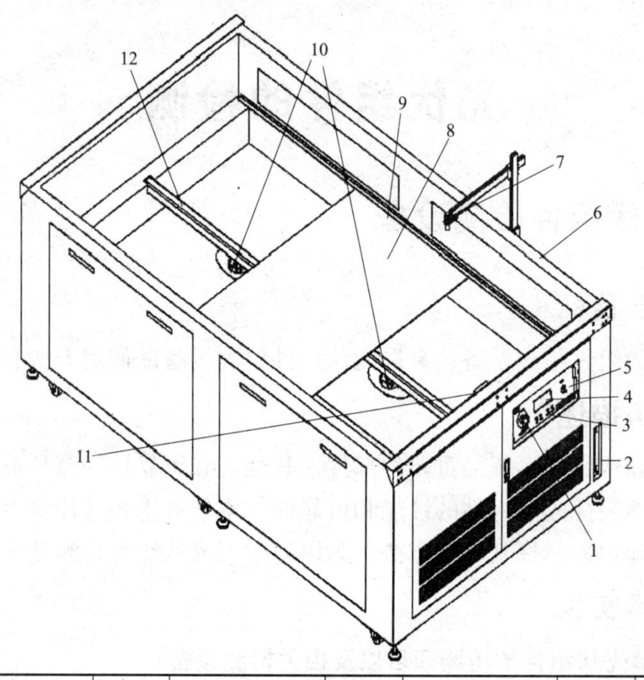

1	急停开关	2	外部接口	3	调整按钮	4	液晶屏
5	钥匙开关	6	台面玻璃	7	测温探头	8	超白玻璃(磨砂)
9	超白玻璃压条	10	氙灯	11	标准电池	12	氙灯支架

图7－1－1　武汉三工光伏组件测试仪示意图

表7－1－1　武汉三工光伏组件测试仪的主要技术参数

项　　目	SMT－B	SMT－A	SMT－AAA
光源	1 500W大功率脉冲氙灯，氙灯寿命10万次(进口)		
光强范围	100mW/cm^2(调节范围为70～120mW/cm^2)		
光谱	范围符合IEC 60904－9光谱辐照度分布要求AM1.5		
辐照度均匀性	±3%	±2%	±2%
辐照度稳定性	±3%	±2%	±2%
测试重复精度	±1%	±0.5%	
闪光时长	0～100ms连续可调，步进1ms		
数据采集	*I－U*、*P－U*曲线超过8 000个数据采集点		
测试系统	Windows XP		
测试面积	2000mm×1200mm		
测试速度	6s/片		
测量温度范围	0～50℃(分辨率为0.1℃)，红外线测温，直接测量电池片温度		
功率测试范围	20～300W		

续表

项　　目	SMT - B	SMT - A	SMT - AAA
测量电压范围	0 ~ 150V(分辨率 1mV)　量程 1/16384		
测量电流范围	200mA ~ 20A(分辨率 1mA)　量程 1/16384		
测试参数	I_{SC}、U_{OC}、P_{max}、U_{m}、F_{F}、E_{FF}、T_{emp}、R_{s}、R_{sh}		
测试条件校正	自动校正		
工作时间	设备可连续工作 12h 以上		
电源	单相 220V/50Hz/2kW		

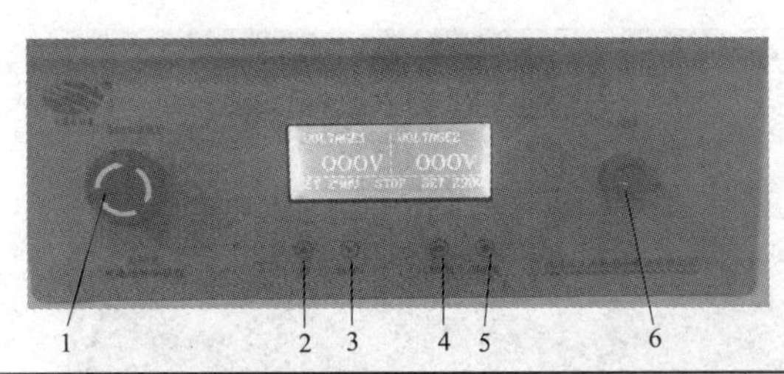

1	急停开关	2	上调整键	3	下调整键	4	取消/换页键
5	确定/功能键	6	钥匙开关	7	液晶屏		

图 7 -1 -2　武汉三工光伏组件测试仪操作面板说明

2. 操作步骤

武汉三工光伏组件测试仪的操作步骤具体如下：

(1)开机。

① 打开设备内部的空气开关，如图 7 -1 -3 所示。

图7 -1 -3　武汉三工光伏组件测试仪内部的空气开关

② 释放急停开关(见操作面板说明)。

③ 打开钥匙开关，设备上电(见操作面板说明)。

④ 待设备上电正常后，启动计算机。

(2)点击桌面的“SCT. exe”图标，进入测试软件(请确定插入加密狗)。

(3)点击测试软件界面右侧的绿色“给电容充电”按钮，此时“当前充电电容状态”指示灯会由红色变成绿色，同时“操作面板”上的电压会上升到设定值，如图 7－1－4 所示。

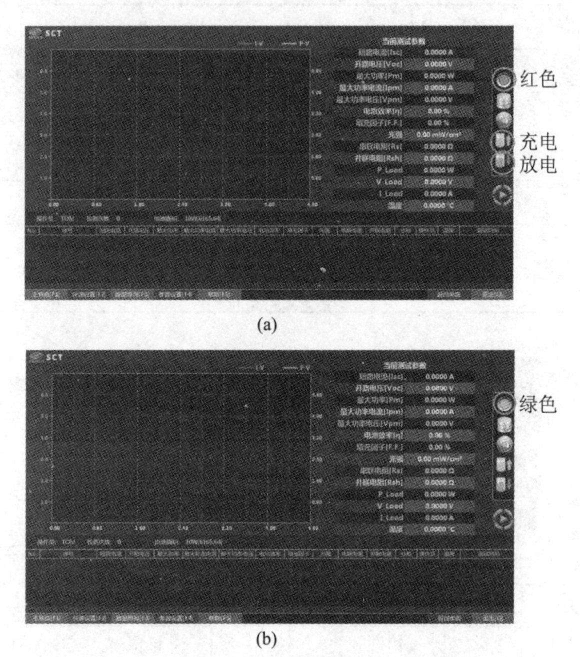

图 7－1－4　充电前后测试软件主界面的变化

(a)软件主界面——充电前；(b)软件主界面——充电后

此时控制面板的液晶屏工作状态指示由“STOP”变为“WORK”，设备电容充电，从设备前方的液晶屏可看到充电过程，如图 7－1－5 所示。

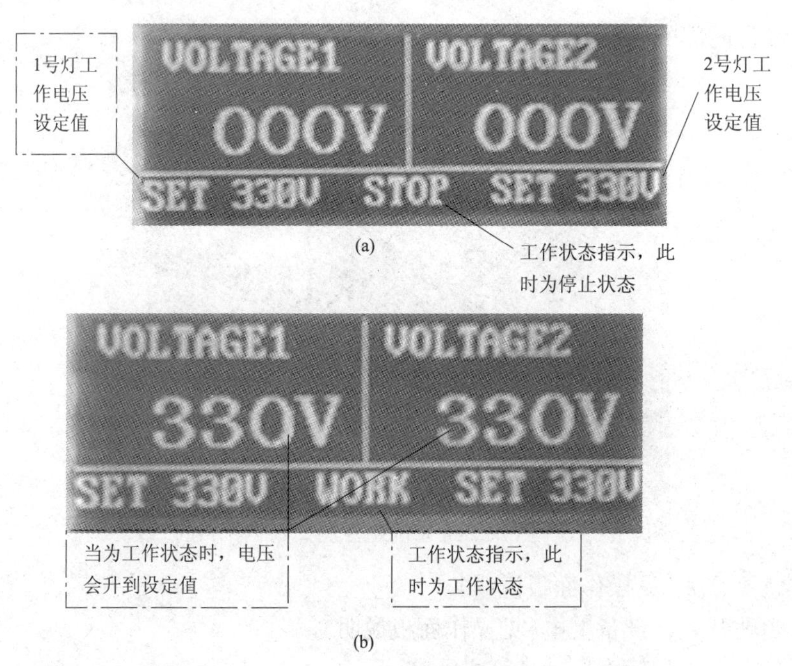

图 7－1－5　充电前后操作面板上液晶屏的变化

(a)面板初始界面；(b)充电后面板界面

（注：上图显示的电压仅用于图示说明，实际工作电压在出厂前已设定好，请勿擅自修改。）

(4)将待测电池组件放在光伏组件测试仪上并保证鳄鱼夹与组件的正负级接触良好(红色为正极，接待测组件正极；黑色为负极，接待测组件负极)。

(5)用鼠标点击“测试”按钮即可测试，测试结束后可在屏幕上看到测试结果及曲线，如图7－1－6所示。

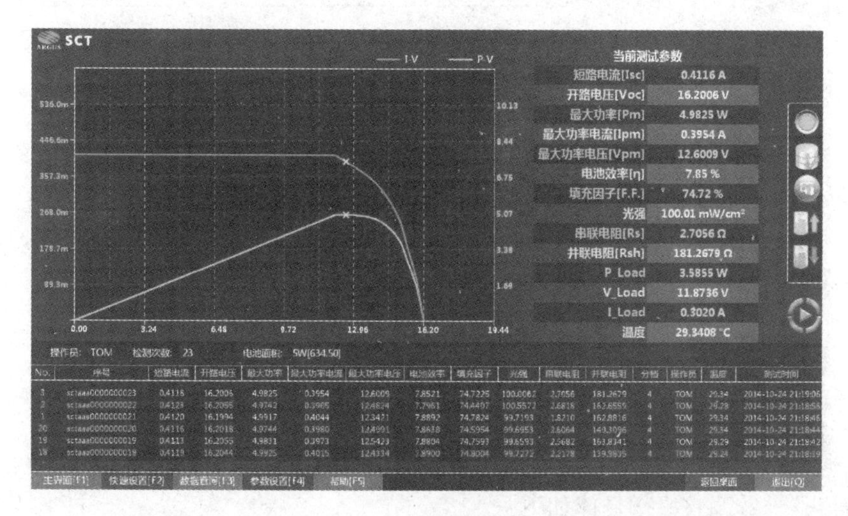

图7－1－6　武汉三工光伏组件测试仪的测试结果及曲线图

(6)参数调整。在软件主界面下选择“参数设置”菜单或按F4键，可进入如图7－1－7所示的“电池参数”界面。

首先点击“电池类型”条目中的“增加”按钮，根据实际应用增加电池类型，也可以选中已有的电池类型，对其进行更改，如图7－1－8所示。“电池类型名称”可任意输入，“电池面积”请按实际电池片的面积输入，点击“应用”按钮生效。点击“快速设置”按钮或按键盘上的F2键可进入“常规控制”。

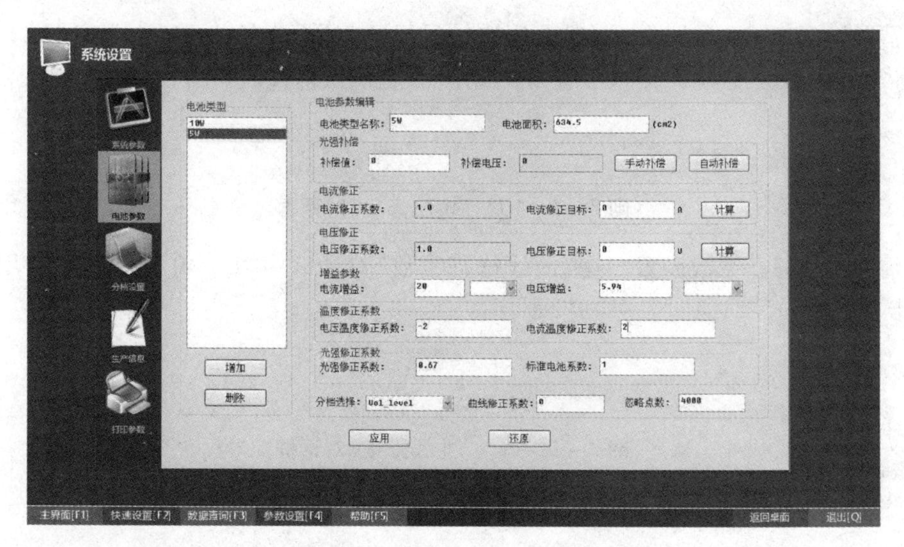

图7－1－7　武汉三工光伏组件测试仪的“电池参数”设置界面

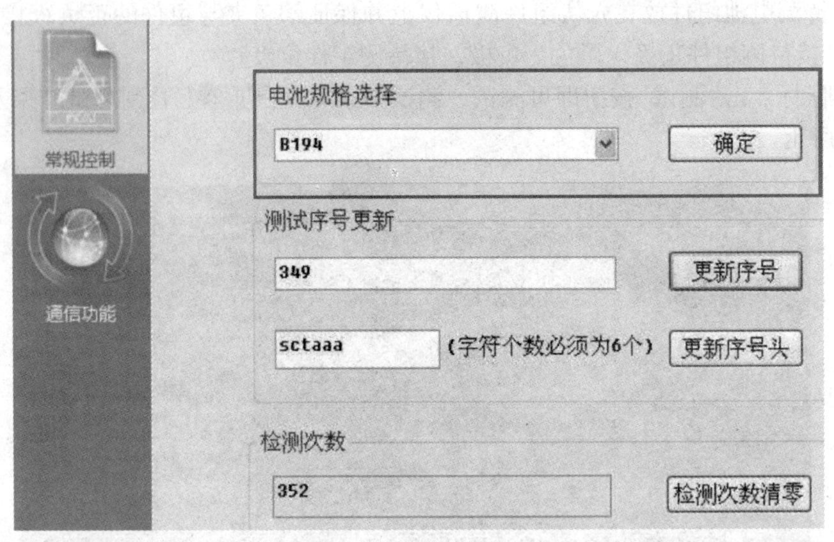

图7-1-8 武汉三工光伏组件测试仪的"电池参数"设置过程中增加电池类型的界面

在"电池规格选择"中选择刚刚增加或更改的电池类型。确定电池类型后，再次返回"电池参数界面"，参数调整操作具体如下：

(1)先将所有参数清零。

① 清除电流修正系数设置。点击"参数设置"按钮，选择"电池参数"。在"电流修正目标"对话框填入"0"，点击"计算"按钮，此时电流修正系数会变为"1"，然后点击"应用"按钮确认修改，如图7-1-9所示。

图7-1-9 "电流修正"对话框

② 清除电压修正系数设置。在"电压修正目标"对话框中填入"0"，点击"计算"按钮，此时电压修正系数会变为"1"，然后点击"应用"按钮确认修改，如图7-1-10所示。

图7-1-10 "电压修正"对话框

③ 清除曲线修正系数设置。在"曲线修正系数"对话框中填入"0"，点击"应用"按钮，最后点击"确定"按钮，如图7-1-11所示。

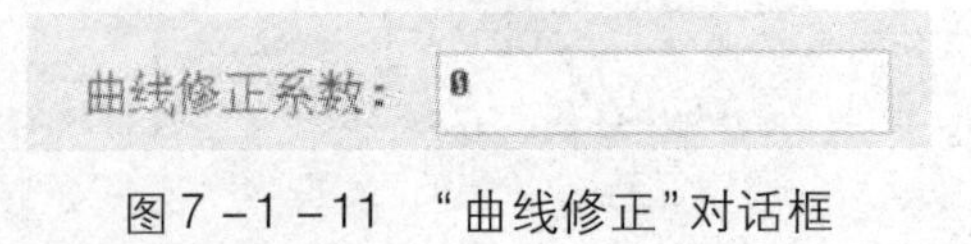

图7-1-11 "曲线修正"对话框

(2)选择"主界面"或按F1键进行测试。观察所测试结果，如图7-1-12所示。

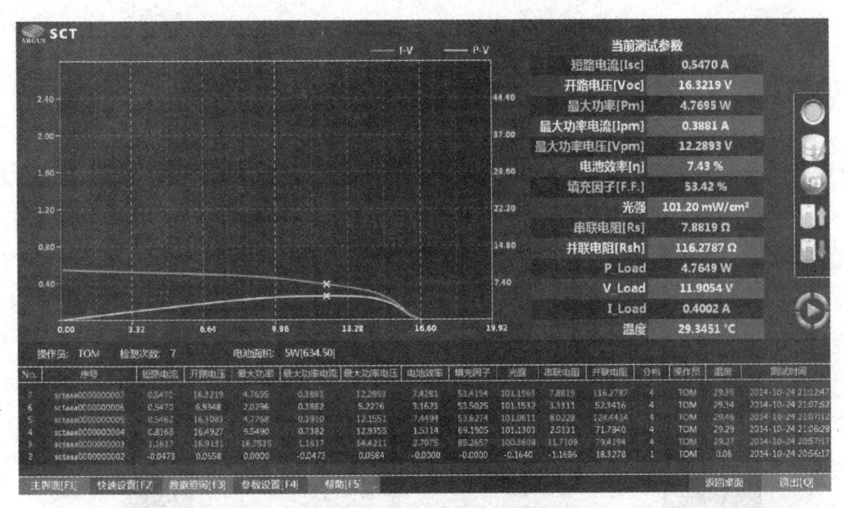

图 7－1－12　将所有参数清零后进行标准光伏组件测试的软件界面

3）回到“参数设置”菜单中，依照标准组件的参数，在图 7－1－13 中输入标准光伏组件的短路电流、开路电压值并计算。

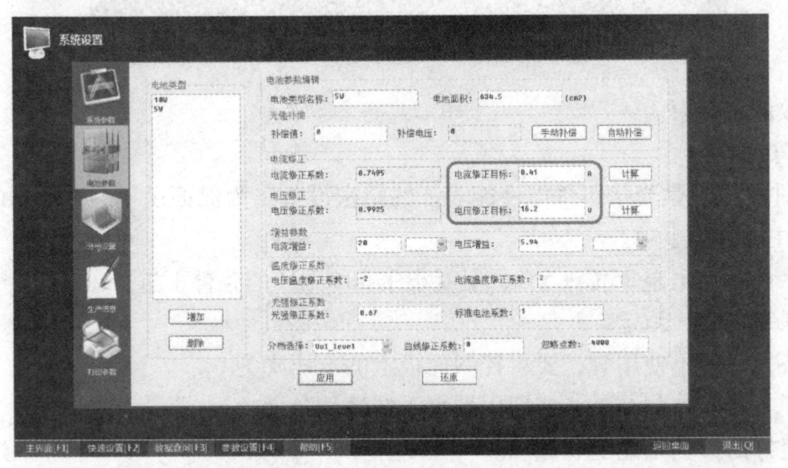

图 7－1－13　根据标准光伏组件的标定值对光伏组件测试仪进行校准

（注：图中显示的“电流修正目标”与“电压修正目标”值只用于图示说明，实际参数请根据不同的标准电池组件而定。）

将标准电池组件的短路电流值输入至“电流修正目标”对话框内，点击“计算”按钮并点击“应用”，对短路电流进行修正。

将标准电池组件的开路电压值输入至“电压修正目标”对话框内，点击“计算”按钮并点击“应用”，对开路电压进行修正。

（4）选择“主界面”进行测试，观察测试结果。若此时所测得的“最大功率”与标准组件的“最大功率”有误差，则进行下面的操作（5）。若没有，则直接进行操作（6）。

（5）在图 7－1－14 所示界面输入“曲线修正系数”值。曲线修正系数中的输入值可对所测试的最大功率进行微调。此值以“0”为基准，数值越大功率越大，数值越小功率越小。

曲线修正系数：0

图 7－1－14　“曲线修正”对话框

(6)设定光强到 100mW/cm^2。点击“参数设置”按钮，选择“电池参数”。在“光强修正系数”中输入值，使所测得的光强值在 100mW/cm^2，如图 7－1－15 所示。此值越大光强越高，此值越小光强越低。

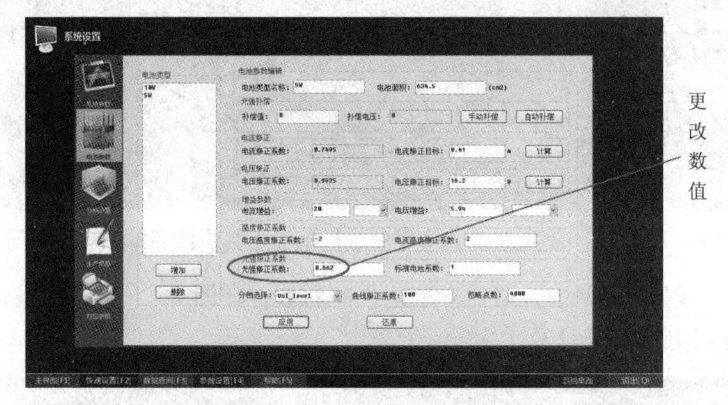

图 7－1－15　通过光强修正系数对光伏组件测试仪的光强进行校准

(7)参数调整结束。

3. 注意事项

光伏组件测试仪是光伏组件电性能表征的精密设备，为保证设备测试数据的准确，在操作过程中须注意以下事项。

(1)确保设备在恒温 25℃ ±5℃、湿度小于 90% RH 的条件下进行工作。

(2)确保室内光线恒定。

(3)设备长时间不使用时，要将控制面板上的电压降为 0。

(4)为了不影响检测结果，定期用无水酒精清洁台面。

(5)设定好的参数不能随意调动。

(6)严禁设备空测，防止短路。

(7)非操作人员禁止打开设备。

(8)禁止外界 U 盘、光盘等插入计算机，防止计算机中病毒。推荐安装防病毒软件，定期查杀。

(9)关闭设备电源之前，确保控制面板上的电压下降到 10V 以内，以免设备电路损坏。

(10)设备每使用 24h，至少要重新校准一次。

(11)控制面板上的电压在出厂时已经设定，非专业人员严禁调整(重要)。

此外，对于光伏组件测试仪也须做好日常维护与保养。

(1)每天测试前，用软布清洁玻璃台面及鳄鱼夹上的灰尘。

(2)定期用无水酒精清洁玻璃台面及鳄鱼夹。

(3)更换氙灯时，请戴上手套，避免指纹污染氙灯表面。

7.1.3.3　认识绝缘电阻测试仪

绝缘电阻测试仪，也称高压绝缘电阻测试仪、耐压绝缘测试仪，主要用于测量电气设备及绝缘材料的绝缘电阻。光伏组件以及光伏电站的电气设备的安全性能测试是非常重要的，它关系到人们在安装光伏组件或相关电气设备时可能存在的触电问题。目前各标准，例如UL1703、IEC－61730－2、IEC－61215等都要求各制造商在设计和生产电子或电气产品时要使用“耐压绝缘测试仪”做安全测试。所谓耐压绝缘测试，实际是将一个高于正常工作电压的电压加在产品上测试，这个电压必须持续一段时间。如果一个电气设备在规定时间内，其漏电流亦保持在规定的范围内就可以确定这个电气设备在正常的条件下工作，是非常安全的。而绝缘电阻测试主要测量组件中的载流部分与组件边框或外部之间的绝缘是否良好，通常是施加一个较大的恒定电压（直流500V或1 000V），并维持一段规定的时间，作为测试的标准。假如在规定的时间内，电阻值保持在规定的范围内，就可以确定其在正常状态下运转，产品应该较为安全。绝缘电阻值越高表示产品的绝缘性越好。绝缘电阻测试测量到的绝缘电阻值为两个测试点之间及其周边连接在一起的各项关联网络所形成的等效电阻值。但是，绝缘测试无法检测出下列状况：绝缘材料的绝缘强度太弱；绝缘体上有针孔；零部件之间的距离不够；绝缘体因被挤压而破裂。上述各种情况只能通过耐压测试检测出。

1. 产品特性

这里以HT公司的PVCHECK产品为例介绍，其产品的特性如下：

（1）安全检测。

（2）保护导体的连续性测试（LOWΩ）。

遵守标准IEC/EN 62446，测试电流大于200mA。

（3）光伏组件/组串绝缘电阻的测量（MΩ）（可带电进行测试），如图7－1－16所示。

① 遵守标准IEC/EN 62446，试验电压为250V、500V、1 000VDC。

② 3个测量模式：Field、Timer、String。

③ 对框架及金属结构的绝缘测试。

（4）PV光伏系统效率评价（EFF）。

① 测量光伏组件/组串输出的直流电压、直流电流和直流电源。

② 通过一个参考单元连接到可选的远程单元SOLAR－02测量辐照度（W/m^2）。

③ 通过连接到可选的远程单元SOLAR－02测量模块和环境温度。

④ 应用到补偿DC效率的关系。

⑤ 根据用户设置的限制立即评估DC效率。

⑥ 光伏发电系统5s到60min可编程IP参数记录。

（5）符合标准IEC/EN 62446快速的的检查（IVCK）。

① 测量高达1 000VDC的PV组件/组串开路电压U_{OC}。

② 测量高达10A的光伏组件/组串的短路电流I_{SC}。

③ 测量一个可选的参考单元中的照射装置。

④ 直接评定测试结果（OK/NO）。

⑤ 连接可选的远程单元SOLAR－02。

⑥ 内部可定制多达30个光伏组件的数据库。

⑦ 在OPC和STC显示结果。

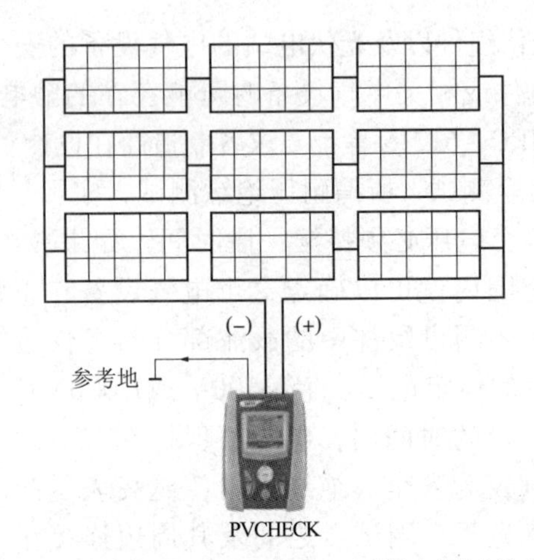

图7 -1 -16　PVCHECK 产品可以带电测试绝缘电阻

（注：光伏阵列无需接地，直接用 PVCHECK 测量绝缘电阻。）

PVCHECK 产品的技术参数如表7 -1 -2 所示。

表7 -1 -2　PVCHECK 产品的技术参数

绝缘测试 - TIMER 模式/MΩ			
测试电压/V	测量范围/MΩ	分辨率/MΩ	不确定度
250	0. 01 ~1. 99	0. 01	(5. 0% rdg +5dgt)
500	2. 0 ~19. 9	0. 1	
1000	20 ~199	1	
绝缘测试 - FIELD，STRING 模式/MΩ			
测试电压/V	测量范围/MΩ	分辨率/MΩ	不确定度
250	0. 1 ~1. 9	0. 1	±(20. 0% rdg +5dgt)
	2 ~99	1	
500	0. 1 ~1. 9	0. 1	
	2 ~99	1	
1000	0. 1 ~1. 9	0. 1	
	2 ~99	1	

7. 1. 3. 4　认识热斑耐久试验测试仪

热斑效应对光伏组件的性能有很大的影响，为验证光伏组件能够在规定的条件下长期使用，需通过合理的时间和过程对光伏组件进行检测，确定其承受热斑加热效应的能力。热斑耐久试验测试仪是用来确定光伏组件承受热斑加热能力的检测试验设备。该设备通常由辐照源1(稳态太阳模拟器，辐照度不低于700W/m^2，瞬时不稳定度在±5%以内)、辐照源2(C类稳态太阳模拟器或自然光，其辐照度为1 000W/m^2 ±10%)、光伏组件 $I-U$ 曲线测试仪、一组对试验光伏组件遮光增量为5%的不透明盖板以及一个适当的温度探测器等组成。

1. 热斑耐久试验程序

(1)将不遮光的组件在辐照源1下照射，先用标准样片或标准组件校准关照强度，再测试被测组件的 $I-U$ 特性和最大功率点。

(2)使组件短路，组件在稳定的辐照源1照射下，用适当的温度探测器测定最热的电池单片。

(3)完全挡住选定的电池单片，用辐照源2照射组件。在此过程中组件的温度应该为50℃ ±10℃。

(4)保持此状态，经过5h的暴晒。

(5)再次测定组件的 $I-U$ 特性和最大功率点。

2. 热斑耐久试验要求

(1)太阳能电池组件无严重外观缺陷。

(2)太阳能电池组件最大输出功率的衰减不超过试验前测试值的5%。

7.1.3.5　认识光伏组件缺陷EL测试仪

光伏组件缺陷EL测试仪是用于监测和研究光伏组件生产缺陷的专用测试设备。该设备通常包括计算机系统(测试软件)、相机控制系统(温度控制系统、相机等)、暗室等。这里以沛德光电EL-8.3MS-M型光伏组件缺陷EL测试仪为例进行介绍。

1. 技术特点及工作原理

沛德光电EL-8.3MS-M型光伏组件缺陷EL测试仪如图7-1-17所示，其技术特点如下。

(1)应用类型：产线。

(2)监控点：层压前/层压后。

(3)适用组件尺寸：125mm/12×6pcs，156mm/10×6pcs，156mm/12×6pcs或尺寸在2 000mm×1 000mm内非标规。

(4)相机Sensor生产商：Kodak。

(5)相机类型：冷却型CCD(冷却至室温下30℃)。

(6)分辨率：3 200×2 500。

(7)影像采集时间：1~60s可调。

(8)最大电流/电压驱动：8.5A/60V。

(9)软件功能：①条形码扫描输入，并以条形码自动命名保存；②缺陷分类、自动生成日期文件夹、自动保存、查询与打印功能。

(10)延展性：可测试组件的弱光性及弱光下组件的发电效率情况。

光伏组件缺陷EL测试仪的工作原理是利用太阳能电池的电致发光强度正比于内部少数载流子的扩散长度的性质，利用成像系统将信号发送到计算机软件，经过处理后将太阳能电池的EL图像显示在屏幕上。通过EL图像的分析可以有效地发现硅片、太阳能电池片生产各个环节可能存在的问题，对改进工艺、提高效率和稳定生产都有重要的作用。

光伏组件缺陷EL测试仪在光伏组件生产中可以用于观察组件中的失配、焊接缺陷、污染、碎片、隐裂等异常现象，如图7-1-18~图7-1-21所示。对这些问题应在光伏组件层压前进行工艺改进和修正。

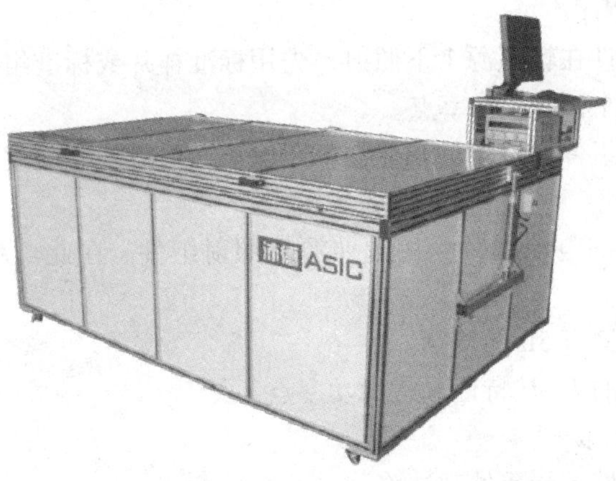

图7－1－17　沛德光电 EL－8.3MS－M 型光伏组件缺陷 EL 测试仪

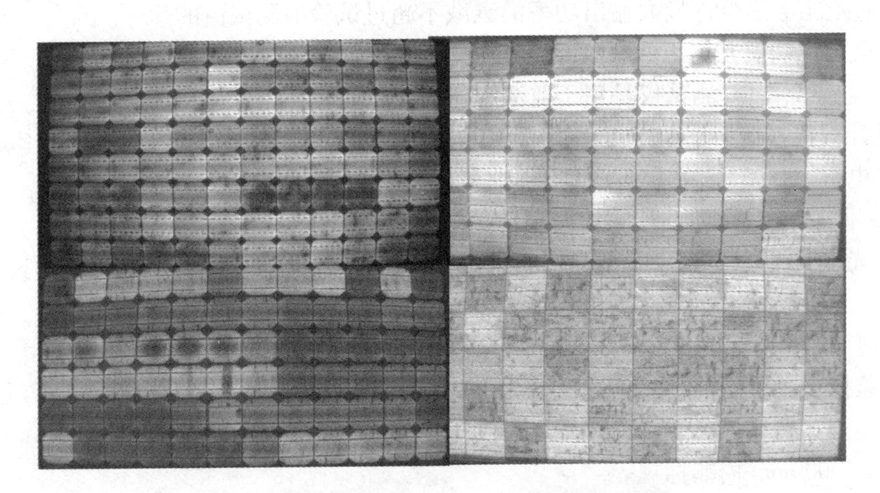

图7－1－18　光伏组件失配现象的 EL 图像

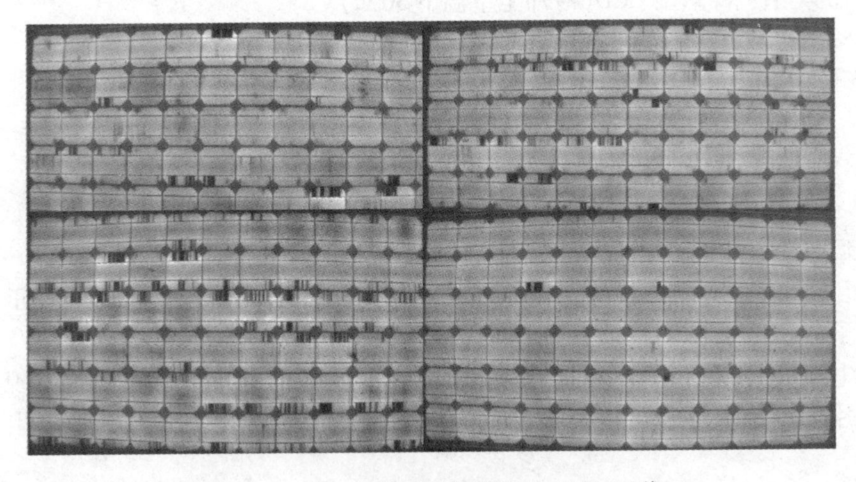

图7－1－19　光伏组件焊接缺陷的 EL 图像

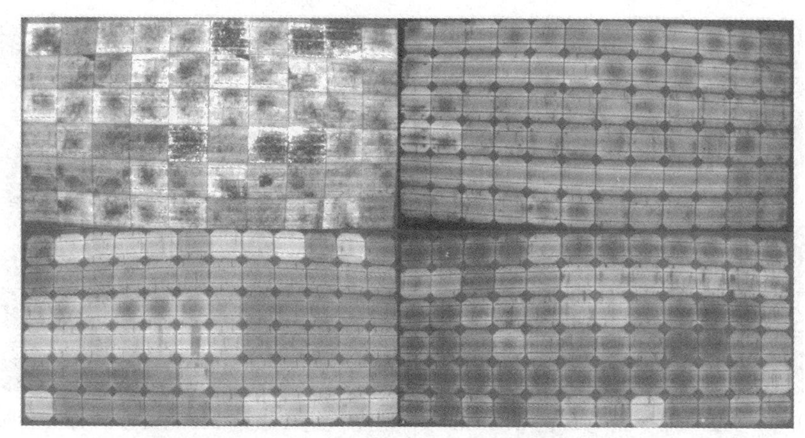

图7-1-20　光伏组件生产中被污染后的EL图像

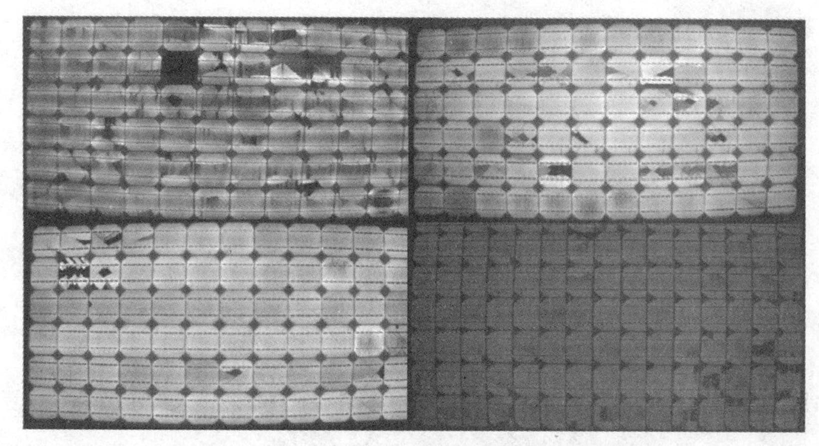

图7-1-21　光伏组件碎片和裂片的EL图像

电池片混挡是造成光伏组件失配现象的原因之一。一块组件的EL测试图中有部分电池片的发光强度与该组件中的大部分电池片相比较弱，这是由于这部分电池片的电流或电压分挡与该组件中大部分电池片的电流或电压分挡不一致。

光伏组件中的碎片多出现在组件封装过程的焊接和层压工序，在EL测试图中表现为电池片中有黑块，因为电池片破裂后在电池片破裂部分没有电流注入，从而导致该部分在EL测试中不发光。

晶体硅太阳能电池所采用的硅材料本身易碎，因此在电池片生产和组件封装过程中很容易产生裂片。裂片分两种，一种是显裂，另一种是隐裂。显裂是肉眼可以直接看到的，在组件生产过程中的分选工序就可以剔除；而隐裂是肉眼无法直接看到的，并且在组件的制作过程中更容易产生隐裂问题。由于单晶硅的解离面具有一定的规则，通过EL测试图可以清晰地看到单晶硅电池片的隐裂纹一般是沿着电池片对角线方向的"X"状图形。对于多晶硅电池片，由于晶界的影响，有时很难区分其是多晶硅的晶界还是电池片中的隐裂纹。

2. 操作步骤

沛德光电EL-8.3MS-M型光伏组件缺陷EL测试仪的简单操作步骤如下：

(1)按下开关，打开暗箱箱盖，如图7-1-22所示。

(2)放入电池组件，接上电源接头(注意对好正负极)。

图7－1－22　沛德光电 EL－8.3MS－M 型光伏组件缺陷 EL 测试仪的开关和暗箱

(3)确认 Camera 已经连接上 PC，打开 EL 软件。在 Engineer 的软件模式下，进行参数设置，主要参数有曝光时间、增益、对比度和伽马，如图7－1－23所示。

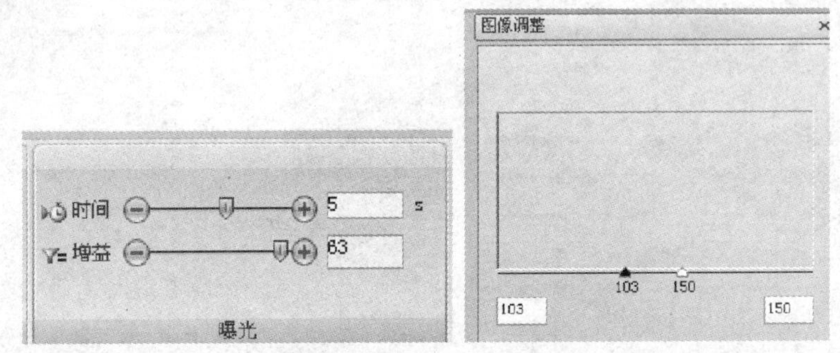

图7－1－23　沛德光电 EL－8.3MS－M 型光伏组件缺陷 EL 测试仪的主要参数设置示意图

用户可根据产线需要进行调整，一般情况曝光时间设置为5～15s，增益设置为固定63，对比度(黑色三角形)设置为第一个波谷，伽马(白色三角形)设置为最后一个波谷(双相机分相机1、相机2，需分别设置)。如需对时间进行修改，对应的增益值也要做相应的改变，以获得最佳效果的主观判断为止。为方便使用，软件可对参数保存管理。

(4)切换至软件的 Operator 模式，将图片的保存路径设置为需要的文件夹，如图7－1－24所示，输入文件名后，按下按钮开关，关闭暗箱，此时软件中的“Capture”会被手动按下进行图片拍摄(“Capture”变暗)。

图7－1－24　沛德光电 EL－8.3MS－M 型光伏组件缺陷 EL 测试仪 Operator 模式下文件的保存

(5)拍摄完成，打开暗箱。

(6)移开电源接头，更换电池组件，重复步骤(2)。

3. 注意事项

沛德光电 EL－8.3MS－M 型光伏组件缺陷 EL 测试仪的使用注意事项如下：

(1)使用前确保电源连接正确，正极接正极，负极接负极。

(2)禁止使用 U 盘拷贝数据，避免病毒传染及重要数据流失。

(3)定期清除钢化玻璃上的灰尘。

(4)DC 插头代表不同的电压电流，混插将导致主要元件烧毁。请不要插拔 DC 插头！

(5)如一段时间不使用，应同时关闭电脑及所有电源。

(6)请勿在暗箱上放置任何物体。

4. 使用异常及解决办法

沛德光电 EL－8.3MS－M 型光伏组件缺陷 EL 测试仪在使用过程中可能出现的异常情况以及解决办法如下：

(1)软件中不能显示图像。

检查稳压电源，看电压输出按钮(OUTPUT)是否被按下，正常情况为 OUTPUT 红灯亮起。检查电源线是否连接正常，若电流正常，电压较小(<10V)，则可能正负极夹子短路；若电流很小或为 0，则可能电池极性不符合，可正负极对调；若还没有改善，应更换组件测试。

(2)图像品质不好。

① 检查电流电压是否在规定的范围内。

② 软件设置中参数是否调整正确。

③ 检查钢化玻璃上是否有异物，如灰尘。

④ 相机的降温电源是否连接(如果未连接会造成图像中有大量的噪声点)。

(3)软件无法进行正常的拍摄。

① 相机与电脑是否连接上。

② 拔除 U 盘等存储设备，U 盘等存储设备与相机会产生冲突导致无法拍摄。

③ 检查是否打开两个 EL 软件，从而影响软件的正常使用。

(4)上盖的开启闭合不顺畅。

① 检查减压阀中的气压是否在正常的范围内。

② 调整气缸两端的调速阀，调整快慢和两边的均衡性。注意：在调整的过程中对设备两侧的气缸同时进行调整，避免在不均衡的情况下造成暗箱上盖扭曲变形。

7.1.4　可练习项目

(1)采用标定好的单晶硅光伏组件对光伏组件测试仪进行校准，并对单晶硅光伏组件的电性能进行测试。

(2)采用标定好的多晶硅光伏组件对光伏组件测试仪进行校准，并对多晶硅光伏组件的电性能进行测试。

(3)自行搭建光伏组件的测试平台对光伏组件进行 $I-U$ 特性曲线的测量。

(4)设计实验测量光伏组件的绝缘电阻。

(5)光伏组件热斑耐久实验平台的设计与实现。针对光伏组件的热斑耐久试验，利用稳态模拟器和脉冲模拟器两套试验设备交叉检测，设计一种新的测试方法，搭建一个新的实验平台，并验证该试验平台的测试效率。

(6)采用光伏组件缺陷 EL 测试仪对光伏组件进行表征，并分析测试结果并给出解决方法。

任务7.2 光伏组件检测技术

7.2.1 任务目标

掌握光伏组件的检测技术。

7.2.2 任务描述

光伏组件的检测主要是对光伏组件的电性能和耐压绝缘性能进行测试。其中电性能测试是对其输出功率进行标定，测试其输出特性，确定组件的质量等级；而耐压绝缘测试则是在组件边框和电极引线间施加一定的电压，测试组件的耐压性和绝缘强度，以保证组件在恶劣的自然条件(雷击等)下不被损坏。此外，可根据需要进一步对光伏组件的其他性能进行测试，包括紫外老化试验、冰雹试验、机械载荷试验等。本任务主要是让学生掌握光伏组件的相关检测技术，为以后学习光伏发电系统中光伏组件的选型和检验打下基础。

7.2.3 任务实施

光伏组件的检测是根据相关检验标准进行的，这里结合光伏组件检验标准来介绍光伏组件检测技术。

7.2.3.1 光伏组件电性能测试

光伏组件电性能测试主要是测试光伏组件在标准试验条件(电池温度：25℃ ±2℃，辐照度：1 000W/m^2，标准太阳光谱辐照度分布符合 GB/T 6495.3 的规定)下随负荷变化的电性能。测试程序按照 GB/T 6495.1 标准的方法，测试组件在标准试验条件下的 $I-U$ 特性，必要时可根据 GB/T 6495.4 标准的规定作温度和辐照度的修正。

7.2.3.2 光伏组件绝缘性能测试

光伏组件绝缘性能测试的目的是测定光伏组件中的载流元件与组件边框之间的绝缘是否良好。

1. 试验条件

温度为周围环境温度(见 GB/T 2421)，相对湿度不超过75%。

2. 试验程序

(1)将组件引出线短路后接到有限流装置的直流绝缘测试仪的正极。

(2)将组件暴露的金属部分接到绝缘测试仪的负极。如果组件无边框或边框是不良导体，可为组件安装一试验用的金属支架，再将其连接到绝缘测试仪的负极。

(3)以不大于500V/s 的速率增加绝缘测试仪的电压，直到其等于1 000V 加上两倍的系统最大电压(即标准测试条件下系统的开路电压)。维持此电压 1min。如果系统的最大电压不超过 50V，所施加的电压应为 500V。

(4)在不拆卸组件连接线的情况下，降低电压到零，将绝缘测试仪的正负极短路 5min。

(5)拆去绝缘测试仪正负极的短路。

(6)按照步骤(1)和(2)的方式连线，对组件加一不小于 500V 的直流电压，测量绝缘电阻。

7.2.3.3 光伏组件热斑耐久试验

光伏组件热斑耐久试验的目的是考核光伏组件经受热斑加热效应的能力而设计的试验。

光伏组件热斑耐久试验的过程包括最坏情况的确定、5h 热斑耐久试验以及试验后的诊断测量，其分为以下 4 个步骤：

(1)选定最差电池。

(2)确定最坏遮光比例。

(3)5h 热斑耐久试验。

(4)试验后的诊断测量。

这里以太阳能电池片串联连接方式的光伏组件为例介绍光伏组件热斑耐久试验的流程。

1. 选定光伏组件中存在的最差太阳能电池

(1)将不遮光的组件在不低于 700W/m^2 的辐射源下照射，测试其 $I-U$ 特性和最大功率时的电流 I_{MP}。

(2)使组件短路，用下列方法之一选择一片电池：

① 组件在稳定的、辐照度不低于 700W/m^2 的辐射源的照射下，用适当的温度探测器测定最热的电池。

② 在步骤(1)所规定的辐照度下，依次完全挡住每一个电池，选择其中一个，当它被挡住时，短路电流减小最大。在这一过程中，辐照度的变化不超过 5%。

2. 确定最坏遮光比例

(1)同样在之前规定的辐照度(±3%内)下，完全挡住选定的电池，检查组件的 I_{SC} 是否比之前所测定的 I_{MP} 小。如果这种情况不发生，人们不能确定是否会在一个电池内产生最大消耗功率。此时，继续完全挡住所选择的电池。

(2)逐渐减少对所选择电池的遮光面积，直到组件的 I_{SC} 最接近 I_{MP}，此时在该电池内消耗的功率为最大。

注：对于单片太阳能电池，其等效电路如图 7-2-1 所示。发生热斑效应时，太阳能电池的功率损失可以由式(7-2-1)给出，由于太阳能电池的并联电阻通常要比串联电阻大很多，因此短路情况下太阳能电池消耗的功率取决于太阳能电池的串联电阻消耗的功率。

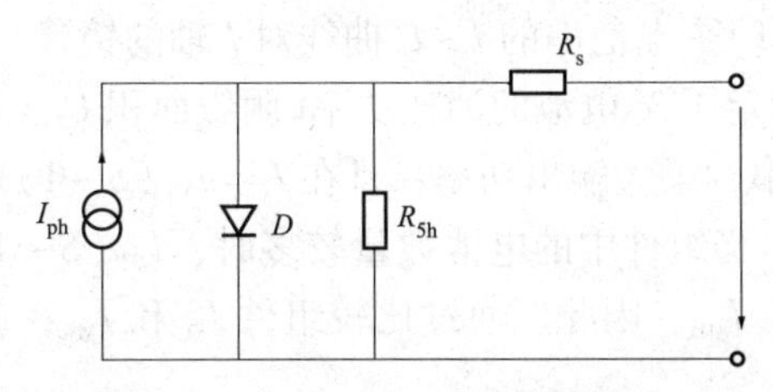

图 7-2-1 太阳能电池的等效电路

$$P = P_s + P_{5h} = P_s + \frac{R_s}{R_{5h}} P_s \approx P_s \tag{7-2-1}$$

当太阳能电池按串联方式连接到一起并发生热斑效应时，如图 7-2-2 所示，这时短路情况下太阳能电池消耗的功率取决于太阳能电池的并联电阻和短路电流，见式(7-2-2)。

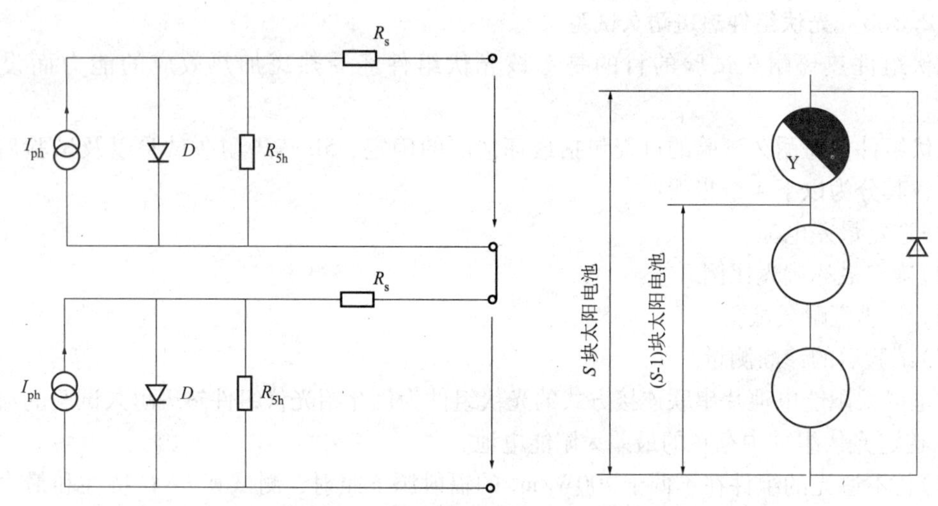

图7-2-2　太阳能电池串联连接及其等效电路

$$P_y = I_{SC}{}^2 (R_{5h} + R_s) \approx I_{SC}{}^2 R_{5h} \tag{7-2-2}$$

请思考一下 I_{SC} 和 R_{5h} 与太阳能电池遮光面积(或比例Y)之间的关系。

在适当的遮光比例下，Y电池与其他电池串的内阻形成最佳匹配，这时Y电池消耗的功率最大，热斑效应最显著。这也可以从热斑效应时光伏组件 $I-U$ 特性曲线中看出，如图7-2-3所示。

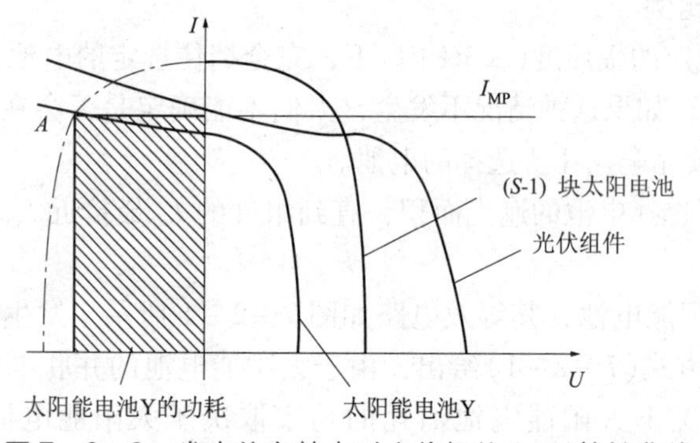

图7-2-3　发生热斑效应时光伏组件 $I-U$ 特性曲线

从 $I-U$ 曲线看，$(S-1)$ 个电池串的 $I-U$ 曲线对 I 轴的镜像(虚线)，与Y电池的 $I-U$ 曲线的交点 $A(U_y, I_y)$，确定了Y电池的消耗功率(阴影面积 $U_y \times I_y$)。显然，Y电池消耗的功率不大于 $(S-1)$ 个电池串的最大输出功率，且在 $I_y = I_{MP}(S-1)$ 即 $(S-1)$ 个电池串的最大输出功率点电流达到最大。当组件中的电池数量较多时，$I_{MP}(S-1)$ 接近于组件未被遮光情况下的最大输出功率点电流 I_{MP}。因此，通过比较组件 I_{SC} 和 I_{MP}，就可以判断Y电池是否达到了最大消耗功率。

当然，并不是所有电池都可以通过调整遮光比例达到最佳阻抗匹配。在完全遮光的情况下，不同特性的Y电池的 $I-U$ 曲线如图7-2-4所示。斜率越低，表明电池的并联电阻越大。考虑 $(S-1)$ 个电池串的最大输出功率点所限定的“试验界限”，根据 $I-U$ 曲线与“试验界限”的交点，把电池分为电压限制型(A类)和电流限制型(B类)。A类电池的并联电阻较大，可以通过减少遮光面积，达到最佳阻抗比配；B类电池的并联电阻较小，完全遮光已是

Y 电池消耗功率最大的状态。

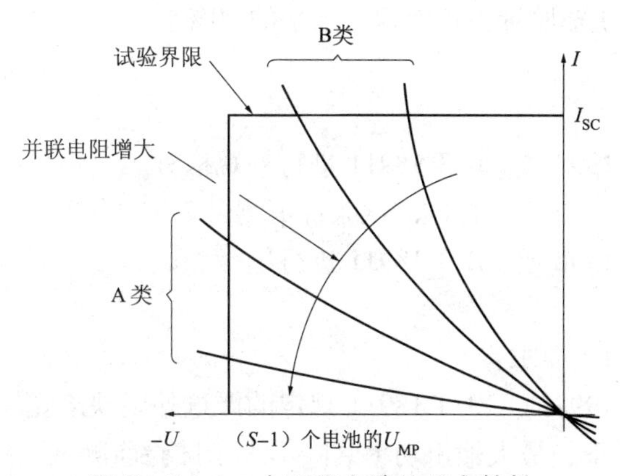

图 7－2－4　太阳能电池的反向特性

3. 5h 热斑耐久试验

(1)用辐射源照射组件，记录 I_{SC}的值，保持组件在消耗功率为最大，必要时，重新调整遮光，使 I_{SC}维持在特定值。

(2)1h 后，挡住组件不受照射，并验证 I_{SC}不超过 I_{MP}的 10%。

(3)30min 后，恢复辐照度到 1000W/m^2。

(4)重复步骤(1)(2)和(3)5 次。

4. 试验后的诊断测量

没有严重外观缺陷；标准测试条件下最大输出功率的衰减不超过试验前的 5%；绝缘电阻应满足初始试验的同样要求。

7. 2. 3. 4　光伏组件紫外老化试验

光伏组件紫外老化试验是将光伏组件暴露于波长介于 280 ~ 400nm 的紫外辐射环境中，考核其抗紫外辐射能力。

光伏组件紫外老化试验流程具体如下。

1. 初始测量

(1)按 GB/T 9535—1998 或 GB/T 18911—2002 标准对光伏组件进行外观检查。

(2)按 GB/T 6495. 1—1996 在标准测试条件下测试 $I-U$ 特性。

(3)按 GB/T 9535—1998 或 GB/T 18911—2002 进行绝缘测。

2. 试验步骤

(1)应标定过的辐射计测量组件测试平面的辐照度，并保证波长为 280 ~ 400nm，试验光谱辐照度不超过其对应标准光谱辐照度的 5 倍，标准 AM1. 5 太阳辐照分布由 GB/T 6495. 3 表 1 给出，保证波长低于 280nm 的光谱辐照是测量不到的，并保证在测试平面辐照的均匀度为 ±15%。

(2)将组件安装在测试平面上，根据步骤(1)选择的区域，使紫外辐照光线垂直于组件正面。

(3)维持组件温度在规定的范围内，组件接受的最小辐照量如下：

① 波长范围为 280 ~ 320nm 时，组件接受的最小辐照量为 7. 5kWh/m^2。

② 波长范围为 320 ~ 400nm 时，组件接受的最小辐照量为 1. 5kWh/m^2。

(4)调整组件使紫外辐照线垂直于组件背面。

(5)重复步骤(3)，使辐照量为正面辐照水平的10%。

3. 最终测试

重复以下测量:

(1)按GB/T 9535—1998或GB/T 18911进行外观检查。

(2)按GB/T 6495.1—1996在标准测试条件下测量 $I-U$ 特性。

(3)按GB/T 9535—1998或GB/T 18911进行绝缘测试。

4. 试验要求

试验的组件应满足以下要求:

(1)无GB/T 9535—1998或GB/T 18911规定的严重外观缺陷。

(2)在标准测试条件下，最大输出功率衰降不大于试验前测试值的5%。对于薄膜组件，在标准测试条件下，最大输出功率应大于制造商提供的该组件的标称功率的最小值。

(3)按GB/T 9535—1998或GB/T 18911的规定，绝缘电阻应满足初始测量值的要求。

7.2.3.5　盐雾腐蚀试验

光伏组件盐雾腐蚀试验的目的是确定组件的抗盐雾腐蚀的能力。

光伏组件盐雾腐蚀试验的流程如下。

1. 初始测量

(1)目视检查。

(2)在标准试验条件(STC)下测试 $I-U$ 特性(按GB/T 6495.1—1996)。

(3)按有关标准进行绝缘测试。

2. 试验步骤

按GB/T 2421—1999和IEC 60068-2-11—1981进行试验，应满足如下要求:

(1)预处理：不要求。

(2)条件：组件的上表面与垂直方向的倾角应为15°~30°。

(3)试验持续时间：96h。

3. 最终测试

(1)组件清洗和烘干前后目视检查。

(2)组件清洗和烘干后在标准试验条件(STC)下按GB/T 6495.1—1996测试 $I-U$ 特性。

(3)按有关标准进行绝缘测试。

4. 试验要求

(1)无严重影响组件正常工作性能的机械损伤或腐蚀。

(2)电性能(最大功率)的减少不应大于初始值的5%。

(3)应满足绝缘测试的要求。

7.2.4　相关知识

7.2.4.1　影响光伏组件输出特性的因素(光伏组件的功率损失)

封装后的光伏组件的功率会小于其组成的所有太阳能电池功率之和，这个功率损失和电学损耗、光学损耗相关。其中电学损耗包括由不同太阳能电池片引入的电流失配损耗，由焊带电阻、焊接不良导致的附加电阻，焊带与电极之间的接触电阻引入的串联电阻损耗由光伏组件工作温度升高引入的热损耗，以及由太阳能电池材料本身BO或FeB复合中心引入的损耗等；而光学损耗则包括由焊带遮光、面板玻璃和EVA等封装材料引起的反射和吸收损失等。

7.2.4.2　光伏电站对光伏组件的要求

光伏组件是光伏电站中的核心部件，光伏组件的选型以及可靠性对光伏电站的最终运营收益有很大的影响。除了根据电站的选址选择单晶、多晶、非晶还是化合物电池光伏组件外，特别要注意光伏组件的几个核心指标。光伏组件在实际使用过程中因热循环而产生的热应力如果大于封装材料的剥离强度，会造成光伏组件早期失效。

(1)玻璃—EVA剥离强度：20N/cm。

(2)电池电极及背场的剥离强度：大于3N和大于6N。

(3)TPT—电池的剥离强度：20N/cm。

(4)TPT层间的剥离强度：4N/cm。

(5)承压：5 400Pa。

目前，光伏组件产品通常需要满足以下标准：IEC 61215设计鉴定；IEC 61730－1结构要求；IEC 61730－2试验要求。满足这些标准后，其可获得UL、TUV、VDE、ETL、ESTI等颁发的证书。需要特别指出的是，即便获得这些产品资质证书，并不意味着产品的可靠性能满足要求。目前，研究光伏组件可靠性的专家大部分承认：通过了IEC61215并不能保证产品具有25年的寿命。或者说，通过IEC检验标准的光伏组件并不能保证光伏组件工作25年后的性能要求。因为IEC检验中关于老化和失效机理的研究通常都基于加速老化试验。这些试验对重复和量化失效模式非常有用。一些环境老化机理很难在标准的加速老化试验中被揭示出来。这是因为在真实环境暴露过程中可能存在着不同的反应速率以及不同老化机理的叠加作用。因此，加速试验通常必须获得环境监测数据的支持。

金太阳示范工程是我国促进光伏发电产业技术进步和规模化发展，培育战略性新兴产业，支持光伏发电技术在各类领域的示范应用及关键技术产业化的具体行动，其计划在2～3年时间内实施完成。对于被纳入金太阳示范工程的项目，原则上按光伏发电系统及其配套输配电工程总投资的50%给予补助，对于偏远无电地区的独立光伏发电系统按总投资的70%给予补助。下面是金太阳示范工程对光伏组件的要求：

2012年金太阳示范工程关键设备的基本要求

一、电池组件

(一)性能要求

1. 晶体硅组件全光照面积的光电转换效率(含组件边框面积)不小于14.5%，对于非晶硅薄膜组件其不小于7%，对于CIGS薄膜组件其不小于10%。

2. 工作温度范围为－40℃～＋85℃，初始功率(出厂前)不低于组件的标称功率。

3. 使用寿命不短于25年，质保期不少于5年。晶体硅组件衰减率在2年内不高于2%，在25年内不高于20%。非晶硅薄膜组件衰减率在2年内不高于4%，在25年内不高于20%。

4. 晶体硅和非晶硅薄膜组件分别按照GB/T 9535(或IEC 61215)和GB/T 18911(或IEC 61646)以及GB/T 20047(或IEC 61730)标准的要求，通过国家批准认证机构的认证，关键部件和原材料(电池片、封装材料、玻璃面板、背板材料、焊接材料、接线盒和接线端子等)型号、规格及生产厂家应与认证产品一致。

(二)生产企业资质要求

1. 在中华人民共和国注册的独立法人，注册资本金在1亿元人民币以上。

2. 具有三年以上相关产品独立生产、供应和售后服务的能力。晶体硅组件企业的生产检验能力不低于500MWp，2011年实际发货量不低于300MWp(以海关报关单或销售发票为准)。非晶硅薄膜组件企业的生产检验能力不低于50MWp，CIGS薄膜组件企业的生产检验能力不低于30MWp。

3. 配备AAA级太阳模拟器、组件隐裂测试设备、高低温环境试验箱等关键检验设备。

4. 在2009—2011年无重大质量投诉或合同违约责任。

……

7.2.5 可练习项目

(1)光伏组件的检验项目。

(2)查阅资料，总结影响光伏组件输出的因素。

综合实训项目

班别：　　　　　　　　　　　　组别：

小组成员：

5W 光伏组件设计：

采用电池片数量及在标准测试条件下的电学参数：

序号	V_{OC}	I_{SC}	F_F	η	R_s	R_{sh}	P_{max}
1							
2							
3							
叠层铺设后的电池串							

光伏组件封装材料：

序号	长度	宽度	其他
面板玻璃			
EVA			
TPT			

板形设计：

10W 光伏组件设计：

采用电池片数量及在标准测试条件下的电学参数：

序号	V_{OC}	I_{SC}	F_F	η	R_s	R_{sh}	P_{max}
1							
2							
3							
4							
5							
叠层铺设后的电池串							

光伏组件封装材料：

序号	长度	宽度	其他
面板玻璃			
EVA			
TPT			

参考文献

[1] 李钟实．太阳能光伏组件生产制造工程技术[M]．北京：人民邮电出版社，2012.

[2] 郑军．光伏组件加工实训[M]．北京：电子工业出版社，2010.

[3] 马强．太阳能晶体硅电池组件生产实务[M]．北京：机械工业出版社，2013.

[4] 张存彪，文其知．光伏产品工艺[M]．北京：机械工业出版社，2013.

[5] 日本产业技术综合研究所，日本太阳光发电研究中心编著．刘正新，沈辉译．太阳能电池[M]．北京：化学工业出版社，2010.

[6] 靳瑞敏．太阳能电池原理与应用[M]．北京：北京大学出版社，2011.

[7] 王海东，帅争锋，王鹤，杨宏．晶体硅太阳能电池焊接技术及其发展趋势[J]．电子工艺技术，2012(3).

[8] 孙翠，张博，张宝成．关于光伏组件使用化学钢化玻璃的探讨[J]．太阳能，2012(17).

[9] 刘亚锋，杨小武，任军锋，张舒，Bypina Veerraju Chaudary. 镀减反射膜玻璃在光伏组件应用中的优点[J]．第十届中国太阳能光伏会议论文集：迎接光伏发电新时代，2008.

[10] 张增明，吕瑞瑞，彭丽霞，唐景，傅冬华．减反射镀膜光伏玻璃的可靠性及失效研究[J]．太阳能，2012(13).

[11] 钦卫国．不同类型旁路二极管光伏组件接线盒认证测试性能比较[J]．认证技术，2010(11).

[12] 李超，张晴，陈二庆．焊带、汇流带电阻对组件功率封装损失影响的分析[J]．电子制作，2013(12).

[13] 孔凡建．太阳能电池组件 $I-U$ 特性曲线异常[J]．电源技术，2010(2).

[14] 钦卫国．晶体硅光伏组件认证测试耐候性项目失效分析[J]．认证技术，2011(4).

[15] 李召彬，王祺，丁娈，季亦菲．晶体硅太阳能电池的缺陷检测及分析[J]．太阳能，2013(3).

[16] 李勇，张忠文．晶体硅光伏组件设计制造的可靠性研究[J]．第八届全国光伏会议暨中日光伏论坛论文集，2004.

[17] CQC 认证 http：//www. cqc. com. cn.

[18] 张俊，康巍．与地面用晶体硅光伏组件环境适应性评价相关的测试方法[J]．认证技术，2013(6).